养猪手册

(第 2 版)

杨远新　童晓莉　田有庆　编著

中国农业大学出版社

第 2 版前言

自《养猪手册》第 1 版出版以来，深受广大读者欢迎，作为编写者，我们感到十分欣慰。此次是受中国农业大学出版社的委托，对《养猪手册》第 1 版做一系统修订。

近几年来，商品化、规模化猪场逐日增加，因此，科学技术在养猪生产中所占的份额也就随之而增大。当今，“绿色”、“环保”等概念普遍受到人们关注，养猪生产者也必须将养猪生产的全过程纳入这个轨道，所以对养猪生产就有了更高、更新的要求。笔者这次修订就是本着这个宗旨，做了较大的增删和调整。修订过程中，力求突出所介绍各项技术的实用性、科学性和可操作性，使读者能从中受益是我们的心愿。当然，能否如愿，要靠读者在生产实践中去体验。

在本书的修订过程中，还参阅和引用了有关资料，为不增加本书篇幅，不在各章节中一一列出，仅在书后所列参考文献中有所反映。这里，值再版之际，谨向原作者深表敬意和谢意。

编著者

2005 年 1 月于重庆

第1版前言

随着社会经济的发展和人民群众生活的提高，市场对猪肉的需求不断增加，这为养猪业提供了广阔的发展前景。从猪的生物学特性来看，猪是杂食性动物，对饲料营养物质的转化吸收率高，可以充分利用饲料资源；猪的肥育期短，繁殖力强，具有较强的生产性能。我国养猪历史悠久且品种资源丰富，现代科学技术为我国养猪业的发展提供了有利条件，只要充分地发挥我国的资源优势和市场优势，并在现代科学技术的指导下就能进一步提高我国养猪生产水平，使我国的养猪生产步入商品化、产业化轨道。

为了向广大养猪生产者推广、普及科学的养猪技术，我们编写了这本《养猪手册》。本手册围绕养猪生产的各个环节，介绍了猪的品种、营养与饲料、繁殖技术、种猪饲养管理、仔猪培育、猪的肥育、猪舍建筑设计与设备、猪的产品加工、猪病防治等有关知识与技术。

在本书的编写过程中，我们得到了四川畜牧兽医学院、重庆市养猪科学研究院的支持和帮助，特致谢意。

由于我们的经验和水平有限，书中缺点和疏漏之处敬请读者批评指正。

编著者

2002年2月

目　录

第一章　猪的品种

第一节　我国猪的品种类型

一、猪的经济类型

猪的经济类型可分为脂肪型、兼用型和瘦肉型 3 类。

脂肪型，又称脂用型。这类猪的胴体脂肪多，瘦肉少。外形特点是体躯宽、深而短，全身肥满，头、颈较重，四肢短，体长与胸围相等或相差 2～3 cm，胴体瘦肉率 45%以下。我国绝大多数地方品种属于脂肪型。

兼用型，这类猪的外形特点介于瘦肉型和脂肪型之间，胴体中肉比脂肪稍多，瘦肉率为 45%～55%。我国大多数培育品种属于兼用型品种。

瘦肉型，又称肉用型。这类猪的胴体瘦肉多，脂肪少。外形特点与脂肪型相反，头颈较轻，体躯长，四肢高，前后肢间距宽，腿臀发达，肌肉丰满，胸腹肉发达。体长比胸围长 15 cm 以上，胴体瘦肉率 55%以上。外国引进的长白猪、大约克夏猪、杜洛克猪和汉普夏猪，以及我国培育的三江白猪、苏太猪和湖北白猪等属这个类型。

二、猪品种的区域类型及其特点

根据猪品种的起源、生产性能、体型外貌和生活环境条件，常将我国地方猪的品种分为6个类型。

(一)华北型

华北型分布最广，主要分布在淮河、秦岭以北的广大地区，包括东北、华北，内蒙古自治区、新疆维吾尔自治区、宁夏回族自治区，陕西、湖北、安徽、江苏等4个省的北部大部分地区及青海的西宁、四川广元附近的小部分地区。这些地区气候寒冷，空气干燥，土壤中磷、钙含量较高，饲养较粗放。许多地区过去养猪多采用放牧或放牧与舍饲相结合的饲养方式。喂猪的青粗饲料比例也较高。

猪的外形表现为体质健壮，骨骼发达，体躯高大，四肢粗壮，背腰狭窄，大腿不够充实，头较平直，嘴筒长(便于放牧掘地采食)；耳较大，额间多纵行皱纹，为适应严寒的自然条件，皮厚多皱褶，毛粗密，鬃毛发达，冬季还生有一层棕红色的绒毛。毛色绝大多数为全黑。

华北型猪繁殖力强，产仔数多在12头以上，护仔性好，仔猪育成率高，乳头约有8对，性成熟早，一般多在3～4月龄开始发情，在4月龄左右即初次配种。

肥育性能中等，前期增重缓慢，而在肥育后期增重很快。脂肪积累在育肥后期，因而膘一般不厚，而板油较多，瘦肉量大，肉味香浓。

华北型猪体型大小差异极大。山区及边远地区多饲养体型较大的猪，而城市附近多饲养小型猪，农村多饲养中型猪。大型猪数量呈减少趋势。代表品种有东北民猪、西北的八眉猪、河北深县猪、山西马身猪、内蒙古的河套大耳猪、山东的莱芜猪、河南的淮南猪和安徽定远猪等。

(二)华南型

华南型猪分布在云南省的西南和南部边缘、广西壮族自治区、广东省偏南的大部分地区及福建省的东南角和台湾省各地。这一地区属亚热带，气候温暖，雨量充沛，日照长，农作物一年三熟，饲料丰富，尤以青绿多汁饲料最多，养猪条件最好。由于猪终年可获得营养丰富的青料和多汁料以及富含糖分的精料，因而形成的猪品种早熟易肥、皮薄肉嫩。

华南型猪品种体躯一般较短，皮薄毛稀，鬃毛短少，毛多为黑色或黑白花，背腰宽阔，腹多下垂，臀部丰圆，四肢开阔而粗短多肉，头较短小，额有横行皱纹，耳小直立或向两侧平伸。

该型猪繁殖力较华北型低，一般窝产仔数 8～9 头，乳头 5～6 对。性成熟较早，母猪多在 3～4 月龄时开始发情，6 月龄左右体重达 30 kg 以上即可配种。母性良好，护仔性强。

早期生长发育快，肥育时脂化早，早熟易肥，肉质细致。屠宰率 70%左右，膘厚 4～6 cm，最厚的可超过 8 cm。

本类型代表猪品种有广西陆川猪、广东小耳黑背猪、云南的滇南小耳猪、福建的槐猪和台湾省的桃园猪。

（三）华中型

华中型分布于长江和珠江之间的广大地区。分布地区属亚热带，气候温暖，雨量充沛，自然条件较好。粮食作物以水稻为主，青饲料丰富，富含蛋白质的精料较多，更有利于猪的生长发育。

华中型猪的体型与华南型猪基本相似，其生产性能一般介于华北、华南型之间。体质较疏松，早熟。背较宽，骨骼较细，背腰多下凹，四肢较短，腹大下垂，体躯较华南猪大，额部多横行皱纹，耳较华南型猪大且下垂，被毛稀疏，毛色多为黑白花。

一般一窝产仔 10～12 头，每头有乳头 6～7 对。生长较快，成熟较早，肉质细致。

本类型代表猪品种有浙江金华猪、广东大花白猪、湖南宁乡猪、湖北监利猪、江西赣中南花猪、安徽皖南花猪和贵州的关岭猪。

（四）江海型

江海型猪主要分布在汉水、长江中下游和沿海平原地区，以及秦岭和大巴山之间的汉中盆地。这些地区气候温和，雨量充沛，土地肥沃，都是稻麦三熟地区。青、粗多汁饲料及能量和蛋白质饲料均很丰富。

江海型猪品种的外形和生产性能因类别不同而差异较大。共同特点是头大小适中，额较宽，皱纹深且多呈菱形，耳长大下垂，背腰较宽，腹部较大，骨骼粗壮，皮多有皱褶。性成熟早，母猪3～4月龄已开始发情，经产母猪窝产仔数在13头以上，乳头8对以上，以繁殖力高而著称。

经济成熟早，积脂能力强，增重较快，屠宰率一般为70％左右。

太湖流域的太湖猪、陕西的安康猪、浙江的虹桥猪和江苏的姜曲海猪均属此型。

（五）西南型

西南型猪分布在云贵高原和四川盆地。由于西南地区的气候条件相似，饲料条件基本相同，因而大部分猪品种的体质外形与生产性能基本相似。

西南型猪的特点为头大，腿较粗短，额部多有旋毛或横行皱纹，毛色以全黑和"六点白"居多，也有黑白花和红毛猪。

西南型猪繁殖力中等，窝产仔数一般8～10头，奶头5～6对。肥育能力强，饲料利用率中等。屠宰率为65％～72％。

西南型猪的代表品种有荣昌猪、内江猪、成华猪、贵州柯乐猪、凉山猪、云南的富源大河猪等。

（六）高原型

高原型猪主要分布在青藏高原。这一地区自然地理条件和社会经济条件特殊，因而高原型猪与国内其它地区的猪种有很大差别。

猪体型小，外貌似野猪，四肢发达，粗短有力，蹄小结实，嘴尖长而直，耳小而直立，背窄微弓，腹紧，臀倾斜。毛色为全黑、红棕色或黑白花。

为适应高原干寒和温差大的气候，皮相对较厚，毛密长，并生有绒毛，鬃毛发达，富有弹性。鬃毛长达 12～18 cm，一头猪年产鬃毛 250 g。

高原型猪属于小型晚熟品种，体躯较小，耐粗饲，适于放牧，繁殖力较低，母猪性成熟较晚，通常 4～5 月龄才开始发情。一般窝产仔数 5～6 头，乳头 5 对。妊娠期较长，为 120 天，屠宰率 65%。肉质鲜美多汁，呈大理石状。

高原型猪代表品种有青藏高原的藏猪、甘肃的合作猪和云南的迪庆藏猪等。

第二节　我国主要的地方猪品种

一、东北民猪

东北民猪属华北型猪品种，原产于东北和华北部分地区。现有繁殖母猪近 2 万头，广泛分布于辽宁、吉林、黑龙江和河北北部等地区。民猪分为大、中、小 3 个类型：体重 150 kg 以上的大型猪称大民猪；体重 95 kg 左右的中型猪称二民猪；体重 65 kg 左右的小型猪称荷包猪。

民猪头中等大，面直长，耳大下垂。体躯扁平，肋骨弯曲度较小，背腰狭窄，臀部倾斜，四肢粗壮。全身被毛黑色，毛密而长，猪鬃发达，冬季密生绒毛。乳头 7～8 对。

民猪性成熟早，母猪 4 月龄左右出现初情，母猪发情表现明显，配种受胎率高。公猪一般在 9 月龄、体重 90 kg 左右开始配种；母猪在 8 月龄、体重 80 kg 左右初配。母猪头胎产仔数平均 11.04 头，二胎平均 11.48 头，三胎平均为(11.93±0.53)头，四胎以上平均 13.54 头。

据测定，民猪在体重 18～92 kg 阶段，平均日增重 458 g。

二、太湖猪

太湖猪属江海型猪品种，产于江苏、浙江和上海交界的太湖流域。由二花脸猪、枫泾猪、梅山猪、嘉兴黑猪等地方类型组成，统称为太湖猪。现有种猪60多万头。太湖猪是全世界猪品种中繁殖力最高、产仔数最多的品种，而且肉质也好。

太湖猪的体型中等，头大额宽，额部皱褶多、深，耳特大、软而下垂，形似大蒲扇。全身被毛黑色或青灰色，毛稀疏或丛密，腹部皮肤多呈紫红色，也有鼻吻白色或尾尖白色的。梅山猪的四肢末端为白色，乳头多为8～9对。

太湖猪性成熟早，繁殖力强。据对产区几个主要育种场统计，母猪头胎产仔数平均12.14头，二胎平均14.88头，三胎及以上平均15.83头。

在一般饲养条件下，梅山猪在体重25～90 kg阶段，平均日增重439 g。

三、荣昌猪

荣昌猪属西南型猪品种，产于重庆市荣昌县和四川省隆昌县，后又分布到泸县、内江、重庆市大部分地区，还推广到全国20多个省、市和自治区。据不完全统计，产区共有荣昌猪种猪50多万头。

荣昌猪体型较大，两眼周围及头部有大小不等的黑斑，其余全身被毛多为白色，也有极少数在尾根及体躯出现黑斑或全身被毛纯白。农民群众习惯把荣昌猪的毛色分为金架眼、小黑眼瞠、大黑眼瞠、小黑头、大黑头、两头黑、单边照、飞花、铁嘴、洋眼等10种类型。荣昌猪头大小适中，面微凹，耳中等大、下垂，额部有横行皱纹，还有毛旋。体躯较长，发育匀称，背部微凹，腹大而深，臀部稍倾斜。四肢细致、结实。乳头6～7对。

荣昌猪性成熟早，公猪4月龄性成熟，6～8月龄体重60 kg以上可开始配种。母猪初情期为 71～113 日龄，初配以 6～8 月龄，体重 50～60 kg 较为适宜。荣昌猪母猪初产仔数平均为 8.56 头，经产母猪平均产仔数 11.7 头。

在较高营养水平下，体重 15～90 kg 阶段，平均日增重 623 g。

四、内江猪

内江猪属西南型猪品种，产于四川省内江市，分布于内江、资中、资阳、简阳等市、县，曾经推广到全国各地，产区种猪约有 12.5 万头，目前有大幅下降趋势。

内江猪体型较大，体质疏松。头大，嘴筒短，额面横纹深陷成沟，额皮中部隆起成块。耳中等大、下垂。体躯宽深，背腰微凹，腹大不拖地，四肢粗壮。皮厚，全身被毛黑色，鬃毛粗长。乳头多在 7 对左右。群众习惯按头型分为“狮子头”、“二方头”、“毫杆嘴”3 种类型。其中以“二方头”型猪种最多。成年公猪体重 169 kg，成年母猪体重 155 kg。

内江猪也具有性早熟的特点，在农村小母猪一般于 6～7 月龄开始配种，小公猪多在 5～6 月龄开始初配。初产母猪平均窝产仔数 9.35 头，二胎平均 9.83 头，三胎及以上平均 10.4 头。

在中等营养条件下限量饲养，体重 13～90 kg 阶段，平均日增重 410 g。

五、金华猪

金华猪属华中型猪品种，产于浙江省金华地区的义乌、东阳和金华 3 个市，现已推广到浙江全省 20 多个市、县和省外部分地区。据统计，产区 3 个市有 5 万多头种猪。金华猪具有皮薄、骨细和肉脂品质好的特点，用其后腿制作的金华火腿质佳味香，外形美观，在国内外享有盛誉。

金华猪体型中等偏小，毛色除头颈和臀尾为黑色外，其余均为白色，故有“两头乌”之称。在黑白交界处有黑皮白毛的“晕带”。耳中等大、下垂，额上有皱纹，颈粗短，背微凹，腹大微下垂，臀较倾斜，四肢较短，蹄坚实，皮薄毛稀。乳头多为7～8对。

金华猪按头型可分为“寿字头”和“老鼠头”2种类型。“寿字头”型猪分布于金华和义乌等地，个体较大，生长较快，头短，额部有粗深皱纹，背稍宽，四肢较粗壮。“老鼠头”型猪分布在东阳等地，个体较小，头长，额部皱纹较浅或无皱纹，背较窄，四肢高而细。

金华猪具有性成熟早、性情温顺、母性好和产仔多等优良特性。在农村饲养条件下，三胎以上母猪平均窝产仔数11.92头，据对金华种猪场157窝统计，平均窝产仔数14.25头。

在体重17～76 kg阶段，饲养期127天，平均日增重464 g。

六、大花白猪

大花白猪属于华中型猪品种，产于广东珠江三角洲一带。主要分布在广东省的乐昌、仁化、顺德和连平等42个市、县。产区现有种母猪44万头左右。大花白猪具有耐潮湿、耐热，性成熟早，繁殖力高，早熟易肥和沉积脂肪能力强等特点。

大花白猪体型中等大，毛色为黑白花，头部和臀部有大块黑斑，在黑白交界处有黑皮白毛的灰带环绕，被毛稀疏，耳稍大下垂，额部多有横行皱纹，背、腰较宽，微凹，腹较大。乳头多为7对。

大花白猪繁殖力较高，据广东省农业科学院畜牧所测定，初产母猪平均产仔11.7头，二产平均12.9头，经产平均13.8头。

大花白猪在较好的饲养条件下，在体重20～90 kg阶段，平均日增重519 g。

七、文昌猪

文昌猪属华南型猪，产于海南省，中心产区是文昌、屯昌和临高县。

文昌猪体型中等偏小，头小，嘴筒短，额宽、有“倒八”字皱纹，耳小直立，体躯较丰满，背宽微凹，腹大下垂(但很少拖地)，后躯稍倾斜，飞节处有皱褶，全身被毛白多黑少，从头起沿背线直到尾根，有一条黑皮黑毛的宽带，俗称“黑背条”。下颌、颈下、胸腹部及四肢均为白色，黑白之间有宽3～5 cm的“晕带”。额正中有白色三角星。乳头多为7对。

文昌猪性成熟早，繁殖力中等，初产母猪平均窝产仔数8头左右，3胎及以上平均窝产仔数12头左右。

产区饲养水平较低，多以放牧为主。文昌猪在体重13～73 kg阶段，平均日增重295 g。

八、滇南小耳猪

滇南小耳猪属华南型猪种，产于云南省的勐腊、潞西、干山等地，分布于德宏州、临沧地区、西双版纳州及思茅地区及红河州、文山州、玉溪地区的部分县、镇。

滇南小耳猪体躯短，皮薄，毛稀，被毛以纯黑为主，耳小直立或向外横伸，背腰宽广，全身丰满，乳头多为5对。按体型可分为大、中、小3种类型。小型猪群众称“冬瓜猪”或“细骨猪”。

性成熟较早，公猪3月龄、母猪4月龄即可配种受胎。据调查，一般初产母猪平均产仔数为5～6头，经产母猪平均为7～9头，育成率在80%以上。

山区以放牧为主，多采用“先吊架子”后集中粮食催肥的方式养猪，饲养期1.5～2年，体重可达80～100 kg。

九、香猪

香猪于广西和贵州的交界处，分布在广西的巴马瑶族自治县田东、田阳以及环江毛南族自治县、罗城仫佬族自治县一带和贵州的从江县。属于小型猪种。

香猪毛色全黑或不完全的“六白”特征，体型小，骨骼纤细，头较直，耳小而薄，向两侧平伸或稍竖起，腹大而圆，四肢短细。乳头5对，成年体重38.8 kg。

香猪为我国特有的小型猪，虽然增重慢，产肉量低，但具有体小早熟、肉质嫩美的特点，宜加工烤猪和用作实验动物，也可作为宠物饲养于城市家庭中。

十、藏猪

藏猪属高原型猪品种，产于西藏、四川西部以及云南西北部的广大地区，是典型的高原型品种。主要分布在西藏的山南地区、昌都地区、拉萨市，四川省的甘孜州、阿坝州，云南省的迪庆州和甘肃省的甘南州等地。

藏猪被毛多为黑色，部分猪具有不完全“六白”特征，少数猪为棕色，也有仔猪被毛具有棕黄色纵行条纹。鬃毛长而密，被毛下密生绒毛。体小，嘴筒长、直，呈锥形，额面窄，额部皱纹少。耳小、直立、转动灵活。胸较窄，体躯较短，背腰平直或微弓，后躯略高于前躯，臀倾斜，四肢结实紧凑、直立，蹄质坚实，乳头多为5对。

藏猪多为放牧饲养。母猪一般年产一窝，初产母猪平均产仔4.78头，2胎平均6.03头，经产平均6.43头。

藏猪在终年放牧饲养条件下，育肥猪增重缓慢，12月龄体重20～25 kg，24月龄时35～40 kg。

第三节　我国培育品种

一、三江白猪

三江白猪分布于黑龙江东部合江地区境内的国有农牧场及其

附近的县、乡猪场，产区为著名的三江平原地区。

三江白猪是由长白猪与民猪正反交产生的一代杂种母猪再与长白公猪回交，从其后代中择优组成零世代猪群，连续进行 5～6 世代的横交和选择育成的新品种。

三江白猪被毛全白，头轻嘴直，耳较大下垂或前倾。背腰宽平，腿臀丰满，四肢粗壮，蹄质坚实，乳头一般为 7 对，排列整齐，毛丛稍密。

三江白猪成年公猪体重 187 kg，母猪 138 kg。性成熟较早，初情期 4 月龄左右，发情表现明显。初产母猪平均产仔 10.2 头，经产母猪平均产仔 12.4 头。

按三江白猪饲养标准饲养，6 月龄肥育猪体重可达 90 kg，平均日增重 666 g。

二、哈白猪

哈尔滨白猪简称哈白猪，产于黑龙江省南部和中部地区，以哈尔滨及其周围各县为中心产区，广泛分布于滨州、滨绥、滨北和牡佳等铁路沿线。

哈白猪是由不同类型约克夏猪与东北民猪杂交选育而形成。

哈白猪体型较大，全身被毛白色，头中等大小，两耳直立，面部微凹。背腰平直，腹稍大但不下垂，腿臀丰满，四肢健壮，体质结实。乳头 7 对以上。哈白猪成年体重，公猪 222 kg，母猪 176 kg。据对 380 窝初产母猪统计，平均产仔数 9.4 头；对 1 000 窝经产母猪统计，平均产仔 11.3 头。

体重 14.95～120.6 kg 阶段，平均日增重 587 g。

三、北京黑猪

北京黑猪产于北京市双桥农场和北郊农场，主要分布在北京市朝阳区、海淀区、昌平区、顺义区、通州区等各区、县，并推广于河北、河南、山西等省。

北京黑猪是在北京本地黑猪引入巴克夏猪、中约克夏猪、苏联大白猪、高加索猪进行杂交后选育而成。

北京黑猪全身被毛黑色，体质结实，结构匀称。头大小适中，两耳向前上方直立或平伸，面部微凹，额较宽，颈肩结合良好，背腰较平直且宽，腿臀较丰满，四肢健壮。乳头多为 7 对。

北京黑猪成年体重，公猪 262 kg，母猪 236 kg。初产母猪平均窝产仔数 10 头，经产母猪平均窝产仔数 11.52 头。

据测定，20～90 kg 体重阶段，平均日增重为 609 g。

四、新金猪

新金猪原产于辽东半岛南部，主要在新金县、金县和旅大市郊等地，分布于丹东、辽阳、锦州、铁岭、朝阳和昭乌达盟等地。

新金猪是辽宁、吉林和黑龙江三省有关育种单位用巴克夏猪和东北民猪杂交的基础上选育而成的一个新品种。

新金猪体质结实，结构匀称，头大小适中，面部微凹，耳直立稍前倾，胸宽深，背腰宽平。腹线平直，后躯较丰满，四肢健壮，蹄质结实，被毛稀疏，全身黑色，具有“六白”或不完全“六白”特征。乳头 6 对以上。

新金猪成年公猪体重 231 kg，母猪 175 kg，初产母猪产仔 9 头左右，经产母猪产仔 10 头左右。

新金猪在中等营养水平下，日增重 538 g。

五、上海白猪

上海白猪产于上梅和宝山两县，主要分布于上海市近郊各县。

上海白猪主要是由约克夏猪、苏联大白猪和太湖猪杂交培育而成。现有生产母猪 2 万头左右。

上海白猪体型中等偏大，被毛白色，体质结实。头面平直或微凹，耳中等大略向前倾，背宽，腹稍大，大腿较丰满，平均乳头数7对。

上海白猪成年体重，公猪258 kg，母猪177 kg。初产母猪产仔数9.43头，经产母猪产仔数12.93头。

上海白猪体重20～90 kg阶段，日增重615 g。

六、新淮猪

新淮猪产于江苏淮阴地区，主要分布于江苏淮阴和淮河下游地区。

新淮猪是由约克夏猪和淮阴猪杂交培育而成；现有母猪15万头左右。

新淮猪全身被毛黑色，仅在体躯末端有少量白斑。头稍长，嘴平直微凹，耳中等大，向前下方倾斜。背腰平直，腹稍大但不下垂，臀略倾斜，四肢健壮，乳头7对以上。

新淮猪成年公猪体重244.2 kg，母猪185.22 kg。性成熟较早，公、母猪3月龄左右有性行为。初产母猪产仔数平均10.5头，经产母猪产仔数平均13.23头。

新淮猪在以青饲料为主的饲养条件下，肥育猪2～8月龄全期日增重为490 g。

七、湖北白猪

湖北白猪产于湖北武昌地区，主要分布于华中地区。

湖北白猪是通过大约克夏猪与长白猪·本地猪杂交和群体继代选育法，闭锁繁育育成的。为我国新培育的瘦肉型猪种之一。

湖北白猪除个别猪眼角、尾根有少许暗斑外，其余全身被毛白色。头较轻，大小适中，鼻直稍长，耳向前倾或下垂，背腰平直，中躯较长，腿臀丰满，肢蹄结实，有效乳头6对以上。

湖北白猪成年公猪体重230 kg，母猪200 kg。初产母猪平均产仔数为 10.5 头，经产母猪平均产仔数为 12.5 头。

湖北白猪育肥到 180 日龄，体重可达 90 kg 左右，日增重 620 g 左右。

八、汉中白猪

汉中白猪产于陕西省汉中地区，主要分布于汉中县、勉县、南郑、城固、洋县、西乡、宁强、镇巴、留坝等地。

汉中白猪是用苏白猪、巴克夏猪和汉江黑猪杂交选育而成。现有种猪 1 万头左右。

汉中白猪除个别眼圈皮肤有小块黑斑外，其余全身被毛白色，头中等大，面微凹，耳中等大小，向上向外伸展，背腰平直，腿臀较丰满，四肢结实，乳头 6 对以上。

汉中白猪成年公猪体重 213 kg，母猪 166 kg。初产母猪平均产仔数 9.8 头，经产母猪平均产仔数 11.4 头。

汉中白猪在每千克配合饲料含消化能 12.98 MJ，粗蛋白质 14%的营养水平下，体重 20～90 kg 阶段，平均日增重 520 g。

九、伊犁白猪

伊犁白猪产于新疆维吾尔自治区伊犁哈萨克自治州，分布于塔城、博尔塔拉和阿尔泰等地。

伊犁白猪是由苏联大白猪和八眉猪杂交选育而成，现有繁殖母猪 1 万余头。

伊犁白猪被毛白色，毛密，头较长，嘴筒较直，面部微凹，耳直立略向前方倾斜，背腰较平直，腹不下垂，后腿较丰满，四肢健壮，体质坚实，乳头 6 对以上。

伊犁白猪成年公猪体重 193 kg，母猪 139 kg。初产母猪平均产仔数 9.33 头，经产母猪平均产仔数 9.68 头。

伊犁白猪体重 12～93 kg 阶段，平均日增重 312 g。

十、苏太猪

苏太猪育成于江苏省苏州地区，是苏州猪畜种中心用美系杜洛克与太湖猪杂交选取育而成。

苏太猪全身被毛黑色，耳中等大而垂直向前下方，头面有清晰皱纹，嘴中等长而直，腹小，后躯丰满。

苏太猪 150 日龄左右性成熟，且发情明显，初产母猪平均产仔数 11.68 头，产活仔数平均 10.84 头，经产母猪平均产仔数 14.45 头，产活仔数平均 13.26 头。

苏太猪生长速度较快，170 日龄可达 85 kg，日增重 630 g 左右，料重比 3.18∶1，屠宰率 72.85%，胴体瘦肉率 55.98%。

苏太猪适应性强，产仔数多，生长发育较快，肉质较好，是生产商品瘦肉猪的理想母本品种。

第四节　引入的瘦肉型品种

目前我国影响较大的引入品种有大约克夏猪、长白猪、杜洛克猪、汉普夏猪和皮特兰猪 5 个品种；引入的专门化品系杂优猪有 PIC 猪、斯格猪、迪卡猪等。引入品种的共同特点是：

①生长速度快，在标准饲养条件下，肥育猪 20～90 kg 阶段的日增重 550～650 g，高的可达 700 g 以上。

②胴体瘦肉率高，一般在 55%～62%，优秀的高达 65%以上。

③屠宰率较高，体重在 90 kg 左右，屠宰率可达 70%～72%。

④产仔数较少，母猪通常发情不明显，配种较难。

⑤肉质较差，肌肉纤维较粗，肌间脂肪较少，出现 PSE 或 DFD 劣质肉的比例较高。

⑥对饲养管理要求较高，每头猪每天需精料量较多。在较低的饲养水平下，生长发育缓慢，有时生长速度还不及我国地方品

种。对猪舍建筑要求亦高。

总之,引入品种在我国猪品种改良中,曾发挥过作用,在当今的养猪生产中,引入品种主要用作杂种优势利用的亲本。

一、大约克夏猪

大约克夏猪,又称大白猪,于18世纪在英国育成,是目前国外所有瘦肉型猪种中分布最广的品种。

我国先后从澳大利亚和英国引进数批几百头大约克夏猪,主要分配在华中、华东、华南等地区,以后被引种到全国各地。目前饲养较多的有湖北、湖南、浙江、江西、江苏、广东和河南等省。

大约克夏猪体格大,体型匀称。全身被毛白色,头长面宽微凹。耳中等大直立,体躯深长,背腰平直略呈弓形,四肢较高,肌肉发达。乳头7对,初产母猪平均产仔数9～10头,经产母猪产仔数11～12头,产活仔数10头左右。

大约克夏猪增重速度快,饲料利用率高,生后5～6月龄体重可达100 kg,平均日增重700 g左右,料重比3∶1左右,胴体瘦肉率60%～65%,适应性较强,能较好地适应我国各地的条件。

二、长白猪

长白猪原名兰德瑞斯猪,原产于丹麦,是世界著名的瘦肉型品种。现已分布到世界各国,尤其是欧洲各国分布最多。1964年由瑞典引入我国,目前是我国引入最多的国外品种。主要分养在浙江、河南、湖南、湖北、广东和河北等省。

长白猪全身被毛呈白色,头狭长,颜面直,耳大向前倾,背腰长,腹线平直而不松弛,体躯长,前躯窄后躯宽,肋骨16～17对,大腿丰满,蹄质坚实,乳头6～7对,初产母猪平均产仔数8～10头,经产母猪平均产仔数10～13头。

长白猪生长速度快,胴体瘦肉率高5～6月龄体重可达

100 kg,平均日增重 800～1 000 g,料重比(2.3～2.7)∶1,胴体瘦肉率 63%～65%。

三、杜洛克猪

杜洛克猪是美国在 19 世纪 60 年代用纽约州的杜洛克猪和新泽西州的泽西红毛猪杂交育成。在美国的猪品种中其日增重和料重比排名第一,分布最广,数量最多。我国于 1972 年首次引入。1978 年和 1982 年又先后从美国、日本、匈牙利等国大批引入,达数百头之多,现已分布于全国。

杜洛克猪体型大,被毛红色,从金黄色到暗棕色深浅不一,樱桃红色最受欢迎。耳中等大,耳尖下垂,颜面微凹,体躯深广,肌肉丰满,四肢粗壮。

杜洛克初产母猪平均产仔数 9 头左右,经产母猪平均产仔数 10～11 头。180 日龄体重可达 100 kg,平均日增重 800～900 g,料重比为(2.3～2.6)∶1,胴体瘦肉率 64%～68%。

杜洛克猪的特点是:体质健壮,适应性强,饲养条件比其它瘦肉型猪要求低,生长速度快,饲料利用率高,胴体瘦肉率高,肉质好。

四、汉普夏猪

汉普夏猪原产于美国肯塔基州,由薄皮猪和白肩猪杂交选育而成。以其膘最薄、瘦肉率最高而在美国猪品种中仅次于杜洛克猪排名第二。我国最早于 1936 年引进过少量汉普夏猪,1978 年以后我国先后从英国、日本、匈牙利和美国引入该品种。

汉普夏猪体型大,毛色特征突出,被毛黑色,在肩部和颈部接合处有一条白带围绕,在白色与黑色边缘,由黑皮白毛形成一灰色带,故有“银带猪”之称。头中等大小,耳中等大小且直立,嘴较长且直,体躯较长,背腰呈弓形,后躯臀部肌肉发达。

汉普夏猪初产母猪平均产仔数7～8头，经产母猪平均产仔数8～9头。180日龄体重可达90 kg，平均日增重600～700 g，料重比3.0∶1左右，胴体瘦肉率60%以上。

汉普夏猪的主要特点是：生长发育快，抗逆性强，饲料利用率较高，胴体瘦肉率高，肉质较好，但繁殖力较差。

五、皮特兰猪

皮特兰猪产于比利时的布拉邦特省，是由法国的贝叶杂交猪与英国的巴克夏猪进行回交，然后再与英国大白猪杂交育成的。目前以德国饲养量最多，我国已引进饲养。

皮特兰猪体型中等，体躯呈方形。被毛灰白，夹有形状各异的大块黑色斑点，有的还夹有部分红毛。头较轻盈，耳中等大小，微向前倾，颈和四肢较短，肩部和臀部肌肉特别发达。

皮特兰猪平均产仔数10～11头，产活仔数9～10头，6月龄体重可达100 kg，平均日增重800 g左右，料重比(2.5～2.8)∶1左右，胴体瘦肉率70%以上。

皮特兰猪主要特点是：瘦肉率高，后躯和双肩肌肉丰满。

六、PIC配套系猪

PIC配套系猪是由英国种猪改良公司运用“通过培育专门化父系和母系能够提高生产效率和经济利益”这一理论，经过30余年培育的具有世界先进水平的优良配套系猪。父系猪具有生长速度快、饲料利用率高、体型好等优点；母系猪具有产仔率高、母性强等优点；用其父母代父母系猪杂交生产五元杂交商品猪，能够更好地提高养猪生产效率和经济效率。重庆大正畜牧科技股份有限公司于1999年引进PIC配套系猪，现已推广13个省市，种猪数达4万余头。

PIC配套系猪平均产活仔数10.5～12头，150～155日龄体重可达 100 kg,平均日增重 900 g 左右,料重比(2.6～2.8)∶1 左右,胴体瘦肉率 66%～68%。

七、斯格猪

斯格猪原产于比利时。1999 年 3 月由河北斯格种猪有限公司引进,共引进 5 个系,2 个父系,3 个母系。

斯格猪父母代经产平均产仔数 11.8～12.8,5～6 月龄体重可达 100 kg,父系猪的平均日增重 800 g 以上,料重比(2.2～2.6)∶1 左右,胴体瘦肉率 67%～68%。母系稍低于父系。

斯格猪的主要特点是:父系生长快,饲料利用率高,胴体瘦肉率高;母系体较长,发情明显,产仔数较高,泌乳力强,杂交后代肉质较好。

八、迪卡猪

迪卡猪是美国迪卡公司培育的配套系猪的总称。迪卡猪是美国猪育种公司从当今世界上最优秀的长白猪、大白猪、杜洛猪、汉普夏猪等品种中选育出来的 5 个配套系,其中 A、B 为父系,C、E、F 为母系。

迪卡猪经产平均产仔数 11～12 头,5 月龄体重可达 90 kg,父系猪的平均日增重 600～700 g,料重比 2.8∶1 左右,胴体瘦肉率 65%,该猪与我国北方母猪有良好的杂交优势。

迪卡猪主要特点是:生长速度快,饲料利用率高,瘦肉率高,繁殖力强,肉质较好。

第二章　猪的杂种优势利用

利用不同品种、品系或类型的公、母猪之间的交配，称之为杂交。利用杂交种后代表现出来的良好生产性能，用以提高肉猪生产的生产水平，这种杂交方式，称之为杂交优势利用，又称经济杂交。

经济杂交的杂交方式，在国内外已得到广泛的应用。目前，国外养猪发达的国家，杂种猪占商品猪的比重达 80%～90%，我国近 20 年来，猪的经济杂交已呈方兴未艾之势，尤其在商品瘦肉型猪生产中，更得到广泛的应用。

第一节　杂种优势的概念及意义

一、杂种优势的概念

产生杂交优势的遗传基础，是基因的非加性效应，例如等位基因之间的显性效应就是其一。等位基因之间的这种非加性效应，它随着基因的杂合而存在，随着基因的分离和重组、基因型的纯合而消失，所以，杂种优势存在于基因的杂合效应之中。

杂交的遗传效应是使后氏群体基因型杂合化。如果是基因频率绝对不同的 2 个种群，例如，一对等位基因 A 和 a，甲种群 A 基因频率为 1，a 基因频率为 0；乙种群 A 基因频率为 0，a 基因频率为 1，两种群杂交，下一个世氏（即杂种后代）的基因型完全杂合，群内纯合子基因型（即 AA 和 aa 型）频率降为 0，而杂合子基因型（即 Aa 型）频率升至 1 的水平。

群体基因型杂合的两方面含义:一方面在群体内的个体间在基因型杂合的基础上趋于一致,即个体间的遗传结构相同(即皆为 *Aa* 基因型)。由于个体的性能表现是由基因型和环境共同作用的结果,即表现型=基因型+环境条件,所以,将这样的杂种群饲养在相同的饲养管理条件下,可以有相同的表现型,杂种的主要性能表现一致,因而能够实现商品的"规格化"。关于这个作用,在现代养猪生产中,特别是规模化养猪,欲实现商品猪的"同进同出",并且有合格的产品规格,必须走杂交之路。另一方面,由杂交生产的杂种后代在生活力抗逆性、生长势等方面优于纯种亲本;在主要经济性状上,能超过父、母双亲同一性状的平均值,从而表现出比纯种更优的生产性能。利用杂种优势提高商品猪的生产能力,已成定论,近年来,我国养猪生产中两品种、三品种间的杂交已普遍开展,在提高养猪生产水平、改善肉猪胴体品质、提高肉猪增重速度、降低饲料消耗等方面均发挥了良好的作用。就当前我国养猪业的形势来讲,杂种优势利用在已取得的成绩基础上,将逐步实现"配套杂交,并朝着"母猪杂种一代化、公猪高产品系化、肥猪三系杂种化"的新格局发展。

二、杂种优势的度量方法

杂交由于使用的杂交亲本种群的不同,其中产生杂种优势的程度则不同,就猪的经济性状而言,不同的性状,其杂种优势程度并不相同。杂种优势的程度,用杂种优势率来表示:

$$\text{杂种优势}=\frac{\text{杂种一代平均值}-\text{双亲平均值}}{\text{双亲平均值}}\times 100\%$$

例如:荣昌猪的肥育期平均日增重为 450 g,长白猪的肥育期平均日增重为 650 g,长×荣杂种一代的肥育期平均日增重为 620 g。那么,肥育期平均日增重的杂种优势率计算为:

$$\frac{620-[(450+650)\div 2]}{(450+650)\div 2}\times 100\%=12.7\%$$

三、杂种优势表现的规律

在猪的性状中，杂种优势表现的程度，有一定的规律可循：

首先，是容易获得杂种优势的性状，如产仔数、仔猪初生重、成活仔猪数、断奶窝重、泌乳力等繁殖性状。这类性状的遗传力低，主要受非加性基因作用和环境因素影响，纯种选育不容易提高，杂交效果明显。

其次，是比较容易获得杂交优势的性状，如断奶后的生长速度、饲料利用率等。这类性状遗传力中等，受基因的加性效应和非加性效应的共同作用，杂交较易产生杂种优势。

第三，是不易获得杂种优势的性状，如猪的外形结构、胴体长、背膘厚、肉的品质、眼肌面积等。这类性状遗传力高，主要受加性基因作用，品种或品系之间的经济杂交很难获得杂种优势。它可以通过纯种选育得到提高。

另外，从杂交亲本群的遗传纯度而言，遗传纯度越高的种群杂交，越容易获得杂种优势。例如，利用近交系、纯系配套杂交，可以提高杂种后代群合子基因型频率，从而增加基因杂合效应，提高杂种优势率。如果两个遗传纯度不高的种群杂交，甚至是两个杂种群之间的交配，其后代不仅不能表现出杂优势，还会出现性状分离，给生产带来损失。这里看出杂交前对用于杂交的亲本品种的纯化工作，尤其是对地方品种的“提纯复壮”就显得十分重要了。

就杂交亲本之间的差异而言，在类型、性能以及亲缘等方面差异大的种群之间，其遗传差异相对较大，它有利于提高后代基因型的杂合性，从而提高杂种优势。例如，国内的两个地方品种猪杂交，其优势表现的程度就不如国内地方品种猪与国外引入品种猪杂交，原因就在于后者两种群间的遗传差异大于前者两个亲本种群，这也在养猪生产中得到了印证。

四、杂交亲本的选择

猪的杂种优势利用的主要目的，是通过杂交提高母猪的繁殖成绩和商品肉猪的生长速度和饲料利用率等经济性状，这就要求亲本种群在这几项性能上具有良好的表现。但是，作为杂交的父本、母本双方，各自担任的角色不同，因而在性能特点上的要求亦有差异。

（一）父本品种的选择

父本品种群直接影响杂种后代的生产性能，因而要求父本种群具有生长速度快、早熟、饲料利用能力强、瘦肉率高等优良特性。对父本种群的繁殖性能和适应性，可以放在首要的位置来考虑。在我国现推广的“二元杂交”中，根据各地进行配合力测定结果，引入的长白猪、大约克夏猪、杜洛克猪、汉普夏猪等品种，均可供作父本选择的对象。在“三元杂交”中，除母本种群外，还涉及两个父本种群，由于在第二次杂交中所用的母本为 F_1 代种母猪，为使 F_1 代种母猪具有较好的繁殖性能，因此在第一父本选择时，应选用与纯种母本在生长肥育和胴体品质上能够互补的，而且繁殖性能较好的引入品种。第二父本亦应着重从生长速度、饲料利用率和胴体品质等性能上选择。研究表明，在三元杂交中以引入的大约克夏猪、长白猪等品种作第一父本较好，而第二父本宜选用杜洛克猪、汉普夏、皮特兰等。

（二）母本品种的选择

对母本种群的要求是有良好的繁殖成绩和适应性，对其体格的大小可以不作严格的要求。如果母本种群的产仔数多，哺乳能力强，加之杂交后的杂种优势表现，就能繁殖出更多的商品仔猪。在杂交组合中母本的需要量大，如果母本的适应力差，必然加重饲养管理中的负担。因此母本种群宜选用本地区数量多、适应本地饲养管理条件的品种或品系。按照养猪业“三化”方针，二元杂交宜选用各地区的本地品种。我国近年来所培育的新品种(系)猪，如三江猪、赣州白猪、新淮猪、新金猪、上海白猪、哈白猪、北京黑猪、湖北白猪、汉中白猪、伊犁白猪等均可作母本品种。三元杂交的纯种母本仍按上述要求选择，而继续杂交所用的 F_1 代杂种母猪，仍要求有良好的繁殖成绩和哺育能力。

第二节 杂种优势利用的方式

杂种优势利用的杂交方法有多种，主要介绍以下几种方式。

一、二元杂交

二元杂交又称单杂交或单交。二元杂交的方法是利用 2 个亲本种群，其中一个为父本，另一个为母本进行杂交，由杂交所获得的 F_1 代杂种仔猪，无论其公、母，皆不留作种用，全部用作商品肥育猪(图 2-1)。

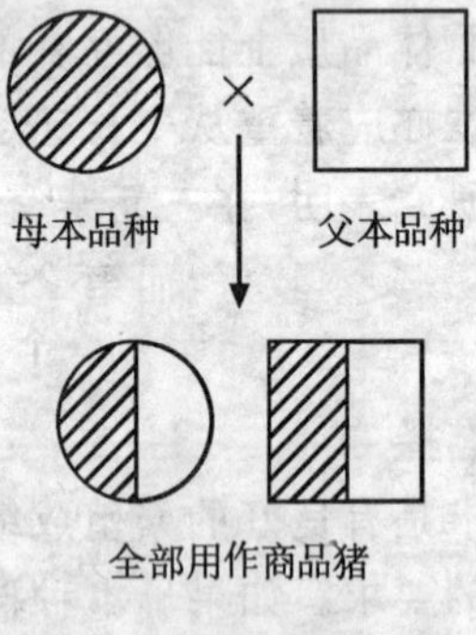

图 2-1 二元杂交示意图

在我国养猪生产中杂种优势利用的初级阶段所推行的养猪“三化”，即公猪良种化、母猪本地化、肉猪杂种一代化就是二元杂交的具体实施。

二元杂交的优点在于它方法简单，容易推广，从各地的养猪生产实践和研究报告来看，二元杂种猪在生长速度、饲料利用率和胴体品质等经济性状上均有较好的表现。二元杂交的缺点是它不能继续利用杂种猪繁殖后代，因而需要不断补充纯种亲本，这就需要在杂交利用的同时，做好纯种亲本的纯繁，才能不断地为杂交输送亲本，确保杂交的进行，同时又不造成地方品种资源的混杂。尤其在具有地方品种保种和纯繁选育任务的地区，开展二元杂交更应重视地方品种的纯繁选育。

二、三元杂交

三元杂交是利用 3 个种群杂交。首先选用 2 个种群杂交，在获得 F_1 代杂种后，从中选择出繁殖性能优良的 F_1 代母猪个体，作为继续杂交的母本，将 F_1 代杂种中的全部公猪和不适合留种的母猪作肉猪肥育。用选出的杂种母猪再与第三个种群的公猪交配，所产生的三元杂种仔猪，无论公、母，全部用做肉猪肥育(图 2-2)。

在我国推行的三元杂交模式，一般是以本地品种为母本，一个引入品种为父本(称第一父本)进行单杂交，产生 F_1 代杂种后，从中选出繁殖性能好的杂种母猪，再与另一个引入品种公猪(称第二父本)交配，生产商品肉用仔猪。三元杂交利用了 F_1 代杂种母猪产仔数多、哺育能力强的特点，加上第二次杂交使仔猪又获得生活力和生长势两方面的优势。因此，三元杂交的效果，一般超过二元杂交。尤其在当今瘦肉型商品猪的生产中，二元杂种猪的瘦肉率很难达到瘦肉型的标准，而需进行三元杂交。例如，重庆市养猪研究院的研究报告称，长×荣 F_1 代杂种的瘦肉率最高仅有 50.92%，

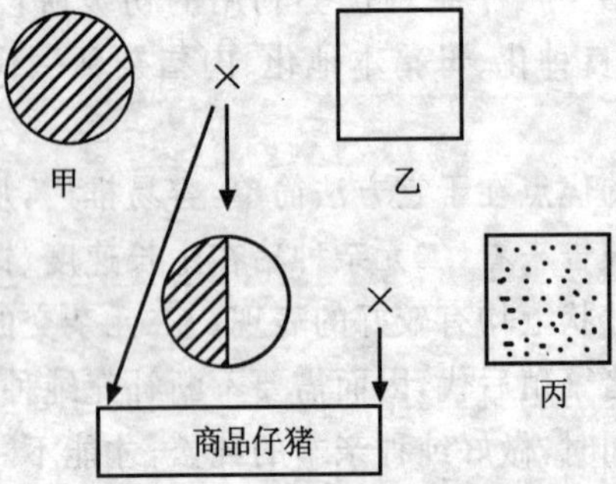

图 2-2 三元杂交示意图

而据四川农业大学蒋必光等研究，杜×长·荣杂种猪胴体瘦肉率达到 59%。随着我国养猪生产中杂种优势利用的深入和发展，杂种利用的方式正在逐渐由二元杂交过渡到三元杂交。

近年来，在肉猪生产中由于更高地追求胴体瘦肉率，又采用“洋三元”杂交，即选用 3 个瘦肉率高的引入品种（洋种），如长白猪、大约克夏猪、杜洛克猪、皮特兰猪等，通过配套组合生产杂种仔猪。

三元杂种猪要求有较高的饲养管理条件，如果饲养水平跟不上，反而使杂种生产性能下降。在三元杂交实施过程中，2 个父本品种的使用顺序必须明确，在获得 F_1 杂种母猪后，用以继续杂交的公猪，必须是第二父本品种。例如，用本地品种、长白猪和杜洛克猪 3 个品种，如果第一次用本地母猪与长白公猪交配，在获得长×本杂种母猪后，与之交配的公猪必须是第二父本杜洛克猪。在农户饲养杂种母猪须有种猪卡片，记载其来源及血统，以便在繁殖配种时不出现差错。另外，杂种一代母猪必须坚持选择，不能“见母就留”，要精心选留杂种母猪中的优秀个体。三元杂交利用中，常有杂种母猪发情不明显的现象出现，尤其以洋三元中的杂种母猪表现更多，造成配不上种，繁殖成绩下降的不良后果。在杂种母猪的日常饲养管理过程中，饲养人员须加强对母猪行为和外生殖器的观察，尽可能地对母猪的发情做出判断。另外，在配种技术上，宜采用“重复配”多次配种，以弥补对发情判断不准确的不足。

三、配套系杂交

配套系杂交的方法是用品系繁育的手段，事先培育出几个高产的、生产性能各具特点的专门化品系，再对这些品系间进行配合力测定，按其测定成绩确定其作父系或母系，再配套成优良的杂交组合，通过系间杂交，获得优良的杂种仔猪供作商品肥育猪。图2-3所示是我国普遍采用的杜洛克猪、长白猪和大白猪三系配套模式。

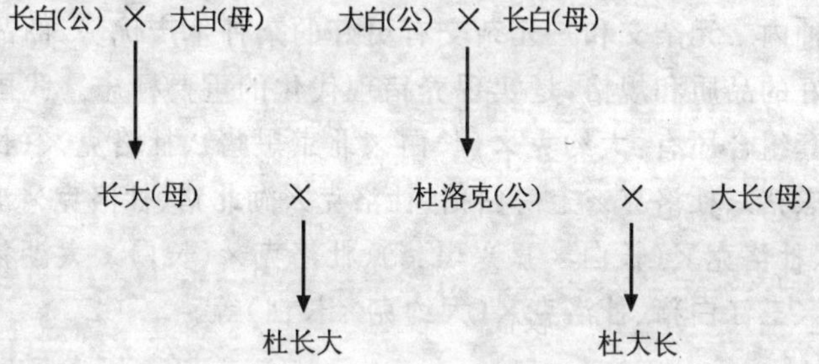

图 2-3　杜、长、大三系配套模式

据华南农业大学陈文广等报道，用杜洛克新品系与长·大、大·长母猪配套生产商品肉猪，其增重速度和饲料利用能力都表现良好。

美国迪卡猪是一个较为复杂的配套组合，见图2-4。

在养猪生产中利用专门化品系配套杂交，代替品种间杂交，它

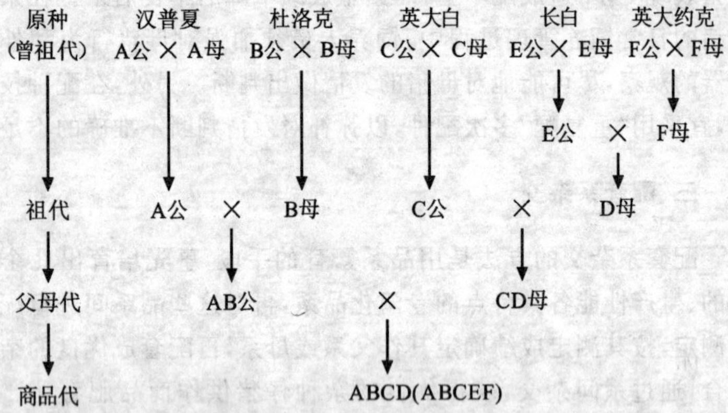

图 2-4　迪卡猪配套系组成

比品种内二元杂交和三元杂交有更好的杂种生产优势，商品肉猪有更好的品质和规格，是实现养猪现代化的重要标志。我国成功的配套组合还有：大约克×(长白×北京黑猪)、杜洛克×(长白×北京黑猪)、杜洛克×上海白猪、杜洛克×湖北猪、杜洛克×浙江中白猪、杜洛克×(长白×嘉兴黑猪)、杜洛克×(长白×太湖猪)、杜洛克×三江白猪、杜洛克×(大约克×长白)等。

第三节　杂种优势利用的措施

杂种优势利用的实施，从培育杂交亲本开始，包括配合力测定、做好组织工作，为杂种创造适宜的饲养管理观察条件等整套措施。因此，必须做好各个环节的工作，才能收到预期的效果。

一、选用最优杂交组合和适宜的杂交方式

杂交能产生优势，但并不是各种组合均能产生优势，杂交组合

的不同，所产生杂种优势的程度也各异。在杂种优势利用中，选择最优的杂交组合，才可能将养猪生产的效益，提高到理想的水平。最优杂交组合，须通过配合力测定来确定。

所谓配合力，是指种群间的杂交效果。配合力分为一般配合力和特殊配合力。一般配合力指一个种群与其它各种群杂交所能获得的平均效果。例如，内江猪与我国许多地方品种杂交，都能获得较好的效果，这说明内江猪一般配合力好。特殊配合力则是两个特定种群之间的杂交所产生的超过一般配合力的杂种优势。在杂种优势利用中，追求的是特殊配合力，它依靠通过杂交组合的选择而获得。例如，用上海白猪与杜洛克、苏白猪、约克夏猪、长白猪等品种进行配合力测定，试验结果，杜×上、苏×上、约×上、长×上4个组合的肥育性能，都超过纯种上海白猪，但在4个组合中，杜×上组合超过其它3个组合，表明上海白猪与杜洛克猪之间的特殊配合力好，是一个值得应用推广的优良杂交组合。

杂种优势利用所采用的杂种方式，应根据当地的猪品种资源、饲养管理水平、技术水平以及对肉的品质要求等诸多因素综合考虑，选择适合本地区的杂交方式和最优势杂交组合。一般而论，就目前广大农村而言，有地方品种资源可以利用，饲养水平还不很好，采用以本地品种为母本、引入品种为父本的二元杂交方式为妥当。随着养猪生产的发展，饲养水平的提高以及杂种优势利用经验的积累，逐步过渡到三元杂交方式，甚至采用“洋”三元杂交。在饲养条件和技术水平皆好的地区和规模化、商品化猪场，对胴体品质有较高的要求，其杂交方式以采用三元杂交方或配套系杂交为宜。

二、杂交亲本的选优提纯

杂交亲本遗传品质的优劣和遗传结构的纯度，直接影响杂种优势利用的效果。亲本的选优，指在亲本群内选择优秀的个体。

在选择作用下，亲本群内原有的优秀、高产基因频率上升到最大程度，从而改善和提高亲本群的遗传品质，为杂种后代提供优秀、高产基因。亲本提纯，就是通过选择等育种措施，使亲本群在主要经济性状上的纯合子基因型频率提高到最大程度，从而提高亲本群的遗传纯度，降低亲本群内差异，扩大亲本群间的差异，提高杂种后代群杂合子基因型频率。

我国的地方品种猪，具有独特的性能和对产区条件良好的适应性，在品种间杂交中一般用作杂交母本。但是，这些地方品种一般未经过选育，或虽然经选育，但选育程度不高，遗传品质和纯度均未达到理想水平。如果将这样的品种不加选优提纯就直接用于杂交，杂种优势的表现必将受到限制。尤其是因品种混杂而退化的品种，更需提纯复壮工作。对引入品种，在用于杂交之前也存在着选育的问题。首先是对引入品种进行风土驯化，使之尽快地适应当地条件，表现出自身的优良特性。在此基础上加强选育，使引入品种的性能在新条件下有所提高，能更好地发挥它们的作用。

三、杂交繁育体系

在杂种优势利用过程中，建立相应的杂交繁育体系，是确保杂种优势工作顺利开展，同时又避免对地方猪品种造成不良影响的重要措施。

杂交繁育体系包括纯种繁殖场、杂种猪繁殖场和商品猪场 3 种类型的猪场。纯种繁殖场的任务是进行杂交亲本的纯种繁殖和选育提高，它为杂种猪场提供优质的纯种亲本。在二元杂交推广地区，纯种繁殖场包括父本品种和母本品种的纯种繁殖。三元杂交推选地区，还必须建立第二父品种纯繁殖场。杂种猪繁殖场的任务是获得纯种公母猪后，进行杂交获得杂种猪，并从杂种母猪中选出优秀个体，为商品猪场提供杂种母猪。商品猪场的任务是生产杂种商品仔猪供作肥育。

在推行二元杂交地区,商品猪场从纯种繁殖场获得纯种公、母猪,用之杂交生产商品仔猪,推行三元杂交地区,商品场从杂种繁殖场获得杂种母猪,从纯种繁殖场获得第二父本纯种公猪,用之杂交生产商品仔猪。

四、改善杂种猪的饲养管理条件

猪的任何遗传性状的表现,均是遗传和环境两大因素共同作用的结果。选出优秀的杂交组合,仅是为商品猪奠定了高产的遗传基础,欲使其遗传潜力得到充分体现,还需科学合理饲养管理条件。所以,杂种猪所处的饲养管理条件的好坏,直接影响杂种优势表现的程度。在我国当前的养猪生产中,对改善杂种猪的饲养管理条件重视不够,尤其是农户养猪,仍按照传统的以粗青饲料为主,"清汤灌大肚"的饲养方法饲养杂种猪,使杂种猪的生产潜力得不到充分发挥,生产性能仍不突出,生产效益一般化。为了最大限度地提高杂种猪的经济效益,充分发挥杂种猪的增产作用,则良种需要良法,即根据各地区的具体条件,改变传统的养猪习惯,在猪的饲粮中,适当增加精饲料用量,提高饲粮能量和蛋白质水平,重视饲料中各种营养物质的平衡供应,在日常管理中,尽可能地为杂种创造较好的条件,实行科学喂养。

第三章　猪的生物学特性和饲养管理的一般原则

第一节　猪的生物学特性

猪的生物学特性就是猪的生理特点和生活习性。家猪是由野猪进化而来的，经过了漫长的自然选择和人工选育，在进化进程中形成了一系列不同于其它家畜的特性。了解猪的生物学特性，对于合理饲养管理猪只，提高养猪生产水平具有重要意义。

一、食性广，饲料转化率高

猪是杂食动物，牙齿发达，胃介于肉食动物的单胃和反刍动物的复胃之间的中间类型，肠道较长，是体长的15～18倍，因而能充分利用各种动植物饲料和矿物质饲料。猪对精料中有机物的消化率为76%，对青草和优良干草中有机物的消化率分别为64.6%和51.2%。但猪对粗纤维的消化能力有限，随着日粮中粗纤维含量升高，猪对其日粮的消化率大幅度下降，因此，在配制日粮时应注意控制日粮中粗纤维含量。当然，中国品种对粗纤维的消化能力又高于外国品种，种猪高于幼猪和生长肥育猪。

二、多胎高产，世代间隔短，繁殖率高

猪的性成熟早，初配早，妊娠期短，年产多胎，一胎多仔。

我国地方品种猪一般 4～5 月龄达到性成熟，6～8 月龄就可以初次配种，妊娠期只有 114 天，可年产 2 胎或 2 年产 5 胎，年提供仔猪 20～30 头。

三、生长强度大，生长发育快，生长期短，周转快

由于猪妊娠期短，因此出生体重较小，占成年体重的 1%，但出生后生长迅速，30 日龄时仔猪体重为初生重的 5～6 倍，60 日龄仔猪体重为初生重的 15～20 倍。在中等营养条件下，8～10 月龄体重可达 75～90 kg，在高营养水平下 6 月龄体重可达 90～100 kg，自繁自养一年可出栏 2 批肉猪，专门育肥一年可出栏 3 批肉猪。猪的屠宰率高 70%以上，产肉率 60%以上，均高于牛、马、羊。

四、嗅觉和听觉灵敏，视觉不发达

猪嗅觉非常灵敏，猪识别群内个体、寻找食物以及两性联系等主要靠嗅觉，而视觉只起辅助作用，小猪生下来就靠嗅觉寻找奶头，母猪也靠嗅觉识别自己的子女，以防外来的仔猪偷吃自己的奶。放牧时靠嗅觉寻找地下食物。公猪闻到母猪尿液就会引起性兴奋，发情母猪嗅到公猪气味也会兴奋，生产上利用它做母猪发情鉴定和训练公猪采精。

猪对声音辨别能力强，因为猪的耳廓大，外耳腔深广，形如喇叭，收音范围广，能精细辨别声音的强度、音调和节律，对呼唤、口令以及喂食、饮水等有关的声响易形成条件反射。

猪的视觉很弱。不靠近物体几乎看不见东西，对光线反应远不如气味和声音敏感，人工采精就是利用这一点。

五、小猪怕冷，大猪怕热

小猪怕冷，尤其是初生仔猪对低温特别敏感，因为初生仔猪大脑皮层体温调节中枢发育不完善，对体温调节能力差，再加上小猪

皮下脂肪少，皮薄毛稀，抗寒力差，冬春季节都应注意防寒保温。

大猪怕热，特别是肥猪怕热，主要原因是猪的汗腺退化，皮下脂肪厚，不利于散热，因此，夏天应注意防暑降温。

六、喜清洁，易调教

猪有爱清洁的习惯，喜欢在干燥清洁的地方躺卧，排粪尿也有一定的时间和地点，一般都在采食后起卧时排泄，排泄地点多在阴暗、潮湿、肮脏的角落。但圈舍过小，饲养密度过大时，易破坏其良好的生活习惯。

七、群居漫游，群体位次明显

猪有成群生活在一起的习性，几头公猪从小养在一起，长大后很少打架，同窝仔猪生活在一起，很少打架，生长也比较好，这就是猪的群居性，但新合群猪只或猪群过大、密度过高时，则往往发生争斗，甚至打得皮开肉绽，鲜血直流，缺耳少尾。特别是当饲料不够，饲槽太小，猪只又处于饥饿状态时，争斗现象更为突出，一般通过几天的争斗，很快就会排出群体位次，并保持相对稳定，若遇生活环境有较大改变，就会重新建立群体位次。因此，生产上提倡原窝原圈肥育，减少分群调圈次数，以减少打架次数。

第二节　猪的行为学特点

行为是动物对某种刺激和外界环境适应的反应。猪和其它动物一样，对其生活环境、气候条件和饲养管理条件等的反应，在行为上都有其特殊的表现，而且有一定的规律性。只有把握猪的行为特性，在生产中加以科学地利用，制定合理的饲养工艺，设计新型的猪舍和设备，改革传统饲养技术方法，最大限度地创造适于猪只习性的环境条件，提高猪的生产性能，获得最大的经济效益。

一、采食行为

猪的采食行为包括摄食与饮水，并具有各种年龄特征。

猪生来就具有拱土的特性，拱土觅食是猪采食行为的一个突出特征。每次喂食时猪都力图占据食槽有利的位置，有时将两前肢踏在食槽中采食，如果食槽易于接近的话，个别猪甚至钻进食槽，站立食槽的一角，就像野猪拱地觅食一样，以吻突沿着食槽拱动，将食料搅弄出来，抛洒一地，所以在设计饲槽时应加设挡板。

猪的采食有选择性，特别喜爱甜食。颗粒料和粉料相比，猪爱吃颗粒料；干料与湿料相比，猪爱吃湿料，且花费时间也少。

猪的采食是有竞争性的，群饲的猪比单饲的猪吃得多、吃得快，增重也快。

猪白天采食 6～8 次，比夜间多 1～3 次，每次采食持续时间 10～20 分钟，限饲时少于 10 分钟。大猪的采食量和摄食频率随体重增大而增加。

猪在一般情况下，饮水与采食同时进行。猪的饮水量是相当大的，仔猪初生后就需要饮水，吃料时饮水量为干料的 2～3 倍；成年猪的饮水量除饲料组成外，很大程度取决于环境温度。吃颗粒料的小猪，每昼夜饮水 9～10 次，吃湿料的平均 2～3 次，吃干料的猪每次采食后需要立即饮水，自由采食的猪通常采食与饮水交替进行，直到饮足为止，限制饲喂的猪则在吃完料后才饮水。2 月龄前的小猪就可学会使用自动饮水器饮水。

二、排泄行为

猪不在吃睡的地方排泄，这是祖先遗传下来的本性，因为野猪不在窝边拉屎撒尿，可以避免被敌兽发现。

猪排粪尿有一定的时间和区域，一般在猪栏内远离窝床的一个固定地点进行排粪尿；多在食后饮水或起卧时，选择阴暗潮湿或污浊的角落排粪尿，且受邻近猪的影响。据观察，生长猪在采食过程中不排粪，饱食后约 5 分钟开始排粪 1～2 次，多为先排粪再排尿，也有在饲喂前排泄的，但多为先排尿后排粪，在 2 次饲喂的间隔时间里猪多为排尿而很少排粪，夜间一般排粪 2～3 次，早晨的排泄量最大。

三、群居行为

猪的群体行为是指猪群中个体之间发生的各种交互作用。结对是一种突出的交往活动，猪群体表现出更多的身体接触和保持听觉的信息传递。

在无猪舍的情况下，猪能自找固定地方居住，表现出定居漫游的习性，猪有合群性，但也有竞争习性，大欺小、强欺弱和欺生的好斗特性，猪群越大，这种现象越明显。

稳定的猪群，是按优势序列原则，组成有等级制的社群结构，个体之间保持熟悉，和睦相处，当重新组群时，稳定的社群结构发生变化，发生激烈的争斗，直至重新组成新的社群结构。

猪群等级最初形成时，以攻击行为最为多见，等级顺序的建立，受构成这个群体的品种、体重、性别、年龄和气质等因素的影响。一般体重大的、气质强的猪占优位，年龄大的比年龄小的占优位，公比母、未去势比去势的猪占优位。小体型猪及新加入到原有群中的猪则往往列于次等，同窝仔猪之间群体优势序列的确定，常取决于断奶时体重的大小，不同窝仔猪并圈养时，开始会激烈争斗，并按不同来源分小群躺卧，24～48 小时内，明显的等级体系就可形成，一般是简单的线型。

四、争斗行为

争斗行为包括进攻防御、躲避和守势等活动。

在生产实践中能见到的争斗行为一般是为争夺饲料和地盘所

引起，新合并的猪群内相互交锋，除争夺饲料和地盘外，还有调整猪群群居结构的作用。

猪的争斗行为，多受饲养密度的影响，当猪群密度过大，每头猪所占空间下降时，群内咬斗次数和强度增加，会造成猪群吃料攻击行为增加，降低采食量和增重。这种争斗形式一是咬对方的头部，二是在舍饲猪群中，咬尾争斗。

新合群的猪群，主要是争夺群居位次，只有群居构成形成后，才会更多地发生争食和争地盘的格斗。

五、性行为

性行为包括发情、求偶和交配行为。母猪在发情期，可以见到特异的求偶表现，公、母猪都表现一些交配前的行为。

发情母猪主要表现卧立不安，食欲忽高忽低，发出特有的音调柔和而有节律的哼哼声，爬跨其它母猪，或等待其它母猪爬跨，频频排尿，尤其是公猪在场时排尿更为频繁。发情中期，性欲高度强烈的母猪，当公猪接近时，调其臀部靠近公猪，闻公猪的头、肛门和阴茎包皮，紧贴公猪行走，甚至爬跨公猪，最后站立不动，接受公猪爬跨。饲养人员压其背部时，立即出现举尾不动的压背反应，这种压背反应是母猪发情的一个关键行为。

公猪一旦接触母猪，会追逐它，嗅其体侧肋部和外阴部，把嘴插向母猪两腿之间，突然往上拱动母猪的臀部，口吐白沫，往往发出连续的、柔和而有节律的喉音哼声，有人把这种特有的叫声称为“求偶歌声”。当公猪性兴奋时，还出现有节奏的排尿。

六、母性行为

母性行为包括分娩前后母猪的一系列行为，如絮窝、哺乳及其它抚育仔猪的活动等。

母猪临近分娩时，通常以衔草、铺垫猪床絮窝的形式表现出来，如果栏内是水泥地而无垫草，只好用蹄子抓地来表示。分娩前24小时母猪表现神情不安，频频排尿、磨牙、摇尾、拱地，时起时卧，不断改变姿势；分娩时多采用侧卧，选择最安静时间分娩，特别在夜间产仔时多见。当第一头小猪产出后，有时母猪还会发出尖叫声，当小猪吸吮母乳时，母猪四肢伸直亮开乳头，让初生仔猪吃乳。母猪整个分娩过程中，自始至终都处在放乳状态，并不停地发出哼哼的声音，乳头饱满，甚至有奶水流出，使仔猪容易吸吮。母猪分娩后以充分暴露乳房的姿势躺卧，形成一热源，引诱仔猪挨着母猪乳房躺下。授乳时常采取左侧卧或右侧卧姿势，一次哺乳中间不转身，母仔双方都能主动引起哺乳行为，母猪以低度有节奏的哼叫声呼唤仔猪哺乳。有时是仔猪以它的召唤声和持续地轻触母猪乳房以刺激授乳。一头母猪授乳时母仔的叫声，常会引起同舍内其它母猪也哺乳。仔猪吮乳过程可分为4个阶段，开始仔猪聚集乳房处，各自占据一定位置，以鼻端拱摩乳房，吸吮，仔猪身向后，尾紧卷，前肢直向前伸，此时母猪哼叫达到高峰，最后排乳完毕。

母仔之间是通过嗅觉、听觉和视觉来相互识别和联系的，猪的叫声是一种联络信号。

我国地方品种母猪非常注意保护自己的仔猪，在行走、躺卧时十分谨慎，不踩伤、压伤仔猪，当母猪躺卧时，选择靠栏三角地不断用嘴将仔猪推出卧位慢慢地依栏躺下，以防压住仔猪，一旦遇到仔猪被压，只要听到仔猪的尖叫声，马上站起，防压动作再重复一遍，直到不压住仔猪为止。

带仔母猪对外来的侵犯，先发出报警的吼声，仔猪闻声逃窜或伏地不动，母猪会张合上下颌对侵犯者发出威吓，甚至进行攻击。刚分娩的母猪即使对饲养人员捉拿仔猪也会表现出强烈的攻击行为。现代培育品种，尤其是高度选育的瘦肉猪种其母性行为有所减弱。

七、活动与睡眠行为

猪的行为有明显的昼夜节律，活动大都在白天，在温暖季节和夏天，夜间也有活动和采食，遇上阴冷天气，活动时间缩短。猪昼夜活动也因年龄及生产性能不同而有差异，仔猪昼夜休息时间平均60％～70％，种猪70％，母猪80％～85％，肥猪为70％～85％。休息高峰在半夜，清晨8时左右休息最少。

哺乳母猪睡卧时间随哺乳天数的增加逐渐减少，走动次数由少到多，时间由短到长，这是哺乳母猪特有的行为表现。

仔猪出生后3天内，除吸乳和排泄外，几乎全是酣睡不动，随日龄增长和体质的增强活动量逐渐增多，睡眠相应减少，但至40日龄大量采食补料后，睡卧时间又有增加，饱食后一般安静睡眠。仔猪活动与睡眠随效仿母猪。出生后10天左右便开始同窝仔猪群体活动，单独活动很少，睡眠休息主要表现为群体睡卧。

八、后效行为

猪的行为有的与生俱来，如觅食、哺乳和性行为等，有的则是后天形成的，如识别某些事物和听从人们指挥的行为等。后天获得的行为称条件反射行为，或称后效行为。后效行为是猪生后对新鲜事物的熟悉而逐渐建立起来的。猪对吃、喝的记忆力强，对饲喂的有关工具、食槽、饮水槽及其方位等，最易建立起条件反射。小猪在人工哺乳时，每天定时饲喂，只要按时给以笛声或铃声或饲喂用具的敲打声，训练几次，即可听从信号指挥，到指定地点吃食。

九、探究行为

探究行为是探查活动和体验行为。猪一般通过看、听、闻、尝、啃、拱等感官进行探究活动，猪对新近探究活动中所熟悉的许多事物，表现出好奇、亲近两种反应。仔猪对小环境中的一切事物都很好奇，对同窝仔猪表示亲近。猪在采食时首先是拱掘动作，先是用鼻闻、拱、舔、啃，当诱食料合乎口味时，便开口采食，其摄食过程也是探究行为。同样，仔猪吮吸母猪乳头的序位，母仔之间彼此能准确识别也是通过嗅觉、味觉探查来建立的。

十、异常行为

异常行为是指超出正常范围的行为。恶癖就是对人、畜造成危害或带来经济损失的异常行为。它的产生多与猪所处的环境中的有害刺激有关。如饲养密度过大则猪咬尾，咬栏柱的频率和强度增加，又如神经质的母猪在产后出现吃仔猪现象。

猪以上各方面的行为特性，为养猪者饲养管理好猪群提供了科学依据。在整个养猪生产流程中，充分利用这些行为特性，精心安排各类猪群的生活环境，使猪群处于最优生长状态，方可充分发挥猪的生产潜力，获取最大经济效益。

第三节 猪群类别划分

为了使猪场有计划地组织生产和更好地根据各类猪的生理特点进行饲养管理，对猪的年龄、性别、生理阶段和用途进行分类：

1. 哺乳仔猪 从出生到断奶前的仔猪，一般为45～60日龄，早期断奶为21～35日龄。

2. 育成猪 从断奶到4月龄留作种用的小猪。其中公的叫育成公猪，母的叫育成母猪。

3. 后备猪 生后4月龄到开始配种以前留作种用的猪。公的叫后备公猪，母的叫后备母猪。

4. 种公猪 正式参加配种的公猪。

5. 种母猪 已配种产仔的母猪。

6. 检定公猪 指1～2岁的配种公猪。根据它所配种母猪产仔、断奶情况确定其是否转入基础群。

7. 基础公猪　经检定合格留作种用的公猪，其年龄在 2 岁以上。

8. 检定母猪　指产仔 1～2 胎的母猪，据其性能确定是否转入基础群。

9. 基础母猪　经检定合格的 1～2 胎或以上的母猪。是猪群的主要部分。

10. 育肥猪　不作种用，专门用来育肥、用作肉食的猪。根据育肥猪不同饲养阶段又分为小猪、架子猪、催肥猪 3 类。

第四节　猪饲养管理的一般原则

一、科学配合日粮

日粮是指家畜在一昼夜(24 小时)内所采食的各种饲料的总量。

科学配合日粮就是按照饲养标准所规定的能量和营养物质的需要量，选用适当的饲料配合成日粮。

要做到科学配合日粮，须把握住以下几个方面：一是根据不同猪只选定饲养标准；二是选定饲料原料，多品种原料配合；三是计算配方；四是兼顾价廉物美、消化性好、适口性好和饲喂效果好；五是日粮对猪体及其产品无毒无害。

传统的单一饲料喂猪营养不全，利用率低。

二、合理调制饲料

合理调制饲料就是根据饲料的性质对饲料进行合理的处理以提高饲料的适口性和利用率，据试验，整粒大麦喂猪消化率为 67%，粉碎后饲喂消化率就提高到 85%。因此，精料、粗料应粉碎后喂猪，粒径小于 1 mm，青料应切碎或打浆后饲喂，豆类应炒熟或膨化处理以提高消化利用率。

三、提倡生饲干喂

熟饲稀喂是农村养猪的传统和习惯，它有许多不足和缺陷。既费人工，又浪费柴火，还消化不充分，造成饲料营养损失，甚至煮制不当造成亚硝酸盐中毒。所以，应提倡生饲干喂。最好是用颗粒饲料直接喂猪，既营养全面，又不会浪费。饲料利用率最好。粉料喂猪时可采用料水比 1∶1 的湿拌料饲喂，优于干粉料和稀拌料的饲喂效果。

四、限量饲喂与自由采食

限量饲喂就是将日粮分顿次饲喂，做好“四定”，即定时、定量、定质、定温。一般每天饲喂 2～3 次，架子猪和妊娠后期母猪可适当增加饲喂次数。

自由采食又叫不限量饲喂，就是将饲料装入自动饲槽或饲箱，随各个猪的食欲自由采食，不加限制。这种饲喂方法的优点是能充分满足猪的营养需要，不会有饥饿或过饱的现象，比限量饲喂增重快，肥育期短，料重比低。

五、供给清洁充足的饮水

水是猪体重要的组成部分之一，据测定，猪体内水占体重的比例是 36.7%～59.1%。年龄、体重越小的猪水占的比重越大。

水参与饲料的消化、吸收和体温调节等生理机能，所以要求每天供给充足清洁的饮水。猪的需水量，夏季多，冬季少；饲喂干料、湿拌料需水多，稀喂需水少。

供水方法是设自动饮水器、专用水槽或共用水槽。

六、精心管理猪群

(一)合理分群

分群的目的是为了充分利用圈舍和便于饲养管理，提高生产效率，降低成本。合理分群的目的是为了避免或减少争斗现象。

合理分群的原则是根据猪的品种、性别、体重大小、体质强弱、性情好坏和采食快慢等进行分群分圈饲养。

分群采取留弱不留强、拆多不拆少、夜并昼不并的原则。种公猪和怀孕后期母猪应单圈饲养，不宜群养。

(二)耐心调教

饲养员对猪应温和。不要踢打和惊吓它，使猪见了人不害怕，便于管理，并做好“吃、拉、睡”三点定位调教，以便养成良好的生活习惯。

(三)搞好清洁卫生

圈舍应清洁干燥，通风良好，做到勤扫圈、勤除粪、勤换垫草，做到圈干槽净、无积存粪尿、无蚊蝇干扰，定期消毒，母猪产前1周应清扫消毒圈舍，消毒常用2% NaOH或10%石灰水。

猪体应经常刮刷，夏季经常给猪冲凉，保持皮肤清洁，防止皮肤病和体外寄生虫病。

(四)给予适当运动

适当运动可促进食欲，帮助消化，增强体质，并要增加光照，光线中的紫外线可使猪皮下的7-脱氢胆固醇转为维生素D_3，促进钙的吸收，运动接触土壤还可获得矿物质营养。适当运动对公猪可提高配种能力，对母猪可提高受胎率和产仔率，防止难产，对小猪和后备猪能促进骨骼及肌肉的发育，但对肥育猪则要限制运动，减少能量消耗，以利增重。

运动方法有3种：驱赶运动、放牧运动和自由运动。

工厂化养猪没有运动场，就只力求饲料全价。

(五)注意防寒防暑

猪圈内应保持适宜的温度和湿度,育肥猪的增重和饲料利用率受环境温度影响较大。低温造成体热散失多,能量消耗增加,饲料利用率降低,高温造成采食量下降,增重降低(表 3-1)。

表 3-1 环境温度对生产育肥猪增重和饲料转化率的影响

气温(℃)	日平食量(g)	日增重(g)	耗料:增重
0	5.07	540	9.45:1
5	3.76	530	7.10:1
10	3.50	800	4.37:1
15	3.15	790	3.99:1
20	3.22	850	3.79:1
25	2.63	720	3.65:1
30	2.21	450	4.91:1
35	1.51	310	4.87:1

因此,在生产中应尽量创造条件使猪舍内温度接近猪只的最适温度,以获得最佳的日增重和最低的料重比。

1. 防寒措施

(1)加强保温和防湿,保持圈舍干燥,勤换垫草,调教猪只在固定地点排粪、尿,防止尿窝,减少饮水。

(2)维修猪舍,堵塞风洞,可在门窗上悬挂草帘挡风。

(3)加强饲养管理,提高抗寒能力,增加精料喂量,加夜餐等。

2. 防暑措施

(1)有条件安装空调降温,安装排风扇通风。

(2)在运动场上设置凉棚或植树遮阳。

(3)保证供给充足清洁的饮水。

(4)在运动场上修浅水浴池让猪自由洗澡。

(5)定期喂防暑药。如车前草、金银花、野菊花、茅草根煎水凉后喂服。

(六)建立正常的工作日程

工作日程就是一天的工作安排,建立正常的工作日程对猪和饲养员都有好处,对于猪可养成良好的生活习惯,对饲养员工作有条不紊,便于操作。

第四章 猪的饲料与营养

第一节 饲料的分类及各类饲料的营养特性

饲料是发展养猪业的基础，因为猪维持正常的生命活动和生产产品所需的营养物质都来自于饲料。猪饲料是为了满足猪的营养需要而喂给的自然物质，也包含为某种目的而添加于饲粮中的非营养性物质。

饲料种类繁多，养分组成和营养价值各异，为了解各种饲料的特点，以便于合理地利用，对饲料进行恰当的分类很有必要。饲料分类即是给每种饲料确定一个标准名称，该名称能够反映该饲料的特性和营养价值。属于同一标准名称的饲料，其特性、成分与营养价值基本相同。根据国际饲料命名及分类原则，按猪饲料特性共分为粗饲料、青绿饲料、青贮饲料、能量饲料、蛋白质饲料、矿物质饲料、维生素饲料和添加剂饲料。

1. 粗饲料　包括干草类、农副产品类（包括荚壳、藤蔓、秸秆）及绝对干物中粗纤维含量为18%以上的糟渣类和树叶。

2. 青绿饲料　包括天然水分含量为60%以上的青绿饲料类、树叶类、非淀粉质的块根、块茎、瓜果类。不考虑它们折干后的粗蛋白质、粗纤维含量。

3. 青贮饲料　包括用新鲜的天然植物性饲料调制的青贮及加有适量糠麸类或其它添加剂的青贮饲料。

4. 能量饲料　包括绝对干物中粗纤维含量低于18%，同时粗蛋白质含量低于20%的谷实类、糠麸类、草籽树籽实类、淀粉质的块根、块茎、瓜菜类。

5. 蛋白质饲料 包括绝对干物中粗纤维含量低于18%，同时粗蛋白质含量为20%或20%以上的豆类、饼粕类和动物性饲料。

6. 矿物质饲料 包括工业合成的、天然的单一种矿物质饲料、多种混合的矿物质饲料及配合有载体或赋形剂的痕量、微量、常量元素饲料。

7. 维生素饲料 指工业合成或提纯的单一维生素或复合维生素饲料。

8. 添加剂饲料 添加剂饲料不包括矿物质饲料、维生素饲料。添加剂饲料添加到自然有机饲料的配合饲料中，能提高饲料质量，改善饲料性能、提高动物生产成绩，用量少，对人和动物无害的物质。

一、能量饲料

(一)玉米

玉米是养猪生产中最常用的一种能量饲料。具有很好的适口性和消化性，在所有能量饲料中，玉米消化能含量最高。

玉米含可利用的能量高，粗纤维含量低，仅2%左右，而含无氮浸出物70%左右，主要含淀粉，其消化率可达90%，这是玉米可利用能量高的第一个因素。玉米的脂肪含量为3.5%～4.5%，是小麦或大麦的2倍。而脂肪的可利用能量是碳水化合物的2.25倍。

玉米含亚油酸较高，可达2%，是所有谷实类饲料中含量最高的。亚油酸为十八碳二烯脂肪酸。它不能在动物体内合成，只能靠饲料中提供，是必需脂肪酸。动物缺乏亚油酸时，生长受阻，皮肤病变，繁殖机能受到破坏。在猪日粮中，要求亚油酸含量为1%，如玉米在猪日粮中的配比达50%以上，则仅玉米即可满足猪对亚油酸的需要量。

玉米蛋白质含量偏低，且品质欠佳。玉米的蛋白质含量为8.6%左右，比小麦、大麦类谷实的含量少，但与高粱、糙大米、碎大米等的含量接近。玉米的氨基酸组成不良，赖氨酸、蛋氨酸和色氨酸不足。因此，用玉米喂猪时，必须与豆粕(饼)、鱼粉、蚕蛹等动、植物性蛋白质饲料配合，以补充蛋白质和氨基酸的不足，从而获得良好的饲养效果。由于玉米的色氨酸含量不足，应在添加剂预混料中增大烟酸或烟酰胺的用量。玉米的维生素含量不高，但黄色玉米含胡萝卜素和黄色素较多。黄色玉米中维生素含量少，含硫氨素多而核黄素、泛酸都较少，烟酸也处于被束缚状态，所以，在配制饲料时应注意补充多种维生素。

近年来，成功培育成的高蛋白高赖氨酸含量的玉米新品种，对蛋白质品质的改进很大，但在饲料工业上还未得到广泛使用。

玉米中，钙、磷含量少，比例不平衡。玉米的钙含量一般为0.01%～0.04%，磷0.16%～0.32%，在饲粮配合时，应注意与含钙饲料相配使用。

玉米的含水量变化很大。玉米籽实在收获时虽已达到成熟期，籽实饱满，但含水量很高，可达30%以上。又因玉米籽实的外壳有一层釉质，可以防止籽实内水分的散失，很难干燥。这样，因含水量高则含营养素低，而且容易遭致霉菌滋生、腐败、变质。玉米极易感染黄曲霉，黄曲霉素 B_1 是玉米的必检项目。玉米必须干燥脱水后方可入仓贮放，在南方入仓的含水量不超过13%，北方不超过14%。

玉米籽实的入仓贮放条件，如温度、湿度、病虫害以及贮存时间的长短，都对玉米的营养成分含量和品质有很大影响。因而，对于它的脂肪酸度(酸价)、发芽率、带菌量和胚变色度等有关变质指标都应监测。

玉米籽实经粉碎后，已经破坏了防止水分进出籽实的保护层，极易吸水、结块、发热和被霉菌污染。在高温高湿地区，更易变质，配料时应在预混料中使用防霉剂。

(二)高粱

高粱籽实代谢能水平因品种而异。壳少的籽实,代谢能水平并不比玉米低少,是很好的能量饲料。因为高粱的栽培习性既耐水又耐旱,抗逆性比玉米强,在国外得到大面积推广。我国东北所产高粱质量较好,但是华北地区 20 多年来推广的杂交高粱出粉率不高,含单宁过多,适口性较差,单独饲喂时动物拒食,只能在饲粮中限量使用,一般不超过饲粮的 20%。品质好的高粱籽实含代谢能 13.81 MJ/kg,品质差的不到 12.55 MJ/kg。

高粱的粗脂肪含量不高(2.8%～3.3%),含亚油酸也少,约为 1.13%。蛋白质含量也低,其含量与玉米近似。氨基酸组成的特点与玉米一样,也缺乏赖氨酸、蛋氨酸、色氨酸。含单宁多的品种,蛋白质消化率明显降低。

(三) 大麦籽实

大麦籽实有 2 种,带壳者称“草大麦”,不带壳者称“裸大麦”。带壳大麦,即通常所说的大麦,其代谢能水平较低,约为 11.51 MJ/kg。适口性好,含粗纤维 5%左右,可促进动物肠道的蠕动,使消化机能正常。大麦是猪只较为喜爱的一种饲料。

大麦的蛋白质含量较高,约为 11%,赖氨酸、色氨酸和异亮氨酸的含量都比玉米籽实高,但按动物需要量计算,仍然不足。粗脂肪含量约 2%,脂肪酸中一半以上为亚油酸。

大麦不宜用于仔猪,但若是裸大麦或经脱壳、压片及蒸汽处理后的则可取代部分玉米饲喂仔猪。以大麦喂育肥猪,日增重与玉米效果相当,但饲料转化率不如玉米。猪饲粮中用量以不超过 25%为宜。由于大麦脂肪含量低,蛋白质含量高,是育肥后期的理想饲料,能获得脂肪白、硬度大、背膘薄、瘦肉多的猪肉。我国著名的“金华火腿”产区,历史上曾将大麦作为养猪必备精料之一。

(四)小麦

小麦是我国人民的主食,极少用作饲料。但在某些地区,小麦价格低于玉米,也有用小麦作饲料的。欧洲北部国家的能量饲料主要是麦类,其中小麦的用量较大。

我国小麦的粗纤维含量与玉米相当,粗脂肪含量低于玉米,但蛋白质含量高于玉米,为14%左右,是谷实类中蛋白质含量较高者。小麦的能值也较高,为14.36 MJ/kg,仅次于玉米。但必需氨基酸含量较低,尤其是赖氨酸含量较低。小麦与玉米一样,钙少磷多,且磷主要是植酸磷(约1.8%),微量元素铁、铜、锰、锌的含量较少。小麦含B族维生素和维生素E多,而维生素A、维生素D、维生素C极少。

小麦的适口性优于玉米,整粒和碾碎的为好,但磨得过细则不好。在等量取代玉米饲喂育肥猪时,可能因能值低于玉米而降低了饲料的利用率,但可节约部分蛋白饲料,并改善屠体品质,防止背膘变厚。

(五)麦麸

麦麸是由小麦的果皮、种皮、糊粉层和未剥脱干净的胚乳粉粒所组成的。因具有一定的能值,含粗蛋白质也较多,兼之价格比较便宜,故在饲料中应用广泛。麦麸含B族维生素很高。最大缺点是磷多钙少,比例极不平衡。粗纤维含量较多。由于质地蓬松,适口性好,具轻泻性,是妊娠后期和哺乳母猪的良好饲料。喂肥猪效果稍差,但能生产白色硬体脂。对幼猪喂量不能太多,以免消化不良。麦麸吸水力强,大量干饲容易造成便秘,因此贮存时应注意通风干燥,否则易发霉变腐败。

(六)次粉

次粉是在小麦加工精面粉时得到的副产品。次粉的规格目前尚未统一,用作饲料时,一般粗蛋白质和粗纤维含量较麦麸稍低,而含无氮浸出物较高,因而能值较高,是一种较好的能量饲料。应当注意，由于粒度细，散落性差，在制作配合饲料时，容易造成结块现象。在仔猪和生长速度较快的肥育猪日粮中，其比例分别以不超过15%和25%为宜。

(七)米糠

米糠是糙米加工成白米时分离出来的种皮、糊粉层与胚的混合物。加工白米越精，含胚乳物质越多，米糠的能量价值越高。与稻谷及玉米比较，干物质中的粗蛋白质、粗脂肪、粗纤维和粗灰分含量都高。新鲜的米糠适口性好。由于含油脂较多，同时钙少镁多，用量要适当，一般控制为占日粮的25%～30%，过多会引起腹泻，用于育肥猪后期会导致屠体肉脂松软。同时米糠不易贮藏，长时间放置会变质。此外，磷多钙少，比例不当。

(八)糠饼

糠饼是米糠榨油后的产品，因蛋白质含量达不到标准，不属于油饼类，故称之为脱脂米糠。用脱脂米糠喂仔猪适口性好，也不会引起腹泻，且较米糠耐贮藏。

(九)甘薯(红苕)

甘薯在产区是常用来喂猪的好饲料。甘薯产量高，以块根中干物质计算，比水稻、玉米产量高得多。茎叶是良好的青饲料。薯块含水分高且淀粉多，粗纤维少，是很好的能量饲料，但粗蛋白质含量低，钙也较少，富含钾盐。黄芯甘薯含胡萝卜素较多。

用薯块喂猪，生喂或熟喂猪都喜食，对肥育猪和母猪，有促进消化和增加乳量的效果。染有黑斑的甘薯有苦味，含有毒性酮，不宜食用。

(十)木薯

木薯是热带多年生灌木，薯块富含淀粉，叶片可以养蚕，制成干粉含有相当多的蛋白质，可以用作猪饲料。

木薯块中含有氰化物10～370 mg/kg，多食可使猪只中毒。为了去毒，可削去木薯皮或切成片浸在水中1～2天，或切片晒干磨粉，放在无盖锅内煮沸3～4小时。在猪的日粮中木薯用量不能超过25%。

木薯的蛋白质中缺乏蛋氨酸、胱氨酸和色氨酸，还有一定量的非蛋白氮，如亚硝酸和硝酸态氮等。

(十一)马铃薯

马铃薯有用作喂猪的，但多用于粮食、蔬菜和工业原料。块茎的主要成分是淀粉，粗蛋白质含量不高，但超过甘薯，其中非蛋白氮很多。应当注意的是，含有的茄素(龙葵精)为有毒物质，以芽和芽眼中含量多，在呈绿色的马铃薯皮中亦多，喂猪时去掉芽和芽眼，并蒸煮熟即可。

猪吃马铃薯的消化率比其它家畜高。蒸煮熟更可提高适口性和消化率，生喂不仅消化率较低，还会发生生长受阻现象。生喂时，开始量要小，使猪逐渐适应。可从幼猪起就喂。

(十二)南瓜

南瓜多用作蔬菜，也是喂猪的优质高产饲料。南瓜中无氮浸出物含量高，其中多为淀粉和糖类，还含有丰富的胡萝卜素，各类猪都可喂，特别适于繁殖和泌乳母猪。喂肥猪肉质具香味，但肉色会发黄。

南瓜应充分成熟时收获，即此时瓜面出现白粉，外皮硬化，瓜梗变硬。过早收获，含水量较大，干物质少，适口性差，不耐贮藏。

(十三)饲用甜菜

饲用甜菜在我国南北方都有栽培，以北方为主。饲用甜菜中的无氮浸出物主要是糖分(蔗糖)，也含有少量淀粉与果胶物质。

甜菜适用于喂肥猪。成年猪日喂量5.0～7.5 kg，幼猪酌减。切碎或打浆投给。收获的甜菜如立即喂猪，易引起腹泻，须经短暂贮存后再喂，使其中大部分硝酸盐转化为天门冬酰胺。甜菜青贮，一年四季都可喂猪。

糖用或半糖甜菜含大量蔗糖，它们的直根一般不用作饲料，而先用作制糖原料，以其制糖副产品喂猪。糖甜菜渣是制糖工业的副产物，主要成分为无氮浸出物和粗纤维，猪对其粗纤维的消化率高，可达83%，粗蛋白质和粗脂肪较少，维生素A、维生素D和B族维生素少，因其中还含有较多的游离酸，大量喂猪易引起腹泻。体重50 kg以上的猪喂湿重可占日粮的60%左右，成年猪可占70%左右，但体重低于50 kg的猪喂量不超过50%，对仔猪更要少喂。新鲜甜菜渣可把水分降到70%～75%，与富含蛋白质饲料混合青贮。干甜菜渣喂前加2～3倍水浸泡5～6小时再喂。

用甜菜叶喂猪，生喂较好，因含多量草酸，若切碎打浆再加0.2%石灰石粉处理，饲喂效果好。熟喂不仅破坏维生素，在放置期间还易产生亚硝酸盐，使猪急性中毒。

二、蛋白质饲料

猪的生长发育和繁殖以及维持生命都需要大量蛋白质，通过饲料来供给。若蛋白质供应不能满足需要，就会使猪消瘦，生长停滞，生产性能下降，容易生病，甚至死亡。蛋白质营养的必需性和不可代替性，使蛋白质饲料在养猪生产中占有特别重要的地位。但在世界上，蛋白质资源与其它资源相比更为缺乏，必须从开源与节流来解决。在节流方面，提高蛋白质饲料利用效率更具有现实意义。我国养猪生产中主要用作蛋白质饲料的有植物性蛋白质饲料、动物性蛋白质饲料和单细胞蛋白质饲料三大类。

（一）植物性蛋白质饲料

饲料主要来源于榨油工业的副产品和叶蛋白质类饲料，如豆粕（饼）、花生粕（饼）、棉籽粕（饼）、亚麻仁饼、玉米胚芽饼、芝麻饼等。本类饲料有如下几方面的特点。

不同种类的植物蛋白饲料的蛋白质含量不同：一般在20%～25%内变化，饼类较籽实类高。蛋白质中氨基酸含量较平衡，蛋白质利用率也较高，是禾谷类饲料蛋白利用率的1～3倍。

无氮浸出物含量低:平均为30%。

粗脂肪含量变化大:油籽类含量超过30%,非油籽类含量仅为1%左右。饼粕类含量也有差异,高者可达7%,低者可少于1%。因此,饲用价值,尤其是能量价值各不相同。

粗纤维含量一般不高:平均为7%。但棉籽类和油籽类未脱壳生产的饼粕类(如葵花饼、花生饼等),其粗纤维含量超过18%。

矿物质含量与谷类籽实相似:也是钙少磷多,维生素含量较不平衡,B族维生素含量丰富,而胡萝卜素含量较少。

用量大,适口性差:油饼粕类含有毒素,未脱毒饲养,易致中毒,加工调制不当会影响营养价值。

1. 豆科籽实　籽实常用作饲料的豆科植物有大豆、豌豆和蚕豆(胡豆)。在我国大豆的种植面积较大,总产量比豌豆、蚕豆多,用作饲料约30%。这类饲料除具有植物性蛋白质饲料的一般营养特点外,最大的特点是蛋白质品质好,赖氨酸含量接近2%,与能量饲料配合使用,可弥补部分赖氨酸缺乏的弱点。但该类饲料含硫氨基酸受限。另一特点是脂溶性维生素A、维生素D较缺。豌豆、蚕豆的维生素A比大豆稍多,B族维生素也仅略高于谷实类。

豆科籽实含有抗胰蛋白酶、皂素、血细胞凝集素和产生甲状腺肿的物质,它们影响该类饲料的适口性、消化率以及动物的一些生理过程,这些物质经适当热处理即会失去作用。因此,这类饲料应当熟喂,且喂量不宜过高,一般在饲粮中配给10%～20%。否则,会使肉质变软,影响胴体品质。

2. 大豆饼(粕)　豆粕和豆饼是制油工业不同加工方式的副产品。豆粕是浸提法或预压浸提法取油后的副产物。粗蛋白质含量在43%～46%,豆饼的加工工艺是经机械压榨浸油,粗蛋白质含量一般在40%以上。豆粕(饼)是最优质的植物性蛋白质饲料,富含赖氨酸和胆碱,消化水平高,适口性好,易消化等,但蛋氨酸不足，含胡萝卜素、硫胺素和核黄素较少。豆粕（饼）的质量与加工工艺条件有关。品质良好的豆粕颜色应为淡黄色至淡褐色。太深表示加热过度，蛋白质品质变差；太浅可能加热不足，大豆中的抗胰蛋白酶灭活不足，影响消化，使用时易导致仔猪拉稀。未经榨油的大豆经过适当处理（如炒熟、膨化或110℃高温处理数分钟）后，由于富含油脂（18%）和蛋白质（38%），香味浓，可作为猪饲料的良好组成成分。大豆饼（粕）适口性好，不同生理阶段的猪均可饲用。仔猪配合饲料中，大豆饼（粕）用量15%～25%；生长育肥猪前期用量10%～25%，后期用量6%～13%，不能过高，否则产生软脂猪肉；妊娠母猪配合饲料中用量4%～12%，哺乳母猪用10%～20%。

3. 菜籽饼（粕）　菜籽饼（粕）是我国南方地区最有潜力的蛋白质饲料资源，其中仅5%～10%用作饲料。

菜籽饼（粕）均含有较高的蛋白质，达34%～38%。氨基酸组成较平衡，含硫氨基酸含量高是其突出的特点，且精氨酸与赖氨酸之间较平衡，但精氨酸含量较低，赖氨酸含量亦低，比国外同类产品低30%左右，比大豆饼粕低40%左右。

菜籽饼（粕）的粗纤维含量较高，影响其有效能值。菜籽饼粕含钙较高，磷高于钙，且大部分是植酸磷。微量元素中含铁量丰富，而其它元素则含量较少。

菜籽饼（粕）含有多种有毒成分，其中芥子甙在不同条件下水解后，会产生异硫氰氨酸盐和噁唑烷硫酮等有害物质，主要干扰甲状腺素的合成，并产生腈类，危害肝脏。因此，多食可致猪中毒，轻者食欲不振或不食，血尿，贫血，严重者产生肺水肿或气肿，甚至死亡。加工过程不合理还可导致赖氨酸严重损失，要提高菜籽饼（粕）的饲用价值可先行脱毒。脱毒采用的方法主要有水洗、浸泡、坑埋、高温高压处理、硫酸亚铁处理、生物工程减毒处理等，也可用工业乙醇提毒或添加碘化合物以对抗致甲状腺肿物质。

菜籽饼(粕)不脱毒只能限量饲喂,生长育肥猪的配合饲料中用量一般为10%~15%;繁殖母猪配合饲料中用量以3%~5%为宜。在国外,生长育肥猪的用量控制在10%以内,繁殖母猪用量3%。

脱毒菜籽饼(粕)对各类猪皆适宜。据报道,用减毒菜籽饼(粕)喂体重20 kg左右的仔猪,饲粮中的配合比例可高达16%~25%,猪均无中毒性不良影响。用生物工程减毒的菜籽饼(粕),可代替配合饲粮中的全部豆粕和鱼粉,配合比例可高达27%,效果与豆饼、鱼粉相似,经济效益十分显著。补充赖氨酸还可提高菜籽饼(粕)的利用率。

菜籽饼(粕)的蛋白组成中,赖氨酸、蛋氨酸含量较高,精氨酸含量较低,若与棉籽饼(粕)配合使用,可改善饲料营养价值。

4. 棉籽饼(粕)　棉籽饼(粕)在我国产量较大,年产约400万t,用于饲料的仅占16%左右。因此,棉籽饼(粕)也是一种很有开发潜力的植物蛋白饲料资源。

棉籽饼(粕)粗蛋白质含量为36%~41%,氨基酸组成中赖氨酸较缺乏;粗纤维含量为10%~14%,能量价值为含消化能12.13 MJ/kg左右;矿物质含量很不平衡,钙低(0.16%),磷高(1.2%)。

棉籽饼(粕)含有游离棉酚等毒素,必须限量饲喂,或经脱毒处理后与其它饲料配合饲喂。

(1)棉籽饼(粕)不减毒限量饲喂。根据棉籽饼(粕)所含游离棉酚的高低确定限量饲喂量。我国饲料法规尚未出台,没有规定饲料中游离棉酚的最高含量值。德国饲料法规明确规定,饲料中允许游离棉酚的最高含量为仔猪全价配合饲料20 mg/kg,其它猪全价配合饲料为60 mg/kg。如含游离棉酚在0.04%~0.08%的棉籽饼(粕),育肥猪饲粮中最高不超过15%;棉酚含量超过0.2%的棉籽饼(粕),饲粮中配合比例以低于5%为宜。母猪用量不超过5%,严禁用于喂公猪。

棉籽饼(粕)限量喂猪时,添加 0.13%～0.28%的赖氨酸,或与豆饼、血粉、鱼粉配合饲喂,能提高饲料营养价值。在生长育肥猪饲料中,棉籽饼(粕)与菜籽饼(粕)各以 10%比例配合,可以代替饲粮中 20%的豆饼,且不降低肥育性能。若再添加适量的碘,可以抑制甲状腺肿大,维持机体正常基础代谢水平,从而提高猪的日增重和改善饲料转化率。此外还应注意补充足量的钙,否则会加重游离棉酚的中毒程度。

(2)减毒棉籽饼(粕)喂猪。棉籽饼(粕)减毒的方法多种多样,主要方法有加脱毒剂法、脱毒剂工业化二段脱毒法、微生物发酵降解法、混合溶剂(酒精轻汽油或丙酮轻汽油)浸提法和碱处理法等。其中以硫酸亚铁石灰水浸泡处理法较好,简便易行,成本低,去毒率可达 62%。目前已广泛推广应用减毒棉籽饼(粕),在生长育肥猪饲料中配以 20%减毒棉籽饼(粕)效果较好。

我国已培育出低棉酚含量的棉花品种,含游离棉酚为 0.009%～0.04%,可扩大利用低毒棉籽饼(粕),在生长育肥猪和母猪饲粮中,低棉酚棉籽饼(粕)可有效地替代 50%的大豆饼。

5. 花生仁饼(粕) 我国花生仁饼(粕)产量仅次于大豆饼(粕)、菜籽饼(粕),是居第四位的植物性蛋白质饲料资源,年产量约 125.9 万 t,黄淮海平原地区是主产区,年产量约 103.5 万 t。

花生仁饼(粕)粗纤维含量低,蛋白质含量高,富含精氨酸、组氨酸,但赖氨酸、蛋氨酸较缺乏,是猪喜爱的一种植物性蛋白饲料。但因其脂肪含量高,且饱和性低,喂量不宜过多。生长肥育猪饲粮中用量不超过 15%,否则胴体软化;仔猪、繁殖母猪的饲粮中用量以低于 10%为宜。花生仁饼(粕)、鱼粉、血粉等应配合饲喂,或加入氨基酸添加剂,补充赖氨酸和蛋氨酸。

花生仁饼(粕)宜贮藏在低温干燥处,高温高湿条件下易感染黄曲霉而产生黄曲霉素,致猪中毒,幼猪最为敏感,干热和蒸煮均无法去毒。因此,切忌饲喂霉变的花生仁饼(粕)。

6. 葵籽饼(粕) 脱壳向日葵籽饼(粕)蛋白质含量为36%～40%,粗纤维为11%左右。但带壳者分别为20%以下和22%左右。成分与棉饼(粕)相似。在蛋白质组成上以蛋氨酸高、赖氨酸低为主要特点(与豆粕相比,蛋氨酸高53%,赖氨酸低47%)。与豆粕配合使用时(取代豆粕50%左右),能使氨基酸互补而得到很好的饲养效果,但不宜作为饲粮中蛋白质的惟一来源。带壳饼(粕)的用量不超过5%。

7. 芝麻饼(粕) 芝麻饼(粕)的蛋氨酸是所有饼粕中含量最高的,比豆粕、棉籽粕高2倍,比菜籽粕、葵籽粕高1/3,色氨酸含量也很丰富,粗蛋白含量高达40%,粗纤维8%,矿物质含量丰富。但因种壳中含草酸和植酸,影响矿物质的利用,一般不能作为蛋白质的惟一来源,猪饲粮中的适宜用量为7.5%。用量达15%时,只要与豆饼、鱼粉配合使用,使氨基酸平衡,也可获得较好的饲喂效果。

8. 玉米面筋粉 玉米面筋粉是在湿法制造淀粉或玉米糖浆时,原料玉米除去淀粉、胚芽及玉米皮后所剩下的产品。有蛋白质含量40%以上和60%以上2种规格。在氨基酸组成中以含大量蛋氨酸、胱氨酸、亮氨酸为特点,但赖氨酸、色氨酸明显不足。用量应限制在5%以下。

(二)动物性蛋白质饲料

动物性蛋白质饲料资源十分有限,主要来源于屠宰厂、水产品加工厂和皮革厂的下脚料、鱼粉及蚕蛹等。本类饲料的营养特点如下:①蛋白质含量高。除奶(27.8%)和肉骨粉(30.1%)外,粗蛋白质含量均在40%以上,高者可达90%。蛋白品质好,各种氨基酸含量较平衡,一般饲粮中易缺乏的氨基酸在动物性蛋白中含量都较多,且易于消化。②糖类含量少。几乎不含粗纤维,粗脂肪含量变化大。③矿物质、维生素含量和利用率高。动物蛋白质饲料中钙、磷含量较植物蛋白质饲料高,且比例适宜。B族维生素含量丰富，特别是核黄素、维生素 B_{12} 含量相当多。④含有未知生长因子(UFG)。能促进动物对营养物质的利用和有利于动物生长。

1. 鱼粉　鱼粉的种类很多，因鱼的来源和加工过程不同，饲用价值各异。鱼粉除具有动物性蛋白质饲料的营养特点以外，还富含脂溶性维生素A和维生素D。

通常使用的鱼粉有进口和国产2种。进口鱼粉粗蛋白质含量在40%以上，粗纤维含量5%～8%，水分含量10%左右，质量较好。国产鱼粉粗蛋白质含量在40%以下，粗纤维含量高，且含较多盐分。因此，使用时应分别对待。鱼粉营养价值虽高，但因含脂量较高易酸败，喂量过多会使猪肉产生鱼腥味。一般饲粮中鱼粉用量为仔猪的8%～10%；繁殖公、母猪的5%～6%；生长肥育猪前期用量的5%～8%，后期用量的3%～5%；宰前1个月停用。使用国产鱼粉时要注意检测，防止食盐中毒。近年来，市面上有用小杂鱼加工晒制的鱼条，因其含泥沙和盐分较高，且有腐败发臭气味，应慎重使用。

2. 蚕蛹　蚕蛹除具有动物性蛋白质饲料的一般营养特点以外，脂肪含量较高(10%以上)，具有特殊气味，影响适口性。因产量少，价格高，饲粮中仅使用3%～5%。

3. 肉粉和肉骨粉　肉粉是动物炼油的加工副产品，由哺乳动物体组织构成。其中不含血、毛、蹄、角、皮、粪、胃及内脏，除非是在加工时不可避免或不能分割的部分。此外，也不含其它杂质。在国内，由于原料来源、加工方法以及掺杂情况等不同，品质变化相当大。肉骨粉粗蛋白质含量高达60%，消化率也高，肉骨粉矿物质含量也很高。肉骨粉不但可以补充及平衡谷物中的氨基酸，更能为猪提供钙、磷及其它微量元素，尤其是猪所需的锌。猪配合日粮加入5%～10%为宜。

4. 血粉　血粉是很有开发潜力的动物性蛋白质饲料之一。

据统计，我国每年屠宰肉猪可得血40万t，折合血蛋白7.2万t，相当于12万～15万t鱼粉，但用作饲料的仅是很少的一部分。

血粉除具动物蛋白质饲料的营养特点外，消化率低，异亮氨酸受限。猪配合饲料中可加5%左右。近年来推广发酵血粉，发酵既可提高蛋白质的消化率，也可增加氨基酸的含量，饲粮中加入3%～5%的发酵血粉，可提高日增重9%～12%，降低饲料消耗。血粉与花生仁饼(粕)或棉籽饼(粕)搭配效果更好。

5. *羽毛粉* 羽毛粉是禽类屠宰后干净及未变质的羽毛，经过高压处理的产品。羽毛的基本成分为蛋白质，其中主要为角蛋白。在天然状态下角蛋白质不能在胃中消化。现代加工技术将羽毛在高压下蒸汽处理，使羽毛中蛋白质局部水解，从而把造成羽毛纤维的化学结构分解。以上工序生产的羽毛粉适口性好，较易被猪所消化。

现世界上已公认羽毛粉为一高价值而可靠的饲料资源。同其它饲料一样，适当加工处理的羽毛粉成分变异低。由于羽毛粉所含蛋白质单一，其所含的氨基酸相对稳定。在生长育肥猪饲料中用量以3%左右为宜。

6. *皮革工业下脚料——油渣* 油渣是目前还未开发利用的一种动物性蛋白质饲料。我国皮革工业每年产出的油渣约15万t。据报道，在生长育肥猪基础饲粮中加入10%左右的油渣和10%的大豆饼(粕)，能取得明显的增重效果，提高饲料利用率。

(三)单细胞蛋白质饲料

单细胞蛋白质饲料主要包括一些微生物和单细胞藻类，如各种酵母、蓝藻、小球藻类等。其营养特点为：

1. *蛋白质含量较高(40%～80%)* 但蛋氨酸、赖氨酸和胱氨酸受限。

2. *核酸含量较高* 酵母类含6%～12%核酸，藻类含3.8%，细菌类含20%。

3. 维生素含量较丰富 特别是酵母，它是B族维生素最好的来源之一。矿物质含量不平衡，钙少磷多。

4. 适口性较差 如酵母带苦味，藻类和细菌类具有特殊的不愉快的气味。

总之，单细胞蛋白质饲料的营养价值较高，且繁殖力特别强，是蛋白质饲料的重要来源，很有开发利用价值。

根据单细胞饲料的营养特点，在猪配合饲料中宜与饼(粕)类饲料搭配使用，并平衡钙、磷比例。

我国发展饲料酵母生产的资源丰富，各类糟渣均可用于生产酵母。酵母喂猪效果好。生长育肥猪前、后期饲粮中分别配用6%和4%的酒精酵母，可提高猪日增重和饲料利用率。

三、糟渣类饲料

糟渣类饲料系指某些食品工业如酿造业、制糖业、制粉业、豆腐坊等的副产品，如粉渣、粉浆、豆腐渣、甜菜渣、糖浆等。糟渣类饲料的营养价值因制作方法不同差异很大。

(一)粉渣

粉渣是淀粉生产过程中的副产物，干物质中主要成分为无氮浸出物、水溶性维生素，蛋白质和钙、磷含量少。鲜粉渣含可溶性糖，经发酵产生有机酸，pH值一般为4.0～4.6，存放时间越长，酸度越大，易被腐败菌和霉菌污染而变质，丧失饲用价值。用粉渣喂猪必须与其它饲料搭配使用，并注意补充蛋白质和矿物质等营养成分。猪的配合饲粮中，小猪不超过30%，大猪不超过50%，哺乳母猪饲料中不宜加粉渣，尤其是干粉渣，否则乳中脂肪变硬，易引起仔猪下痢。鲜粉渣宜青贮保存，以防止霉败。

(二)豆腐渣

豆腐渣饲用价值高，干物质中粗蛋白质和粗脂肪含量多，适口性好，消化率高。但也含有抗胰蛋白质酶等有害因子，宜熟喂。生长育肥猪饲粮中可配入30%的豆腐渣。鲜豆腐渣因水分高易酸败、腐败，宜加入5%～10%的碎秸秆青贮保存。

(三)啤酒糟

鲜啤酒糟的营养价值较高，粗蛋白质含量占干重的22%～27%，粗脂肪占6%～8%，无氮浸出物占39%～48%，亚油酸占3.23%，钙多磷少。鲜啤酒糟含水分80%左右，易发酵而腐败变质，直接就近饲喂效果最好，或青贮一段时间后饲喂，或将鲜啤酒糟脱水制成干啤酒糟再喂。啤酒糟具有大麦芽的芳香味，含有大麦芽碱，适于喂猪，尤其是生长育肥猪，但不宜喂小猪。粗纤维含量较多，在猪饲料中只能用15%左右，且宜与青、粗饲料搭配使用。

(四)白酒糟

白酒糟的营养价值因原料和酿造方法不同而有较大差异。由于酒糟是原料发酵提取碳水化合物后的剩余物，粗蛋白质、粗脂肪、粗纤维等成分所占比例相应提高，无氮浸出物含量则相应降低，B族维生素含量较高。

白酒糟作为猪饲料可鲜喂、打浆喂或加工成干酒糟粉饲喂。生长育肥猪饲粮中可加鲜酒糟20%，干酒糟粉宜控制在10%以内。若含有大量谷壳或麦壳的酒糟，用量减半。酒糟喂猪，营养不全，有"火性饲料"之称，喂量过多易引起便秘或酒精中毒。仔猪、繁殖母猪和种公猪不宜喂酒糟，因酒精会影响仔猪生长发育和种猪的繁殖力。

(五)酱糟及醋糟

这2种糟的营养价值也因原料和加工工艺不同而有差异，粗蛋白质、粗纤维、粗脂肪含量都较高，无氮浸出物含量较低，维生素也较缺乏。醋糟中含醋酸，有酸香味，能增进猪的食欲，但不能单一饲喂，最好与碱性饲料混喂，防止中毒。酱糟含盐量高，一般为7%左右，适口性差，饲用价值低，但产量较高。酱糟喂猪宜与其它能量饲料搭配使用，同时多喂青绿多汁饲料，防止食盐中毒，生长育肥猪饲粮中用量不超过10%。

（六）酒糟残液和糖蜜

酒糟残液是酿酒过程中蒸煮、发酵粮食后的副产品，含有丰富的B族维生素和未知生长因子（UFG）。酒糟残液主要用于补充维生素，在猪饲粮中加入适量酒糟残液，可起调味作用，并可促进生长。

糖蜜是糖厂的副产品。我国的糖蜜资源主要有甘蔗糖蜜和甜菜糖蜜，产量为糖产量的25%～30%，是一种具有开发潜力的能量饲料资源。糖蜜含糖分高，是一种高能饲料，B族维生素含量高，微量元素较齐全，但可消化蛋白质极少。糖蜜适口性好，是猪喜食的饲料。在生长育肥猪饲粮中加10%～15%的糖蜜，可取得较好的饲喂效果。用糖蜜代替玉米可节约粮食，降低生产成本。

四、青饲料与青贮饲料

（一）青饲料

凡用作饲料的绿色植物，如人工栽培牧草、野草、野菜、蔬菜类、作物茎叶、水生植物等都可作为猪的青饲料。该类饲料的营养特点为：①水分含量高。陆生青饲料水分含量在75%～90%，水生植物性饲料含水分量约为95%以上。②能值低。鲜重含消化能1.26～2.51 MJ/kg，粗纤维含量变化大（10%～30%）。③蛋白质含量高，品质较好。由于青饲料都是植物体的营养器官，所以养分较全，一般含赖氨酸较多，蛋白质品质优于谷实类饲料蛋白质。以鲜样计，禾本科牧草与蔬菜类的蛋白质含量为1.5%～3.0%，豆科牧草则为3.2%～4.4%；以干样计，禾本科牧草和蔬菜类粗蛋白质含量可达13%～15%，豆科牧草可高达18%～24%。含有精饲料所缺乏的钙、铁，还是猪维生素营养的来源，特别是胡萝卜素和B族维生素。青饲料的化学性质为碱性，有助于日粮的消化、肠道蠕动以及通便等很多间接作用。即青饲料在猪的保健上起重要作用,可促进猪的发育,提高产仔率,改善肉质,预防胃溃疡等,所以,适量喂给青饲料是必要的。由于营养含量不稳定,猪对青饲料的利用有限。

1. 天然牧草　天然牧草的利用因时因地而异。猪可利用的天然牧草主要有禾本科、豆科、菊科和莎草科四大类。对猪而言,禾本科和豆科牧草适口性好,饲用价值高;菊科和莎草科牧草粗蛋白质含量介于豆科和禾本科之间,但因菊科有特殊气味,莎草科牧草质硬且味淡,饲用价值较低。

2. 栽培牧草　栽培牧草主要是豆科与禾本科牧草,少于其它科牧草。

3. 豆科牧草　豆科牧草有苜蓿、紫云英、蚕豆苗、三叶草、苕子等。该类牧草除具有青饲料的一般营养特点外,钙含量高,适口性好。豆科牧草生长过程中,茎木质化较早、较快,现蕾期前后粗纤维含量急剧增加,蛋白质消化率急剧下降,从而降低营养价值。因此,用豆科牧草喂猪要特别注意适时刈割。

4. 禾本科牧草　禾本科牧草主要有青饲玉米、青饲高粱、燕麦、大麦、黑麦草等。这类牧草幼苗阶段是猪喜食的青绿饲料。该类牧草富含糖类,蛋白质含量较低,粗纤维含量因生长阶段不同而异,幼嫩期喂猪适口性好,也是调制优质青贮饲料和青干草粉的好材料。

5. 紫草科　紫草科的聚合草、菊科的串叶松香草在我国各地也广泛种植,也属猪常用的优质青绿饲料。这两种牧草的蛋白质含量很高,干物质接近于30%。该类牧草可鲜生喂,切碎或打浆后拌适量粉料饲喂适口性好,一般成年母猪喂10 kg/(天·头)左右,对繁殖性能有益。此外,还可制成品质优良的青贮饲料,或快速晒干制成干草粉喂猪。

6. 青饲作物　青饲作物包括叶菜类(白菜、甘蓝、牛皮菜等)、根茎叶类(甘薯藤、甜菜叶茎、瓜类茎叶等)、农作物叶类(油菜叶等)。该类饲料干物质营养价值高,粗蛋白质含量占干物质的16%～30%,粗纤维含量变化较大,为12%～30%。粗纤维含量较低的叶菜类可生喂,粗纤维含量较高的茎叶类可青贮或制成干草粉饲喂。

7. 水生饲料 水生饲料主要有水浮莲、水葫芦、水花生和水浮萍。含水量特别高,能量价值很低,只在饲料很紧缺时适当补饲,长期饲喂猪只易发生寄生虫病。

(二)青贮饲料

青饲料生长有季节性,为了让猪常年吃上青绿饲料,将青饲料在厌氧条件下,经乳酸菌发酵调制保存的青绿多汁饲料。青贮的目的是防止饲料养分继续氧化分解而损失,保质保鲜。

1. 青贮设施 生产中常用的青贮设施主要有青贮窖、青贮壕、青贮塔和青贮袋。对青贮设施的要求是不漏水,不透气,密封性好,内部表面光滑平坦。

2. 青贮方法

(1)常规青贮 适时收割原料。青贮料的营养价值除与原料种类、品种有关外,收割时期也直接影响品质,适时收割能获得较高的收获量和最好的营养价值。

①切碎装填 切碎的目的是便于装填时压实,增加饲料密度,创造厌氧环境,促进乳酸菌生长发育,同时也提高了青贮设施的利用率,且便于取用和家畜采食。装填原料时必须用人力或借助机械层层压实,尤其是周边部位压得越紧越好。装填过程中不要带入任何杂质。

②密封与管理 装填完毕,立即密封、覆盖,隔绝空气,严禁雨水浸入。密封后尚需经常检查,发现漏气、漏水,立即修补。

(2)半干青贮 原料收割后适当晾晒,使原料含水量迅速降到45%～55%,切碎,迅速装填,压紧密封,控制发酵温度在40℃以下。日常管理同常规青贮。半干青贮能减少饲料营养损失,半干青贮兼有干草和常规青贮的优点,干物质含量比常规青贮饲料高一倍。

(3)混合青贮　混合青贮指将营养含量不同的青饲料合理搭配后进行青贮。常用的混合青贮法有干物质含量高、低搭配青贮和含可发酵糖太少的原料与富含糖的原料混合青贮两种方法。

(4)加添加剂青贮　除在装填原料时加入适当添加剂外,其它操作方法与常规青贮方法相同。使用添加剂的目的在于保证乳酸菌繁殖的条件,促进青贮发酵,改善青贮饲料的营养价值,有利于青贮饲料的长期保存。常用青贮添加剂有发酵促进剂、发酵抑制剂、好气性变质抑制剂和营养性添加剂四大类。

3. 青贮饲料的品质鉴定　青贮饲料在饲用前或饲用过程中要进行品质鉴定,确保饲用优良的青贮饲料。

(1)化学鉴定法　化学鉴定法主要测定青贮饲料的 pH 值、有机酸含量和腐败与否。pH 值 3.8～4.2,游离酸含量 2%左右,其中乳酸占 1/3～1/2,无腐败者为优良青贮饲料。pH 值 4.6～5.2 者为低劣青贮饲料。

(2)感官鉴定法　生产中常用此法,简便易行,快速准确,鉴定指标见表 4-1。

表 4-1　感官鉴定青贮饲料等级指标

等级	气味	酸味	颜色	质地
优良	芳香酸味,给予人以舒适感	较浓	绿色或黄绿色	柔软湿润,保持茎、叶、花原状,松散,叶脉及绒毛清晰可见
中等	芳香味弱,稍有酒精或酪酸味	中等	黄褐色或暗绿色	
低等	刺鼻腐臭味	淡	严重变色,褐色或变黑	茎、叶结构保持极差,黏滑或干燥,粗硬,腐烂

4. 青贮饲料的饲用与管理

(1)青贮饲料的营养特点　水分含量高，为 80%～90%，干物质能量价值高，消化能在以 12.14 MJ/kg 以上。

粗纤维含量较高，为 12%～30%。

粗蛋白含量因原料种类不同而有差异，变化范围为 16%～30%，大部分为非蛋白氮。具芳香味，柔软多汁，适口性好。

(2)合理利用　青贮饲料是一种良好的饲料，但必须按营养需要与其它饲料搭配使用。青贮原料来源极广，常用的有甘薯藤叶、白菜帮、萝卜缨、甘蓝帮、青刈玉米、青草等。豆科植物如苜蓿、紫云英等含蛋白质多，含碳水化合物少，单独青贮效果不佳，应与可溶性碳水化合物多的植物，如甘薯藤叶、青刈玉米等混贮。单独用甘薯藤叶青贮时，因它含可溶性碳水化合物多，贮后酸度过大，应适当加粗糠混贮或分层加粗糠混贮。青贮 1 个月后即可开封启用，饲用量应逐渐增加。仔猪和幼猪宜喂块根、块茎类青贮饲料。生长肥育猪用量以 1～1.5 kg/(头·天)为宜，哺乳母猪以 1.2～2.0 kg/(头·天)，妊娠母猪以 3.0～4.0 kg/(头·天)为宜，妊娠最后 1 个月用量减半。

青贮饲料不宜过多饲喂，否则可能因酸度过高而影响胃内酸度或体内酸碱平衡，降低采食量。质量差的青贮饲料按一般用量饲喂，也可能产生不适或引起代谢病。

(3)管理　青贮饲料一旦开封启用，就必须连续取用，用多少取多少。由表及里一层一层地取，使青贮料始终保持一个平面，切忌打洞取用。取料后立即封盖，以防二次发酵或雨水浸入，使料腐烂。发现霉烂变质的青贮饲料，应及时取出抛弃，防止猪食用后中毒。

五、粗饲料

凡干物质中粗纤维含量在 18%以上(包括 18%)，体积大，质地粗硬，不易消化，营养价值较低的饲料称为粗饲料。这类饲料来源极广，包括青草粉、树叶粉、秸秆粉和秕壳粉。

(一)青草粉

青草粉是将适时刈割的牧草快速干燥后粉碎而成的青绿色草粉，是重要的蛋白质、维生素饲料资源。优质青草粉在国际市场上的价格比黄玉米高20%左右。青草粉的营养特点：

1. *可消化蛋白含量高* 为16%～20%，各种氨基酸齐全。

2. *粗纤维含量较高* 为22%～35%，但消化率可达70%～80%，有机物质消化率46%～70%。

3. *矿物质、维生素含量丰富* 豆科青草粉中，钙含量足以满足动物需要；含维生素的种类多，有叶黄素、维生素C、维生素K、维生素E、B族维生素等。此外，还含有微量元素及其它生物活性物质。有人把青草粉称为蛋白、维生素补充料，质量优于精料，是猪配合饲料中不可缺少的部分。

4. *合理利用* 根据青草粉的营养特点，可与以禾本科饲料为主的饲粮配合使用，以提高饲粮的蛋白质含量。在配合饲粮中加入15%的青草粉，稍加饼粕类或动物性饲料，即可使粗蛋白质含量达到猪所需要的水平，大大节省粮食。但因青草粉粗纤维含量较高，配合比例不宜过大，2～4月龄断奶仔猪宜控制在10%以内为好。但也有资料报道，在猪饲粮中加入20%～25%青草粉代替部分精料，取得了良好的饲喂效果。

(二)树叶粉

我国林业青绿饲料资源丰富，可作为饲料的木本植物有400余种，适于养猪的有松针、紫穗槐、槐树、银合欢、泡桐等。这些树叶可作为青绿饲料喂猪，但更多的是制成树叶粉加以利用。

1. *针叶粉(也称维生素粉)* 主要含维生素和一定量蛋白质，尤其是胡萝卜素含量很高。针叶粉可直接配入饲粮中周期性饲喂，连续饲喂15～20天，然后间隔7～10天，以免影响猪肉品质。

针叶粉中含有松脂气味和挥发性物质，添加量不宜过多，猪饲粮中一般用5%～8%。

2. 阔叶粉 阔叶粉也可作为配合饲料的原料，按5%～10%的比例加入猪饲粮中，可以提高日增重和饲料利用率。据报道，用刺槐叶粉喂猪，饲粮中加入5%～10%可代替部分麸皮和提高棉籽饼(粕)的营养价值。饲粮中加入10%～20%，不但可以取代相应比例的粮食，还可减少8%的饲料消耗。

六、饲料添加剂

饲料添加剂是现代饲料工业中必然使用的原料。添加剂指为了特定目的向各种配合饲料添加的制成品，它或是具有生物学活性的，或是可以提高或改进饲料效用的，它的添加量很少，一般按配合饲料最终产品的百万分之一计量(mg/kg、g/t)。猪饲料添加剂种类很多，并且经常有新的饲料添加剂品种问世，同时，也经常有一些饲料添加剂被淘汰或禁用，因而饲料添加剂的品种经常处于新旧更替之中。根据添加剂所起的作用，一般可分为营养性添加剂和非营养性添加剂两大类。

(一)营养性添加剂

营养性添加剂主要是用于平衡日粮的养分，包括氨基酸、维生素、微量元素等饲料添加剂。为了确保各类添加剂的稳定性和生物学价值，各类分别配制，使用时按照需要添加到配合饲粮中。

1. 氨基酸添加剂 猪饲料主要是植物性饲料，最缺乏的必需氨基酸是赖氨酸和蛋氨酸。因此，猪用氨基酸添加剂主要有赖氨酸添加剂和蛋氨酸添加剂。这两种氨基酸添加剂都有*L*型和*D*型之分，猪只能利用*L*型赖氨酸，但*D*型和*L*型蛋氨酸却均能利用。在具体使用时应注意3个问题：①适量添加。添加合成氨基酸降低饲粮中的粗蛋白质水平，应有一定的限度，一般生长前期

(60 kg)粗蛋白水平不低于14%,后期不低于12%。②应经济划算。如添加合成氨基酸后饲粮价格过高,经济不划算,也没有实际意义。③人工合成的氨基酸大都是以盐的形式出售,如*L*型赖氨酸盐酸盐,其纯度为98.5%,而其中*L*型赖氨酸的量只占78.8%。添加时应注意效价换算。例如,饲料中拟添加0.1%的赖氨酸,则每吨饲料中型赖氨酸盐酸盐的添加量为1÷0.985÷0.788=1.288 kg(1 228 g)。

2. 维生素添加剂　随着集约化养猪的发展,常年不断而又大量地供给青绿饲料越来越受到了限制,因此,在饲粮中添加维生素添加剂,得到日益广泛的应用。现常用的维生素添加剂有维生素A、维生素D_3、维生素E、维生素K_3、B族维生素(氯化胆碱、烟酸、泛酸、生物素)等。生产中多采用复合添加剂形式配制,把多种维生素配合加入饲粮中,其添加量仔猪为0.2%~0.3%,肥育猪为0.1%~0.2%。配制复合维生素时应注意维生素间的相互作用。

3. 微量元素添加剂　猪常用饲料中,容易缺乏的微量元素主要有铁、铜、锌、锰、碘、硒等。给猪配制日粮,需另外添加微量元素。常用的原料主要是无机盐矿物质。近年来有机矿物盐和氨基酸矿物盐也应用到了猪饲料中。

生产实践中,为了方便使用,总是将几种或10多种矿物质添加剂预先配制成复方矿物质添加剂,或称矿物质预混料,使用时再按规定均匀地混合于饲料中。

(二)非营养性添加剂

非营养性添加剂具有刺激动物生长、提高饲料利用率、改善动物健康等功效,包括抗生素与抗菌药物、酶制剂、调味剂、有机酸、驱虫剂、防霉剂(防腐剂、保存剂)、着色剂、调味剂、加工工艺用的添加剂等。

1. 抗生素与抗菌药物　前者为微生物代谢产物,后者为人工合成。具有抑制和杀灭大多数细菌的作用,高浓度时可以预防和治疗疾病，低浓度时可提高猪的生产性能。在幼猪和环境条件较差的情况下，效果更加显著。但是，使用抗生素与药物添加剂时，其品种、使用年龄、用量、停药期等应严格遵守有关规定。

2.酶制剂　猪对饲料养分的消化能力取决于消化道内消化酶种类和活性。近30年的研究和实践证明，适应猪消化道内环境的外源酶能起到内源酶同样的作用。饲料中添加外源酶在辅助猪消化、提高猪的消化力、改善饲料利用率、扩大饲料资源、消除饲料抗营养因子和毒素的有害作用、全面促进饲粮养分的消化、吸收和利用、提高猪的生产性能和增进健康、减少粪便中氮和磷等排出量、保护和改善生态环境等方面都具有重要作用。

饲用酶制剂产品大部分都是复合酶，只有植酸酶是单一酶。饲用复合酶由非内源消化酶和内源消化酶两大类组成。非内源消化酶包括木聚糖酶、β-葡聚糖酶、纤维素酶、果胶酶、甘露聚糖酶等；内源消化酶则包括蛋白酶、淀粉酶、脂肪酶等。饲用复合酶中各种酶的种类和比例与猪的生长阶段有关，不同生长阶段，需要饲用酶制剂所含酶的种类和比例也有所不同。

饲料配方以玉米-豆粕型为主的，最好应用以木聚糖酶、果胶酶和β-葡聚糖酶为主的酶制剂；较多使用小麦、大麦和米糠等原料的，应选用以木聚糖酶和β-葡聚糖为主的酶制剂；饲料中稻谷粉、米糠和麦麸等含量较多时应选用β-葡聚糖酶、纤维素酶为主的酶制剂；而饲料中较多使用菜籽粕、葵花籽粕等蛋白含量较高的原料时，最好选用以纤维素酶、蛋白酶和乙型甘露聚糖酶为主的酶制剂。

3.有机酸　在人工乳或仔猪饲料中添加有机酸，能降低胃内pH值，提高胃蛋白酶活性，加速蛋白质分解，减缓胃的排空速度，阻止消化道内细菌繁殖，减少耗料，提高矿物质利用率和猪日增重。常用的有机酸类添加剂主要是柠檬酸、富马酸。日粮中添加0.9％～1.5％甲酸时，饲料转化率提高3.28％～4.0％，生长速度提高 12%，并能减少仔猪下痢的发病率。在仔猪饲粮中添加甲酸钙或甲酸钙与其它有机酸的混合物是有好处的。值得注意的是，甲酸钙中除含有 69%的甲酸外，尚含 30%的钙，因此必须对日粮中其它来源的钙予以调整，以保证钙含量的恒定，避免钙、磷比例失调。

许多试验研究结果表明，当日粮中含高剂量铜（120～200 mg/kg）时，添加有机酸后对仔猪会有协同作用。

4. 微生物饲料添加剂　微生物饲料添加剂是指通过利用特定微生物对宿主肠道微生物区系的调节而发挥作用的饲料添加剂，也称为微生物饲料添加剂或微生态制剂。

微生物饲料添加剂根据其产品形式和作用机制可分为活菌制剂（乳酸杆菌制剂、双歧杆菌制剂、枯草芽孢杆菌制剂、托衣 Toyoi 菌制剂、酷酸菌 Miyaifi 制剂、乳酸链球菌制剂等）、灭活菌制剂（由经过特殊工艺灭活的嗜酸性乳酸杆菌的菌体细胞和培养期间分泌的代谢产物组成）、酵母培养物（是酵母和培养基的混合物，其中有酵母细胞及其代谢产物，有些代谢产物具有类似抗生素的作用，有些则是维生素和氨基酸等营养成分）。

一般认为，抗生素能抑制活菌制剂的活性，不提倡二者并用，而且许多产品说明书也明确指出不得与抗生素并用。实际上，由于抗生素的作用受其抗菌谱限制，某些联合使用的组合呈现出较小的颉颃或无颉颃作用。此外，如果将抗生素和活菌制剂在时间上错开使用，可能效果更好。例如，在仔猪开食时先给予抗生素“清扫”肠道菌群，然后给予活菌制剂占肠道微生态优势地位进行“扶正”。对于病原菌占优势的病猪也可采取“清扫扶正”的原则，先用大剂量抗生素“消毒”肠道，再饲喂活菌占据肠道，也能收到良好的效果。

目前的微生物饲料添加剂产品多为粉剂，可直接与饲料混合使用，有些产品也可通过饮水添加。但绝大部分产品都不应煮沸使用。在配合饲料中的添加量一般为0.1%～1.0%。

5.饲用寡糖 寡糖又称为低聚糖，是由2～10个单糖单位通过糖苷键联结的小聚合体，介于单体单糖与高变聚合的多糖之间中等分子的非淀粉多糖。

寡糖仅被一些含有特定糖苷键酶的有益菌利用，发酵产生短链脂肪酸，降低肠道内pH值，抑制有害菌生长，同时也刺激消化道的蠕动，增加粪便湿润度并保持一定渗透压，从而预防与治疗软便、便秘等疾病。寡糖还可以结合病原菌产生的外源凝集素，避免病原菌在肠道上皮附着，从而打断了病原菌附着、繁殖、致病的途径，并携带病原菌排出体外。在饲料中使用适量的寡糖，可以提高动物的生长性能，改善动物的健康状况，提高免疫力，防止腹泻。

杨署明(1998)综述国内外试验结果认为，饲料中添加少量的寡糖产品，可以显著地提高猪的增重、饲料转化率和机体的健康状态。

6.生物肽 肽是指氨基酸间彼此以肽键(酰胺键)相互连接的化合物。多肽类一般指由2～10个氨基酸组成的肽类，具有直链或环状结构。含有少于10个氨基酸的肽称小肽或寡肽，超过的称为氨基酸残基。肽分为功能性和无功能性两部分。功能性(或活性)肽是指由于在氨基酸组成和排列上是特殊的，表现出对细胞、组织或整体有特殊生理功能的肽。如清除自由基、降低血压或提高机体免疫力等。除此之外的肽属无功能肽，是体内的组成部分或体内的正常代谢产物。

有些活性肽可以由外界获得，通过饲料提供，影响猪的代谢、免疫等各种功能，如小麦胚芽和酵母中丰富的谷胱甘肽等可提高猪的生产性能，增强免疫力，促进猪的健康，代替有抗菌促生长作用的抗生素或高剂量的锌和铜，生产绿色安全猪肉产品，促进养猪业发展。

在添加剂的使用时，必须遵从对猪只无毒无害，在体内无残留或少残留，且不污染环境的原则。为便于读者选用适宜的添加剂产品，现将农业部公告的“允许使用添加剂产品目录”以及“禁止在饲料和动物饮用水中使用的药物品种目录”列于表 4-2 和表 4-3，供参考使用。

表 4-2 允许使用的饲料添加剂品种目录

类 别	饲料添加剂名称
饲料级氨基酸 7 种	*L*-赖氨酸盐酸盐，*DL*-蛋氨酸，*DL*-羟基蛋氨酸，*DL*-羟基蛋氨酸钙，N-羟甲基蛋氨酸，*L*-色氨酸，*L*-苏氨酸
饲料级维生素 26 种	*β*-胡萝卜素，维生素 A，维生素 A 乙酸酯，维生素 A 棕榈酸酯，维生素 D_3，维生素 E，维生素 E 乙酸酯，维生素 K_3（亚硫酸氢钠甲萘醌），二甲基嘧啶醇亚硫酸甲萘醌，维生素 B_1（盐酸硫胺），维生素 B_1（硝酸硫胺），维生素 B_2（核黄素），维生素 B_6，烟酸，烟酰胺，*D*-酸钙，*DL*-酸钙，叶酸，维生素 B_{12}（氰钴胺），维生素 C（*L*-抗坏血酸），*L*-抗坏血酸钙，*L*-抗坏血酸-2-磷酸酯，*D*-生物素，氯化胆碱，*L*-肉碱盐酸盐，肌醇
饲料级矿物质、微量元素 43 种	硫酸钠，氯化钠，磷酸二氢钠，磷酸氢二钠，磷酸二氢钾，磷酸氢二钾，碳酸钙，氯化钙，磷酸氢钙，磷酸二氢钙，磷酸三钙，乳酸钙，七水硫酸镁，一水硫酸镁，氧化镁，氯化镁，七水硫酸亚铁，一水硫酸亚铁，三水乳酸亚铁，六水柠檬酸亚铁，富马酸亚铁，甘氨酸铁，蛋氨酸铁，五水硫酸铜，一水硫酸铜，蛋氨酸铜，七水硫酸锌，一水硫酸锌，无水硫酸锌，氧化锌，蛋氨酸锌，一水硫酸锰，氯化锰，碘化钾，碘酸钾，碘酸钙，六水氯化钴，一水氯化钴，亚硒酸钠，酵母铜，酵母铁，酵母锰，酵母硒
饲料级酶制剂 12 类	蛋白酶（黑曲霉，枯草芽孢杆菌），淀粉酶（地衣芽孢杆菌，黑曲霉），支链淀粉酶（嗜酸乳杆菌），果胶酶（黑曲霉），脂肪酶，纤维素酶（reesei 木霉），麦芽糖酶（枯草芽孢杆菌），木聚糖酶（insolens 腐质霉），*β*-聚葡糖酶（枯草芽孢杆菌，黑曲霉），甘露聚糖酶（缓慢芽孢杆菌），植酸酶（黑曲霉，米曲霉），葡萄糖氧化酶（青霉）
饲料级微生物添加剂 12 种	干酪乳杆菌，植物乳杆菌，粪链球菌，屎链球菌，乳酸片球菌，枯草芽孢杆菌，纳豆芽孢杆菌，嗜酸乳杆菌，乳链球菌，啤酒酵母菌，产朊假丝酵母，沼泽红假单胞菌
饲料级非蛋白氮 9 种	尿素，硫酸铵，液氨，磷酸氢二铵，磷酸二氢铵，缩二脲，异丁叉二脲，磷酸脲，羟甲基脲
抗氧剂 4 种	乙氧基喹啉，二丁基羟基甲苯（BHT），丁基羟基茴香醚（BHA），没食子酸丙酯

续表 4-2

类别	饲料添加剂名称
防腐剂、电解质平衡剂 25 种	甲酸，甲酸钙，甲酸铵，乙酸，双乙酸钠，丙酸，丙酸钙，丙酸钠，丙酸铵，丁酸，乳酸，苯甲酸，苯甲酸钠，山梨酸，山梨酸钠，山梨酸钾，富马酸，柠檬酸，酒石酸，苹果酸，磷酸，氢氧化钠，碳酸氢钠，氯化钾，氢氧化铵
着色剂 6 种	β-阿朴-8′-胡萝卜素醛，辣椒红，β-阿朴-8′-胡萝卜素酸乙酯，虾青素，β，β-胡萝卜素-4，4-二酮（斑蝥黄），叶黄素（万寿菊花提取物）
调味剂、香料 6 种（类）	糖精钠，谷氨酸钠，5′-肌苷酸二钠；5′-鸟苷酸二钠，血根碱，食品用香料均可作饲料添加剂
黏结剂、抗结块剂和稳定剂 13 种（类）	α-淀粉，海藻酸钠，羧甲基纤维素钠，丙二醇，二氧化硅，硅酸钙，三氧化二铝，蔗糖脂肪酸酯，山梨醇酐脂肪酸酯，甘油脂肪酸酯，硬脂酸钙，聚氧乙烯 20 山梨醇酐单油酸酯，聚丙烯酸树脂Ⅱ
其它 10 种	糖萜素，甘露低聚糖，肠膜蛋白素，果寡糖，乙酰氧肟酸，天然类固醇萨洒皂角苷（YUCCA），大蒜素，甜菜碱，聚乙烯聚吡咯烷酮（PVPP），葡萄糖山梨醇

总计：173 种（类）。引《中华人民共和国农业部公告》105 号，1999 年 7 月 26 日。

表 4-3 禁止在饲料和动物饮用水中使用的药物品种目录

类别	药品名
肾上腺素受体激动剂	盐酸克伦特罗（Clenbuterol Hydrochloride），沙丁胺醇（Salbutamol），硫酸沙丁胺醇（Salbutamol Sulfate），莱克多巴胺（Ractopamine），盐酸多巴胺（Dopamine Hydrochloride），西巴特罗（Cimaterol），硫酸特布他林（Terbutaline Sulfate）（药典 2000 年二部 P890），β_2 肾上腺素受体激动药
性激素	己烯雌酚（Diethylstibestrol），雌二醇（Estradiol），戊酸雌二醇（Estradiol Valerate），苯甲酸雌二醇（Estradiol Benzoate），氯烯雌醚（Chlorotrianisene），炔诺醇（Ethinylestradiol），炔诺醚（Quinestrol），醋酸氯地孕酮（Chlormadinone acetate），左炔诺孕酮（Levonorgestrel），炔诺酮（Norethisterone），绒毛膜促性腺激素（绒促性素）（Chorionic Gonadotrophin），促卵泡生长激素（尿促性素主要含卵泡刺激 FSHT 和黄体生成素 LH）（Menotropins）
蛋白同化激素	碘化酪蛋白（Iodinated Casein），苯丙酸诺龙及苯丙酸诺龙注射液（Nandrolone phenylpropi onate）

续表 4-3

类　别	药　品　名
精神药品	(盐酸)氯丙嗪(Chlorpromazine Hydrochloride),盐酸异丙嗪(Promethazine Hydrochloride),安定(地西泮)(Diazepam),苯巴比妥(Phenobarbital),苯巴比妥钠(Phenobarbital Sodium),巴比妥(Barbital),异戊巴比妥(Amobarbital),异戊巴比妥钠(Amobarbital Sodium),利血平(Reserpine),艾司唑仑(Estazolam),甲丙氨脂(Meprobamate),咪达唑仑(Midazolam),硝西泮(Nitrazepam),奥沙西泮(Oxazepam),匹莫林(Pemoline),三唑仑(Triazolam),唑吡旦(Zolpidem),其他国家管制的精神药品
各种抗生素滤渣	抗生素滤渣:该类物质是抗生素类产品生产过程中产生的"工业三废",因含有微量抗生素成分,在饲料和饲养过程式中使用后对动物有一定的促生长作用。但对养殖业的危害很大,一是容易引起耐药性,二是由于未做安全性试验,存在各种安全隐患

注:引《中华人民共和国农业部公告》176 号,2002 年 2 月 9 日。

第二节　饲料养分及功能

一、蛋白质与氨基酸营养

(一)蛋白质的营养

1. 蛋白质的概念

(1)蛋白质　指饲料中的一类含氮化合物。不论饲养标准上的蛋白质水平,还是饲料成分表上的蛋白质含量,都是由含氮量乘以 6.25 而来,与真正的蛋白质定量不同。

(2)粗蛋白质　包括真蛋白质和一切非蛋白质结构的含氮化合物,如酰胺、多肽、游离氨基酸、硝酸盐等。

(3)可消化粗蛋白质　指饲料中的蛋白质减去粪中的蛋白质而言,其意义是被猪消化而且吸收了的蛋白质。粪中损失的氮包括肠膜脱落、消化酶以及肠道微生物、消化液中的氮。

(4)蛋白质品质　指蛋白质的氨基酸组成。氨基酸的组成越和猪体内整个代谢相适应，品质越好。具体地说，就是蛋白质中必需氨基酸的含量及其比例是否平衡，平衡性越好，品质越高。这种氨基酸假说，是配制猪饲料配方的重要依据。

2.蛋白质的存在与组成　蛋白质是动物体内胶质状态的含氮有机物质，是构成猪体组织最重要的营养物质之一。在猪的各种器官、组织与产品中都含有大量的蛋白质。猪本身不能利用土壤和空气中的含氮化合物在体内合成蛋白质，其所需要的蛋白质只能够从饲料中提供。

蛋白质的元素构成，除了含有碳、氢、氧以外，还含有氮。各种蛋白质的含氮量不一样，有的相差很大。

一切蛋白质的结构单位都是氨基酸。自然界的氨基酸多达种200以上，但多数蛋白质降解成的氨基酸只有20种。氨基酸都具有氨基和羧基的基本形式。氨基酸与氨基酸之间以肽健联系，故有三肽、多肽等化合物。再由肽构成蛋白质。蛋白质的种类繁多。蛋白质在猪体中的含量，基本稳定在15%左右。

可以这样说，凡是与生命有关的机制都有蛋白质参加。综合而言，营养作用如下：

①维持动物的生命活动，为生长繁殖所必需。

②组成和更新动物的细胞、组织和器官。

③是各种酶、抗体以及一些激素的成分。

④形成肉、乳等动物产品的重要原料。

⑤当碳水化合物及脂肪不足时，多余的蛋白质还可以转化为能源，被猪体利用。

⑥饲料中的蛋白质在猪体内，经胃肠道的消化、分解为最简单的成分——氨基酸，被肠壁吸收进入血液供猪体利用。一般饲料中的蛋白质消化率为80%～85%。

在猪日粮中缺乏蛋白质，将会影响猪的健康、生长发育与繁殖，降低生产力(如使肉、乳、精液的产量下降)与产品品质。使仔猪血红蛋白减少，发生贫血症，抗病力下降，生长发育减慢。使公猪性欲减退、精子畸形与精子活力不强，影响配种繁殖，使受胎率与产仔数下降。使母猪发情不正常（如不发情、发情微弱），排卵数减少，受精卵与胚胎早期死亡，发生死胎、流产及产后泌乳力下降等。

如果日粮中蛋白质过多，也会使猪的肝、肾负担过重而遭到损害，并造成公猪不育。

（二）氨基酸的营养

蛋白质营养实质上是指氨基酸营养。构成猪体及产品的多种氨基酸，对猪来说都是必不可少的，但并不是都须由饲料直接提供。

凡是猪体不能合成，或者合成数量很少，合成速度慢，不能满足猪体营养需要，必须由饲料中提供的氨基酸，叫必需氨基酸。凡是能够在体内合成并能够在猪体内合成满足猪体需要的氨基酸，叫非必需氨基酸。常用氨基酸的分类见表 4-4。

表 4-4　常用氨基酸在营养上的分类

必需氨基酸	非必需氨基酸	必需氨基酸	非必需氨基酸
赖氨酸	甘氨酸	异亮氨酸	脯氨酸
苏氨酸	丙氨酸	亮氨酸	羟脯氨酸
缬氨酸	丝氨酸	蛋氨酸	胱氨酸
组氨酸	谷氨酸	色氨酸	半胱氨酸
苯丙氨酸	天门冬氨酸	精氨酸	酪氨酸

必需氨基酸是重要的氨基酸，但是，尽管必需氨基酸的数量和比例都合适，如果非必需氨基酸含量不足，猪的生长同样受阻。非必需氨基酸和必需氨基酸之间的比例，一般为 45％和 55％。

在猪的饲养上，不但要满足所有必需氨基酸的绝对数量，而且各种必需氨基酸之间的比例要平衡，作为一个整体，以摄入量比营养需要量最小的某一氨基酸为标准，进行氨基酸平衡。如果这个氨基酸的摄入量只是需要量的50%，则其它氨基酸的摄入量即使很多，都要以这个氨基酸需要量的半量为基准，成比例地参加代谢，参见表4-5。

表 4-5　氨基酸平衡的有效代谢模式　　%

项　目	赖氨酸	蛋氨酸	精氨酸	苏氨酸	缬氨酸	异亮氨酸	亮氨酸
需要量	0.85	0.32	1.00	0.56	0.62	0.60	1.00
摄入量	0.43	0.31	1.21	0.66	0.77	0.69	1.43
参加总代谢的	0.43	0.16	0.50	0.28	0.31	0.30	0.50
多余的	0.00	0.15	0.71	0.38	0.46	0.39	0.93

由表4-5可见，蛋氨酸在日粮中的含量虽然与需要量相差无几，但只能以0.16%与赖氨酸(0.43%)成比例地参加总的代谢，而其余的0.15%则是多余的了。其它必需氨基酸也是这种情况。多余的这些氨基酸不能参加合成肉、蛋的总的有效代谢，它们经过脱氧基作用，含氮部分随尿排出体外，不含氮部分降解为水和二氧化碳释放出能量，或形成脂肪沉积，在这种情况下，氨基酸的利用率降低，蛋白质饲料浪费。

不从必需氨基酸的平衡供应出发，仅单独考虑某种或几种必需氨基酸，亦不能获得良好的饲养效果。

在猪的蛋白质营养中，常常感到赖氨酸和蛋氨酸的含量不足，因而，赖氨酸和蛋氨酸受到特别重视。赖氨酸是动物体内不能自行合成的氨基酸，生长动物特别需要赖氨酸，生长速度越快，生长强度越高，需要的赖氨酸也越多。因而赖氨酸可叫做“生长性氨基酸”。猪只能利用*L*-赖氨酸。商品赖氨酸添加剂，不论是发酵工艺或是合成工艺，都是*L*-赖氨酸。

蛋氨酸，也叫甲硫氨酸。*L*-蛋氨酸和*D*-蛋氨酸在猪体内都具有相同的生物学活性，故商品添加剂为*DL*-蛋氨酸。

蛋氨酸在猪体内的作用是多方面的，有人统计，猪体内有80

种以上的反应都需要蛋氨酸的参与，故可称蛋氨酸为“生命性氨基酸”。

把赖氨酸视作“生长性氨基酸”，把蛋氨酸视作“生命性氨基酸”，有助于理解赖氨酸与蛋氨酸在不同饲养目的下的比例关系。生长强度大时，赖氨酸需要量大，蛋氨酸需要量小。在限制饲养时或在生长停止（成熟）时期，赖氨酸的需要量相对地少，蛋氨酸的需要量相对地多。

二、能量

自然界中，能的形态有机械能、电能、光能、磁能、化学能等，最后都以热能形式表现出来，在猪体内主要是化学能，以热能单位衡量。热能的单位是 cal（卡路里，Calorie），也叫小卡。在标准大气压下，1 g 纯水从 14.5℃上升到 15.5℃所需要的热量，叫做 1 cal。在猪饲料与营养方面的能量，即以卡计量。千卡等于 1 000 个小卡，也叫大卡。1 Mcal 等于 1 000 kcal，等于 100 万 cal。我国规定，能量以焦耳计量。1 J 相当于 1 N 的力使物体在力的方向上移动 1 m 所做的功。我国动物营养研究会建议，卡转换成焦耳的系数采用化学上的 4.184。

即：1 卡（cal）＝4.184 焦（J）

1 千卡（kcal）＝4.184 千焦（kJ）

1 兆卡（Mcal）＝4.184 兆焦（MJ）

1 焦（J）＝0.239 卡（cal）

1 千焦（kJ）＝0.239 千卡（kcal）

1 兆焦（MJ）＝0.239 兆卡（Mcal）

猪体为维持生命、生长、发育、繁殖与进行各种生理活动都需要能量。猪体所需要的能量来自饲料中的碳水化合物、脂肪与蛋白质。这三类营养物质在猪体内氧化，从而放出热能，用来维持体温、生理活动与进行生产活动。每克碳水化合物可产生 17.36 kJ

热能，脂肪为 39.08 kJ，蛋白质为 23.285 kJ。

由于蛋白质在体内的特殊重要的生理作用，在猪的饲料中一般都不把它作为能量物质来利用。脂肪在三大营养物质中所含能量最高，比碳水化合物高 2.25 倍(39.08/17.36=2.25)。

猪的能量来源主要是碳水化合物。当能量饲料过剩时，猪体把过多的碳水化合物转化为脂肪储存在体内；相反，如果能量饲料供应不足时，猪体内储备的脂肪，甚至体蛋白都可用来作能量供应。为此，体脂肪是能量的“调节站”。

碳水化合物包括淀粉、糖与粗纤维 3 类物质，前 2 种猪容易消化吸收，而且产热能高。粗纤维内除含纤维素外，还含有少量的木质素。猪消化道内没有消化粗纤维与木质素的酶，除大肠与盲肠内有少量可分解一部分粗纤维的微生物外，对粗纤维的消化能力极弱，特别是含木质素较多的饲料，猪几乎不能消化。在猪的日粮中，如果粗纤维太多，猪不仅不能利用，还会妨碍猪对其它营养物质的消化吸收，俗话说：“粗纤维喂得太多会刮肠子”是很有道理的。猪日粮中粗纤维的含量应为：公猪、哺乳母猪为 7%；空怀、妊娠母猪为 12%；20～30 kg 断奶仔猪为 4%；21～80 kg 后备猪为 6%；81～120 kg 后备猪为 8%；21～60 kg 肉猪为 6%；60～100 kg 肉猪为 8%。如果日粮中粗纤维含量超过 15%，由于适口性差，会大大降低饲料采食量。

三、矿物质

猪所必需的矿物质元素，主要有 16 种。通常把占体重0.01%以上的叫做常量矿物质元素，如钙(Ca)、磷(P)、镁(Mg)、钾(K)、钠(Na)、硫(S)、氯(Cl)；把占体重 0.01%以下的矿物质元素叫做微量元素，如铁(Fe)、铜(Cu)、锰(Mn)、锌(Zn)、碘(I)、钴(Co)、钼(Mo)、硒(Se)等。矿物质在猪体内所占比例虽然不太高，一般只占 3%～4%，但其作用却非常重要。猪常用的微量元素是铁

(Fe)、铜(Cu)、锰(Mn)、锌(Zn)、碘(I)和硒(Se)。猪体内如果缺乏矿物质,轻则停止生长,重则出现缺乏症,严重则造成死亡。

(一)常量矿物质

1. 钙与磷　钙与磷是构成骨骼与牙齿的主要成分,两者加在一起,占猪体矿物质含量的75%。日粮中缺乏钙与磷,或钙与磷比例不当,猪就出现各种钙、磷缺乏症。

(1)钙、磷缺乏症

①早期症状　食欲减退,消瘦,啃石子,吃土,舔墙皮等异食癖。

②哺乳仔猪　因母乳中含钙、磷较多,一般不会缺乏钙、磷,如果吃奶不足,会出现抽搐、昏迷,头扭向一侧,四肢同时大跳跃等。

③幼猪　幼猪生长较快,主要生长骨骼与肌肉,缺钙、磷时,则生长缓慢,骨骼发育不良,严重时发生佝偻症。

④妊娠母猪　缺钙、磷时,会产生死胎,畸形,产弱仔。

⑤泌乳母猪　缺钙、磷时,泌乳量减少,泌乳后期会出现跛行,后躯麻痹;严重时发生奶瘫。

⑥公猪　缺钙、磷时,精子发育不正常,影响配种工作。

(2)钙与磷的比例　对猪来说,钙比磷容易缺乏,因为日粮中一般含谷物和糠麸较多,而在这些饲料中磷多于钙,为此给猪补充钙更为迫切。钙与磷是按一定比例存在于骨骼中(骨骼中钙∶磷=1.5∶1),所以日粮中的钙与磷应当保持适当的比例。一般猪日粮中钙、磷比例保持在1.1∶1或1.5∶1均可。猪乳中钙、磷比例为1.3∶1。钙、磷二者任一种过量都会影响另一种的吸收。过量的钙可能与磷相结合成不易溶解的三磷酸钙,猪不能吸收,反之同理。

(3)钙、磷存在与供应　一般说来,青绿多汁饲料中含钙、磷较多,且比例合适。精料和糠麸类饲料中含磷较多,含钙较少。但是,谷物与糠麸中所含的磷,有半数或半数以上是猪不能利用的植酸磷，其消化率仅为30%左右，为此，在以精饲料为主的日粮中，最好补加一些既含钙又含磷的骨粉或磷酸氢钙，补加量一般可按混合精料的1%来搭配。

2. 氯与钠　氯化钠即食盐。这两种元素广泛存在于猪体的各组织与乳汁中，对维持机体渗透压、酸碱平衡与水的代谢有重要作用。

(1)缺乏症　缺钠会使猪对养分的利用率下降，且影响母猪的繁殖；缺氯则导致猪生长受阻。

(2)食盐的作用　食盐既是营养物质又是调味剂。它能增进猪的食欲，促进消化，提高饲料利用率，是猪不可缺少的矿物质饲料。据试验测定，当给猪喂玉米加豆粕的日粮时，加盐的猪每天增重720 g，不加盐的猪每天增重560 g，差异显著。计算结果是：猪每吃入按比例加入到日粮中的1 kg食盐，就要多增重8 kg，节省精料38 kg。

(3)食盐的供应与中毒　一般食盐以占日粮精料中的0.3%～0.5%来供应足够。一次喂入125～250 g食盐，就发生中毒死亡。如果用含盐多的饲料，如泔水、酱油渣与咸鱼粉来喂猪，则日粮中的食盐量必须减少，甚至不喂，以免引起食盐中毒。

(二)微量矿物质

这类矿物质因需要量极少，并且在猪体内的含量仅占体重的百万分之一以下，故称微量元素。

1. 铁　铁为形成血红蛋白、肌红蛋白等必需的元素。

(1)体内铁的存在与作用　猪体内65%的铁存在于血液中，它与血液中氧的运输、细胞内的生物氧化过程关系密切，一旦缺铁就发生营养性贫血症。

(2)缺乏症　患营养性缺乏的猪，其症状是：生长减慢，精神不振，背毛粗糙，皮肤多皱及黏膜苍白。典型症状是由于横膈肌活动微弱或痉挛性抽搐而引起膈痉挛。尸体剖检可发现肝脏肿大，脂肪肝，血液稀薄，腹水，明显的心脏扩张，脾增大而变硬等。

(3)铁的来源　青饲料中含铁较多，经常饲喂青饲料的猪不易缺铁。猪乳中含铁很少，因此，以吃奶为主的哺乳仔猪，又是在水泥地面的圈内，既不喂青饲料，又不接触土壤，最容易患贫血症，影响生长发育，甚至死亡。在猪饲料中，补充硫酸亚铁有防止缺铁的功效。

2. 铜

(1)铜的作用　铜虽不是血红素的组成成分，但它在血红素与红细胞的形成过程中起催化作用。铜除与造血有关外，还与骨髓发育、中枢神经系统的正常代谢有关，也是肌体内各种酶的组成成分与活化剂。

(2)缺乏症　缺铜发生贫血，骨髓生长发育不良，运动失调等。

(3)高铜的作用与症状　猪对铜的需要量不大，一般饲料均能满足。在猪日粮中补加高铜(120～200 mg/kg)，具有促进生长的作用，可提高日增重与饲料利用率。猪越小，高铜促生长的作用越显著。采用高铜喂猪，必须相应提高日粮中铁与锌的含量，以降低铜的毒性，同时还要防止钙的含量过多。

(4)日粮中含铜过多的症状　生长缓慢，血红素含量低，黄疸与死亡。

养猪生产中，以补充硫酸铜效果较好。

3. 锌　锌是猪体多种代谢所必需的营养物质。

(1)缺乏症　缺锌使皮肤抵抗力下降，发生皮肤角化不全(表皮粗糙、皮屑多)，结痂，脱毛，食欲减退，日增重下降，饲料利用率降低。母猪则产仔数减少，仔猪初生重下降，泌乳量减少等。

(2)需要量　生长猪的需要量为 50 mg/kg 左右，妊娠母猪为 33 mg/kg 左右。如果日粮中钙过多，会影响锌的吸收，就会提高锌的需要量。养猪生产中,常用硫酸锌来补锌,效果明显。

4. 锰

(1)锰的作用 锰是几种重要生物催化剂(酶系)的组成部分,与激素的关系十分密切。它对发情、排卵、胚胎、乳房及骨骼发育,泌乳及生长都有影响。

(2)缺乏症 缺锰导致骨骼变形,生长缓慢,性机能衰退等。

(3)需要量 一般为 20 mg/kg。如果钙、磷含量多,锰的需要量就要增加。常用硫酸锰来补充锰。

5. 碘

(1)碘的作用 碘是合成甲状腺素的主要成分。妊娠母猪如果日粮中缺碘,所产仔猪颈大(甲状腺肿大),无毛与少毛,皮肤粗厚并有黏液性水肿。大多数仔猪出生时还存活着,甚至体重大于健康猪,可是身体虚弱,经常是在出生后几天内陆续死亡,成活率较低。

(2)需要量 碘的正常需要量,一般为 0.14～0.35 mg/kg。向日粮中补加 0.2 mg/kg 就能满足需要。碘的缺乏有地区性,缺碘地区可向食盐内补加碘化钾。如用含碘化钾 0.007%的食盐,则在日粮中加入 0.5%食盐,即可满足需要。

6. 硒

(1)硒的存在 硒是猪生命活动必需的元素之一。经调查发现,我国东北、西北及山东省不少地区土壤与饲料中,常有缺硒的情况。用缺硒的饲料喂猪,容易发生缺硒症。

(2)硒的作用 硒的作用与维生素 E 的作用相似,补硒可降低猪对维生素 E 的需要量,并减轻因维生素 E 的缺乏给猪带来的损害。硒与维生素的代谢关系密切,当同时缺乏维生素 E 和硒时,缺硒症会很快表现出来;硒不足,但维生素 E 充足,猪的缺硒症则不容易表现出来。

(3)缺乏症 硒对繁殖猪的作用,与维生素 E 相似。母猪缺硒时，发情不规律或不发情，受胎率低，胚胎易被吸收或中途死亡，产弱仔等。为此给母猪补硒，对提高母猪繁殖力与仔猪成活率很有好处。

种公猪缺硒，睾丸退化，性欲下降，影响配种。

仔猪缺硒，除发生贫血、下痢外，还使肌肉球蛋白合成作用遭到破坏，肌肉萎缩退化，颜色变得苍白，患白肌病，这多发生于产后数日至3周龄内生长迅速的仔猪，个别3～6月龄的幼猪也有发生。其表现有急性与亚急性两种。急性发作时，多因心肌营养不良，心脏麻痹，或肝坏死而突然死亡，死前无任何症状，只是心跳加快，心律紊乱；亚急性表现食欲减退，常伴有腹泻，跛行或行走无力，喜卧，不愿站立，接触猪的四肢和背腰肌肉时，除有痛感外，并有硬而肿胀的感觉。

(4)缺硒症预防或治疗　预防仔猪白肌病，可在仔猪生后1周内肌肉注射0.1%亚硒酸钠溶液；治疗量加倍。也可在产前1个月给妊娠母猪肌肉注射5 mL。

如果在日粮中添加硒进行预防，一般为0.3 mg/kg。试验证明，给生长猪喂亚硒酸钠，日粮中含硒量高达5 mg/kg，也不会中毒。

各类猪不同体重阶段对各种微量元素的需要量见表4-6和表4-7。

表4-6　各类猪不同体重阶段对常量矿物质的需要量
(每千克日粮需要量)　kg

常量元素	生长猪					妊娠母猪	哺乳母猪	幼龄与成年公猪
	5～10	11～20	21～35	35～60	61～100	110～250	140～250	110～250
钙(%)	0.8	0.65	0.65	0.50	0.75	0.75	0.75	0.75
磷(%)	0.6	0.50	0.50	0.60	0.50	0.50	0.50	0.50
氮(%)	—	0.10	0.10	—	—	—		
氯(%)	—	0.13	0.13	—	—	—	—	
食盐(%)	—	—	—	—	—	0.50	0.50	0.50

表 4-7　各类猪微量元素需要量与添加量标准(每千克饲料)

微量元素	哺乳仔猪		生长猪		母猪		生长猪	幼猪
	标准	幅度	标准	幅度	标准	幅度	建议添加量	中毒剂量
铁	80	60～200	—	10～60	—	110	110～250	5 000
铜	6	—	5	4～10	—	5	100～250	300～500
锌	50	30～50	20	30～50	—	65	100～400	2 000
碘	—	—	0.2	0.2	0.27	0.3	0.5	500
硒	—	—	0.1	0.05～0.1		0.1	0.1	5～7
钴	—	—	—	0.1	—	—	3～10	—
锰	20	—	30	—	—	50	40～50	4 000 以上

添加微量元素，常用矿物质化合物中各种微量元素的含量见表 4-8。

表 4-8　常用矿物质化合物中微量元素含量

化合物名称	化学分子式	微量元素含量(%)
硫酸亚铁	$FeSO_4 \cdot 7H_2O$	Fe = 20.1
硫酸亚铁	$FeSO_4 \cdot H_2O$	Fe = 41.7
碳酸亚铁	$FeCO_3$	Fe = 48.2
氯化亚铁	$FeCl_2 \cdot 4H_2O$	Fe = 28.1
氯化铁	$FeCl_3 \cdot 6H_2O$	Fe = 20.7
氯化铁	$FeCl_3$	Fe = 34.4
硫酸铜	$CuSO_4 \cdot 5H_2O$	Cu = 25.5
氧化铜	CuO	Cu = 79.9
碱式碳酸铜	$CuCO_3Cu(OH)_2$	Cu = 57.5
氢氧化铜	$Cu(OH)_2$	Cu = 65.2
碳酸锌	$ZnCO_3$	Zn = 52.1
硫酸锌	$ZnSO_4 \cdot 7H_2O$	Zn = 22.7
硫酸锰	$MnSO_4 \cdot H_2O$	Mn = 22.8
碳酸锰	$MnCO_3$	Mn = 47.8
氧化锰	MnO	Mn = 77.4
氯化锰	$MnCl \cdot 4H_2O$	Mn = 27.8
碘化钾	KI	I = 76.4
碘化钙	$Ca(IO_3)_2$	I = 65.1
亚硒酸钠	Na_2SeO_3	Se = 46.0

注：纯度为 100%时。

为了提高猪的生产力，防止因某些矿物质微量元素缺乏而引起的营养性疾病，在日粮中按需要添加微量元素是十分必要的，但添加过多往往会发生中毒，见表4-9。

表4-9 猪矿物质过量出现的症状

元素	中毒量	年龄阶段	症状
铁	5 000 mg/kg	育成	采食量减少，增重下降，血清中无机磷减少，大腿骨灰分减少
铜	300～500 mg/kg（铁锌很缺乏时）	未成熟	生长缓慢，血红蛋白下降，黄疸，生长发育不良，死亡
锌	2 000 mg/kg	育成	生长缓慢，关节炎，广泛性出血，胃炎与肠炎
锰	4 000 mg/kg	育成	采食量减少，增重下降
碘	500～800 mg/kg	育成	采食量减少，血红蛋白减少，增重下降，眼障碍
硒	5～8 mg/kg	育成	脱蹄，瘦削，衰弱，脱毛，肝硬化，肝萎缩，安胎率
	10 mg/kg	繁殖	低，仔猪瘦弱或死亡
食盐	6%～8%(限制饮水)	育成	神经过敏，走路不稳，虚弱，昏迷，死亡
	125～250 g/次	成年	

注：纯度为100%时。

四、维生素

（一）维生素的概念

维生素是不同于蛋白质、糖类和脂肪的一类需要量很少的有机物，维生素不是构成体组织的原料，也不能提供能量，但它是构成代谢中辅酶的组成成分，参与各种物质代谢，调节体内各种生理机能的正常运行。缺乏时会出现代谢紊乱，引起各种维生素缺乏症。维生素缺乏引起的障碍，常常是不局限在某一器官，而是影响到机体一系列与生命活动有关的机能。由于维生素缺乏往往表现不明显，容易被忽视而使生产力下降，甚至出现死亡。维生素是猪正常生长、繁殖及维持健康所必需的微量有机化合物。有些维生素在代谢上是必需的，但在日粮中可能并不需要，这是因为它们很容易由其它成分转化合成，如色氨酸可产生尼克酸，又如肠道内的微生物也可能产生维生素 K 与维生素 B_{12} 等，然后再被猪利用。

(二)维生素的分类

1. 脂溶性维生素　脂溶性维生素是指维生素 A、维生素 D、维生素 E、维生素 K 4 种，它们主要由碳、氢、氧元素组成，这类维生素与脂肪相连，随脂肪一起被吸收利用。脂溶性维生素能大量贮存于体内，不致出现缺乏症。在 4 种脂溶性维生素中，每一种在天然饲料中都有多种形式维生素前体物存在。人工合成的这些维生素也都具有高度的活性。由于利用封闭式猪舍饲养方式日益增多，缺乏足够的青绿饲料与阳光照射，致使满足猪日粮维生素需要的问题显得突出起来。

(1)维生素 A　维生素 A 对猪来说是最重要的一种维生素。

①主要功能　是保护黏膜上皮健康，保持正常的生殖机能，促进生长发育，维持呼吸系统与视神经系统的健康。

②缺乏症　食欲减退，发生夜盲症。仔猪生长停滞，眼睑肿胀，皮毛干枯，易患肺炎；母猪不发情或发情微弱，容易流产，生死胎与无眼球仔猪，公猪性欲不强，精液品质不良等。

③存在形式　维生素 A 在动物性饲料与肝脏内含量较多。青绿多汁饲料含有大量的胡萝卜素，胡萝卜素又称维生素 A 原，在猪的肝脏、小肠及乳腺中转化为维生素 A，供机体利用。多喂青绿多汁饲料就能获得足够的胡萝卜素。必要时，可用人工合成的维生素添加剂或鱼肝油给以补充。

(2)维生素 D

①主要功能　维生素 D 的主要功能是降低肠道 pH 值，从而促进钙、磷的吸收，保证骨骼正常发育。饲料内钙、磷含量充足，比例也合适，如果维生素 D 不足，也会影响钙、磷的吸收与利用。如果维生素 D 十分充分，钙、磷比例达 6.5∶1 都不会影响钙、磷的吸收。

②缺乏症 缺乏维生素D影响钙、磷的吸收，其缺乏症如同钙、磷缺乏症。

③存在 维生素D在动物性饲料中，如鱼肝油内含量较多；青干草内含麦角固醇，在紫外线照射下转变为维生素D_2；猪皮肤下含7-脱氢胆固醇，在紫外线照射下转变为维生素D_3。因此，经常喂绿色干草粉或让猪多晒太阳，就不会发生维生素D的缺乏症。对于工厂化养殖的猪，则需在其日粮中补充维生素添加剂或鱼肝油。

(3)维生素E(生育酚)

①主要功能 保持猪的正常生殖机能，并有抗氧化的作用。

②缺乏症 公猪射精量少，精子活力大大下降，严重时睾丸萎缩退化，不产生精子；母猪受胎率下降，受胎后胚胎发育易被吸收或中途流产或死胎；幼猪发生白肌病，严重时突然死亡。

③存在 青绿饲料、麦芽、种子的胚芽与棉籽油内，含有较丰富的维生素E。

(4)维生素K

①主要功能 维生素K与凝血作用有关。

②缺乏症 凝血时间过长，血尿与呼吸异常，仔猪会发生全身性皮下出血。

③存在 绿色植物如苜蓿、菠菜等含维生素较多，动物的肝脏内含量也不少。

2. 水溶性维生素 包括B族维生素、维生素C。组成元素除碳、氢、氧外，还含有氮、硫或钴。水溶性维生素不与脂肪相连，除维生素B_{12}外，都不能在体内贮存，过量时很快从尿中排出。饲喂不含维生素的配合饲料，猪可能发生烟酸(维生素B_5)、泛酸(维生素B_3)、维生素B_2与维生素B_{12}的缺乏症。在大多数饲料中维生素B_1、维生素B_6、生物素与叶酸(维生素B_{11})的含量均超过猪需要。维生素C猪体可以合成，在绝大多数情况下并不需要从日粮中补充。

(1)维生素 B_1(硫胺素)

①主要功能　作为一种酶参与碳水化合物的代谢过程。

②缺乏症　食欲减退，胃肠机能紊乱，心肌萎缩或坏死，神经发生炎症、疼痛、痉挛等。

③存在　在米糠、麸皮、豆类、青绿饲料中含量丰富。

(2)维生素 B_2(核黄素)

①主要功能　作为一种酶参与碳水化合物与蛋白质代谢，还有提高饲料利用率的功能。

②缺乏症　食欲不振，生长停止，皮毛粗糙，有时有皮屑、溃疡及脂肪溢出的现象，眼角分泌物增多；母猪怀孕期缩短，胚胎早期死亡，泌乳力下降；公猪睾丸萎缩。有时会出现所产仔猪全部死亡，或产后数小时死亡的现象。当猪舍寒冷时，猪的核黄素需要量就会增加。

③存在　青绿饲料、动物性饲料及酵母中含量较丰富。

(3)维生素 B_3(泛酸)

①主要功能　作为一种酶参与蛋白质、碳水化合物与脂肪的代谢。

②缺乏症　运动失调，四肢僵硬，鹅步，脱毛等。怀孕母猪发生胚胎夭折或吸收，严重时母猪几乎不能繁殖。长期喂用玉米为主的熟料，易患泛酸缺乏症，可采用生饲料喂猪，并在日粮中搭配豆科青草、糠麸、花生饼等含泛酸多的饲料。

(4) 维生素 B_4(胆碱)

①主要功能　作为一种酶参与脂肪代谢，并具有兴奋消化器官的作用。

②缺乏症　精神委靡，行动失调，后腿劈叉，肝脏脂肪浸润，繁殖率低、泌乳力低与仔猪成活率低。

③存在　苜蓿草粉、大豆饼、肝脏、鱼粉、大麦、燕麦等含胆碱较多。

(5) 维生素 B_5（烟酸）

①主要功能　作为一种酶参与碳水化合物代谢。

②缺乏症　患皮肤脱落性皮炎，食欲下降或消失，下痢，后肢肌肉麻痹，唇舌有溃疡病变，贫血，大肠有溃疡病变，心肝及体重减轻、呕吐等。

③存在　鱼粉、酵母、麦芽、米糠、花生饼及青绿饲料含量较多。

(6)维生素 B_{12}　维生素 B_{12} 是一种含金属元素钴的维生素。

①主要功能　参与蛋白质代谢，并有促使红血球形成的作用。

②缺乏症　贫血，仔猪食欲减退，被毛粗乱，生长停止；母猪产仔少，仔猪生活力低、成活率低等。

③存在　动物肝脏、鱼粉、牛羊粪便、污泥及酵母内含量较多。

五、水

水是一切细胞和组织的构成成分，在化学成分中以水的比例最高。水在物质代谢中有特殊功能，养分的消化吸收和运转，代谢过程和代谢产物的排泄、血液循环、体温调节都需要水分。缺水或饮水不足危害极大，体内水分减少 8%时出现严重干渴感觉，食欲丧失，消化作用减慢，减少 10%时导致严重代谢紊乱，减少 20%时会导致死亡。

猪可以从以下三方面获得水：一是碳水化合物、脂肪与蛋白质分解产生的代谢水；二是饲料本身含的水；三是饮水。其中饮水占进水量的绝大部分。水占猪体重的 1/3～2/3。

第三节　猪的营养需要

一、仔猪的营养需要

养猪生产过程中，将猪划分为仔猪、生长猪（肥育猪和后备猪）、妊娠母猪、哺乳母猪和种公猪。不同生理阶段的猪营养需要不同。

仔猪从出生到体重 20 kg 左右可分为 2 个阶段，即初生至断奶的哺乳阶段和断奶到转群的保育阶段。

仔猪处于生长快、消化机能不完善而正在发育的阶段。哺乳仔猪体重最明显的变化是体脂猛增，出生时为 1%～2%，到 4 周龄可达到 18%，所以，仔猪对营养要求很高。在 3 周龄前，仔猪日增重不到 200 g，母猪的乳汁能满足需要，从 3 周龄起，只吃母乳已不能满足需要，需补料。仔猪对补饲料营养水平要求高，补饲料含消化能不能低于 13.28 MJ/kg，粗蛋白质 20%，断奶后保育期可降至 18% 的饲粮。初生后 2～3 日龄还需要补铁 150～200 mg。仔猪每日营养需要量及每千克饲粮中营养成分列于表 4-10 和表 4-11。

表 4-10　肉脂型仔猪每日每头营养需要量

指　标	猪　体　重(kg)		
	1～5	5～10	10～20
预期日增重(g)	160	280	420
采食风干料量(kg)	0.20	0.46	0.91
消化能(MJ)	3.35	7.03	12.59
代谢能(MJ)	3.01	6.40	11.59
粗蛋白质(g)	54	100	175
赖氨酸(g)	2.8	4.6	7.1
蛋氨酸＋胱氨酸(g)	1.6	2.7	4.6
苏氨酸(g)	1.6	2.7	4.6

续表 4-10

指 标	猪 体 重(kg)		
	1～5	5～10	10～20
异亮氨酸(g)	1.8	3.1	5.0
钙(g)	2.0	3.28	5.8
磷(g)	1.6	2.9	4.9
食盐(g)	0.5	1.2	2.1
铁(mg)	33	67	71
锌(mg)	22	48	71
锰(mg)	0.9	1.9	2.7
铜(mg)	1.3	2.9	4.5
碘(mg)	0.03	0.07	0.13
硒(mg)	0.03	0.08	0.13
维生素 A(IU)	476	1 056	1 563
胡萝卜素(mg)	1.9	4.2	6.3
维生素 D(IU)	48	106	107
维生素 E(IU)	2.4	5.3	9.8
维生素 K(mg)	0.43	1.06	1.96
维生素 B_2(mg)	0.65	1.44	2.68
烟酸(mg)	4.8	10.6	16.1
烟酸(mg)	2.9	6.2	9.8
维生素 B_{12}(μg)	4.8	10.6	13.23
维生素 B_1(mg)	0.29	0.62	0.98
生物素(mg)	0.03	0.05	0.09
叶酸(mg)	0.13	0.29	0.54

表 4-11 肉脂型仔猪每千克饲粮中养分含量

指 标	猪 体 重(kg)		
	1～5	5～10	10～20
预期日增重(g)	160	280	420
饲料/增重(kg)	1.25	1.66	2.17
增重/饲料(kg)	800	600	462
消化能(MJ)	16.74	15.15	13.85
代谢能(MJ)	15.15	13.85	12.76

续表 4-11

指 标	猪 体 重(kg)		
	1～5	5～10	10～20
粗蛋白质(%)	27	22	19
赖氨酸(%)	1.4	1.00	0.78
蛋氨酸+胱氨酸(%)	0.80	0.59	0.51
苏氨酸(%)	0.80	0.59	0.51
异亮氨酸(%)	0.90	0.67	0.55
钙(%)	1.00	0.83	0.64
磷(%)	0.80	0.63	0.54
食盐(%)	0.25	0.26	0.23
铁(mg)	165	146	78
锌(mg)	110	104	78
锰(mg)	4.5	4.1	3.0
铜(mg)	6.0	6.3	4.9
碘(mg)	0.15	0.15	0.14
硒(mg)	0.15	0.17	0.14
维生素 A(IU)	2 380	2 276	1 718
胡萝卜素(mg)	9.3	9.1	6.9
维生素 D(IU)	240	228	197
维生素 E(IU)	12	11	11
维生素 K(mg)	2.2	2.2	2.2
维生素 B_2(mg)	3.3	3.1	2.9
烟酸(mg)	24	23	18
泛酸(mg)	15	13.4	10.8
维生素$_{12}$(μg)	24	23	15
维生素 B_1(mg)	1.5	1.3	1.1
生物素(mg)	0.15	0.11	0.10
叶酸(mg)	0.65	0.63	0.59

二、生长猪的营养需要

生长猪包括生长育肥猪和后备种猪，都是处于生长发育阶段，但育肥猪是生产猪肉，而后备猪是配种繁殖，两类猪的营养需要既有共同点又各有差异。

(一)生长肥育猪

主要是要求生长速度、饲料利用率和瘦肉率来体现生长育肥猪的效益。在体重 20～100 kg 这一生长过程中，多划分生长期和肥育期 2 个阶段，一般以体重 20～60 kg(肉脂型为 50 kg)为生长期，后为育肥期。生长期要求能量和蛋白质水平高，促进肌肉和体重增长，肥育期则控制能量，减少脂肪沉积。

肥育猪饲粮含消化能 12.55～13.28 MJ/kg，粗蛋白水平在生长期为 16%～18%，肥育期为 13%～14%。以谷实、豆饼为基础的生长肥育饲粮，补加 0.1%～0.15%赖氨酸，饲粮粗蛋白水平可下降 2%。生长育肥猪日营养需要量及每千克饲料含量见表 4-12 至表 4-15。

表 4-12　肉脂型生长育肥猪每日每头营养需要量

指　标	猪　体　重(kg)		
	20～35	35～60	60～90
预期日增重(g)	500	600	650
采食风干料量(kg)	1.52	2.20	2.83
饲料/增重(kg)	3.04	3.67	4.35
增重/饲料(kg)	329	273	230
消化能(MJ)	19.71	28.54	36.69
代谢能(MJ)	18.33	26.61	34.23
粗蛋白质(g)	243	308	368
赖氨酸(g)	9.7	12.3	14.7
蛋氨酸+胱氨酸(g)	6.4	8.1	7.9
苏氨酸(g)	6.1	7.9	9.6
异亮氨酸(g)	7.0	9.0	10.3
钙(g)	3.3	11.0	13.0
磷(g)	7.0	9.1	10.5
食盐(g)	4.6	6.6	8.5
铁(mg)	84	101	105
锌(mg)	84	101	105

续表 4-12

指　标	猪　体　重(kg)		
	20～35	35～60	60～90
锰(mg)	3	4	6
铜(mg)	6	7	6
碘(mg)	0.20	0.29	0.37
硒(mg)	0.23	0.33	0.28
维生素 A(IU)	1 812	2 622	3 359
维生素 D(IU)	278	301	323
维生素 E(IU)	15	22	28
维生素 K(mg)	2.7	4.0	5.1
维生素 B_1(mg)	1.5	2.0	2.8
维生素 B_2(mg)	3.6	4.4	5.7
烟酸(mg)	20.0	24.0	20.0
泛酸(mg)	15.0	22.0	28.0
生物素(mg)	0.14	0.30	0.36
叶酸(mg)	0.84	1.21	1.56
维生素 B_{12}(μg)	15.0	22.0	28.0

表 4-13　肉脂型生长育肥猪每千克饲粮中养分含量

指　标	猪　体　重(kg)		
	20～35	35～60	60～90
消化能(MJ)	13.37	12.97	12.97
代谢能(MJ)	12.05	12.09	12.09
粗蛋白质(%)	16	14	13
赖氨酸(%)	0.64	0.56	0.52
蛋氨酸+胱氨酸(%)	0.42	0.37	0.28
苏氨酸(%)	0.41	0.36	0.34
异亮氨酸(%)	0.46	0.41	0.38
钙(%)	0.55	0.50	0.46
磷(%)	0.46	0.41	0.37
食盐(%)	0.30	0.30	0.30
铁(mg)	55	46	37
锌(mg)	55	46	37

续表 4-13

指 标	猪 体 重(kg)		
	20～35	35～60	60～90
锰(mg)	2	2	2
铜(mg)	4	3	3
碘(mg)	0.16	0.13	0.13
硒(mg)	0.15	0.15	0.10
维生素 A(IU)	1 192	1 192	1 187
维生素 D(IU)	183	137	114
维生素 E(IU)	10	10	10
维生素 K(mg)	1.8	1.8	1.8
维生素 B_1(mg)	1.0	1.0	1.0
维生素 B_2(mg)	2.4	2.0	2.0
烟酸(mg)	13.0	11.0	9.0
泛酸(mg)	10.0	10.0	10.0
生物素(mg)	0.09	0.09	0.09
叶酸(mg)	0.55	0.55	0.55
维生素 B_{12}(μg)	10.0	10.0	10.0

注：每千克饲料的能量可按±2 MJ 浮动，粗蛋白质含量也等比例浮动。

表 4-14　瘦肉型生长育肥猪每日每头营养需要量(GB 8471—87)

指 标	猪 体 重(kg)				
	1～5	5～10	10～20	20～60	60～90
预期日增重(g)	160	280	420	550	700
采食风干料量(kg)	0.20	0.46	0.91	1.69	2.71
消化能(MJ)	3.35	7.00	12.59	21.95	35.15
代谢能(MJ)	3.20	6.70	11.62	21.07	33.80
粗蛋白质(g)	54	101	173	270	379
赖氨酸(g)	2.80	4.60	7.01	12.70	17.10
蛋氨酸+胱氨酸(g)	1.60	2.70	4.60	6.40	8.70
苏氨酸(g)	1.60	2.70	4.60	7.60	10.30
异亮氨酸(g)	1.80	3.10	5.00	6.90	9.20

续表 4 14

指　标	猪　体　重(kg)				
	1～5	5～10	10～20	20～60	60～90
精氨酸(g)	0.70	1.20	2.09	3.30	4.90
钙(g)	2.00	3.80	5.80	10.10	13.60
磷(g)	1.60	2.90	4.90	8.50	10.80
食盐(g)	0.50	1.20	2.10	3.30	6.80
铁(mg)	33	67	71	101	136
锌(mg)	22	48	71	186	244
铜(mg)	1.30	2.90	4.50	7.90	10.20
锰(mg)	0.90	1.90	2.70	3.70	6.80
碘(mg)	0.03	0.07	0.13	0.24	0.38
硒(mg)	0.03	0.08	0.23	0.51	0.33
维生素 A(IU)	480	1 050	1 560	2 080	3 320
维生素 D(IU)	50	105	179	319	320
维生素 E(IU)	2.40	5.10	10.00	16.90	27.10
维生素 K(mg)	0.44	1.00	2.00	3.30	5.40
维生素 B_1(mg)	0.30	0.60	1.00	1.69	2.70
维生素 B_2(mg)	0.66	1.40	2.60	4.20	5.70
烟酸(mg)	4.80	10.60	16.40	22.00	24.90
泛酸(mg)	3.00	6.20	9.80	16.90	27.10
生物素(mg)	0.03	0.05	0.09	0.15	0.21
叶酸(mg)	0.13	0.30	0.54	0.96	1.54
维生素 B_{12}(μg)	4.80	10.60	13.70	16.90	27.10

注:磷的给量中应有 30%无机磷或动物性饲粮来源的磷。

表 4-15　瘦肉型生长育肥猪每千克饲料中养分含量

指　标	猪　体　重(kg)				
	1～5	5～10	10～20	20～60	60～90
消化能(MJ)	16.74	15.15	13.85	12.97	12.97
代谢能(MJ)	15.15	13.85	12.76	12.47	12.47
粗蛋白质(%)	27	22	19	16	14
赖氨酸(%)	1.40	1.00	0.78	0.75	0.63
蛋氨酸＋胱氨酸(%)	0.80	0.59	0.51	0.38	0.32

续表 4-15

指 标	猪 体 重(kg)				
	1～5	5～10	10～20	20～60	60～90
苏氨酸(%)	0.80	0.59	0.51	0.45	0.38
异亮氨酸(%)	0.90	0.67	0.55	0.41	0.34
精氨酸(%)	0.36	0.28	0.23	0.23	0.18
钙(%)	1.00	0.83	0.64	0.60	0.50
磷(%)	0.80	0.63	0.54	0.50	0.40
食盐(%)	0.25	0.26	0.23	0.23	0.25
铁(mg)	165	146	78	60	50
锌(mg)	110	104	78	110	90
铜(mg)	6.50	6.30	4.90	4.36	3.75
锰(mg)	4.50	4.10	3.00	2.18	2.50
碘(mg)	0.15	0.15	0.14	0.14	0.14
硒(mg)	0.15	0.17	0.25	0.30	0.28
维生素 A(IU)	2 380	2 276	1 718	1 230	1 225
维生素 D(IU)	240	228	197	189	118
维生素 E(IU)	12	11	11	10	10
维生素 K(mg)	2.20	2.20	2.00	2.00	2.00
维生素 B_1(mg)	1.50	1.30	1.10	1.00	1.00
维生素 B_2(mg)	3.30	3.10	2.90	2.50	2.10
烟酸(mg)	24	23	18	13	9
泛酸(mg)	15.0	13.2.3	10.8	10.0	10.0
生物素(mg)	0.15	0.11	0.10	0.09	0.09
叶酸(mg)	0.65	0.65	0.59	0.57	0.57
维生素 B_{12}(μg)	24	23	15	10	10

注:每千克饲粮的能量可按±0.2MJ 浮动,粗蛋白质含量也等比例浮动。

(二)后备猪

要求生长发育正常,到配种时又不过肥。对国外引进品种可以有 2 种处理:一是按生长育肥猪饲养,到配种前 2 个月限食以控制肥度;二是在整个培育期按标准限量饲喂,其生长速度控制在 8～9 月龄配种时体重达 100～120 kg。地方猪种沉积脂肪早,需限制饲养,以防配种时过肥。后备猪的营养需要及每千克饲粮养分含量见表 4-16 和表 4-17。

表 4-16　后备猪每日每头营养需要量

指　标	小型猪体重(kg)			大型猪体重(kg)		
	10～20	20～35	35～60	20～35	35～60	60～90
预期日增重(g)	320	380	360	400	480	440
采食风干料量(kg)	0.90	1.20	1.70	1.26	1.80	2.10
消化能(MJ)	11.30	15.06	20.05	15.82	22.22	25.48
代谢能(MJ)	10.46	14.23	19.25	14.64	20.71	23.81
粗蛋白质(g)	144	168	221	202	252	273
赖氨酸(g)	6.3	7.4	8.8	7.8	9.5	10.1
蛋氨酸+胱氨酸(g)	4.1	4.8	5.8	5.0	6.3	7.1
苏氨酸(g)	4.1	4.8	5.8	5.0	6.1	6.5
异亮氨酸(g)	4.5	5.4	6.5	5.7	6.8	7.1
钙(g)	5.4	7.2	10.2	7.6	10.8	12.6
磷(g)	4.5	6.0	8.5	6.5	9.0	10.5
食盐(g)	3.6	4.8	6.8	5.0	7.2	
铁(mg)	64	64	73	67	79	80
锌(mg)	64	64	73	113	162	80
铜(mg)	4.5	4.8	5.1	5.0	5.4	6.3
锰(mg)	1.8	2.4	3.4	2.5	3.6	4.2
碘(mg)	0.13	0.17	0.24	0.18	0.25	0.29
硒(mg)	0.14	0.18	0.26	0.33	0.47	0.32
维生素 A(IU)	1 400	1 500	1 900	1 460	2 020	2 331
维生素 D(IU)	160	210	220	220	234	242
维生素 E(IU)	9	12	17	13	18	21
维生素 K(mg)	1.8	2.4	3.4	2.5	3.6	4.2
维生素 B_1(mg)	0.9	1.2	1.7	1.3	1.8	2.1
维生素 B_2(mg)	2.4	2.8	3.4	2.9	3.6	4.0
烟酸(mg)	9.5	12.6	17.0	15.1	18.0	18.9
泛酸(mg)	9.0	12.0	17.0	13.0	18.0	21.0
生物素(mg)	0.08	0.11	0.15	0.11	0.16	0.19
叶酸(mg)	0.50	0.60	0.08	0.60	0.90	0.10
维生素 B_{12}(μg)	12.0	12.0	17.0	13.0	18.0	21.0

注:后备公猪的营养需要可在“大型”猪的基础上增加 10%～20%。

表 4-17 后备母猪每千克饲粮中养分含量

指 标	小型猪体重(kg)			大型猪体重(kg)		
	10～20	20～35	35～60	20～35	35～60	60～90
消化能(MJ)	12.55	12.55	12.13	12.55	12.34	12.13
代谢能(MJ)	11.63	11.72	11.34	11.63	11.51	11.34
粗蛋白质(%)	16	14	13	16	14	13
赖氨酸(%)	0.70	0.62	0.52	0.62	0.53	0.48
蛋氨酸+胱氨酸(%)	0.45	0.40	0.34	0.40	0.35	0.34
苏氨酸(%)	0.45	0.40	0.34	0.40	0.34	0.31
异亮氨酸(%)	0.50	0.45	0.38	0.45	0.38	0.34
钙6%)	0.6	0.6	0.6	0.6	0.6	0.6
磷(%)	0.5	0.5	0.5	0.5	0.5	0.5
食盐(%)	0.4	0.4	0.4	0.4	0.4	0.4
铁(mg)	71	53	43	53	44	38
锌(mg)	71	53	43	53	44	38
铜(mg)	5	4	3	4	3	3
锰(mg)	2	2	2	2	2	2
碘(mg)	0.14	0.14	0.14	0.14	0.14	0.14
硒(mg)	0.15	0.15	0.15	0.15	0.15	0.15
维生素 A(IU)	1 560	1 250	1 120	1 160	1 120	1 110
维生素 D(IU)	178	178	130	178	130	115
维生素 E(IU)	10	10	10	10	10	10
维生素 K(mg)	2	2	2	2	2	1
维生素 B_1(mg)	1	1	1	1	1	1.9
维生素 B_2(mg)	2.7	2.3	2.0	2.3	2.0	1.9
烟酸(mg)	16	12	10	12	10	9
泛酸(mg)	10	10	10	10	10	10
生物素(mg)	0.09	0.09	0.09	0.09	0.09	0.09
叶酸(mg)	0.5	0.5	0.5	0.5	0.5	0.5
维生素 B_{12}(μg)	13	10	10	10	10	10

三、母猪的营养需要

(一)妊娠母猪

对妊娠母猪的营养供给的要求是保证胎儿发育，提高仔猪初生重和母猪产后泌乳的营养储备。妊娠母猪增重约 40 kg，子宫内容物约 20 kg，胎儿的体重是妊娠 80 天后增长，可以妊娠天为界分为妊娠前期和妊娠后期，妊娠后期营养需要大于妊娠前期。在一个繁殖周期中，妊娠期加上配种期约占 2/3 的时间，以较少的饲料维持母猪的正常繁殖，是种猪生产中降低成本的重要技术环节。妊娠母猪的每日营养需要量及每千克饲粮养分含量见表 4-18 和表 4-19。

表 4-18　妊娠母猪每日每头营养需要量

指标	妊娠前期体重(kg)				妊娠后期体重(kg)			
	≤90	90～120	120～150	≥150	≤90	90～120	120～150	≥150
采食风干料(kg)	1.50	1.70	1.90	2.00	2.00	2.20	2.40	2.50
消化能(MJ)	17.57	19.92	22.26	23.43	23.43	25.77	28.12	29.29
代谢能(MJ)	16.65	18.87	21.09	22.18	22.18	24.39	26.61	27.81
粗蛋白质(g)	165	187	209	220	240	264	288	300
赖氨酸(g)	5.30	6.00	6.70	7.00	7.20	7.90	8.60	9.00
蛋氨酸+胱氨酸(g)	2.90	3.20	3.60	3.80	3.80	4.20	4.50	4.70
苏氨酸(g)	4.20	4.80	5.30	5.60	5.60	6.20	6.70	7.00
异亮氨酸(g)	4.70	5.30	5.90	6.20	6.20	6.80	7.40	7.80
钙(g)	9.2	10.4	11.6	12.2	12.2	13.3	14.6	15.3
磷(g)	7.4	8.3	9.3	9.8	9.8	10.8	11.8	12.3
食盐(g)	4.8	5.4	6.1	6.4	6.4	7.0	8.0	8.0
铁(mg)	98	111	124	130	130	143	156	163
锌(mg)	63	71	80	84	84	92	101	105
铜(mg)	6	7	8	8	8	9	10	10
锰(mg)	12	14	14	16	16	18	19	20
碘(mg)	0.16	0.13	0.12	0.22	0.22	0.24	0.27	0.28
硒(mg)	0.20	0.20	0.25	0.26	0.26	0.29	0.31	0.33
维生素 A(IU)	4 800	5 440	6 100	6 400	6 600	7 260	7 920	8 250
维生素 D(IU)	240	272	304	320	320	352	384	400
维生素 E(IU)	12	14	15	16	16	18	19	20
维生素 K(mg)	2.6	2.9	3.2	3.4	3.4	3.7	4.1	4.3

续表 4-18

指标	妊娠前期体重(kg)				妊娠后期体重(kg)			
	≤90	90～120	120～150	≥150	≤90	90～120	120～150	≥150
维生素 B_1(mg)	1.2	1.4	1.5	1.6	1.6	1.8	1.9	2.0
维生素 B_2(mg)	3.2.8	4.3	4.8	5.0	5.0	5.5	6.0	6.3
烟酸(mg)	12.0	14.0	15.0	16.0	16.0	18.0	19.0	20.0
泛酸(mg)	14.6	16.5	18.4	19.4	19.6	21.6	23.5	24.5
生物素(mg)	0.12	0.14	0.15	0.16	0.16	0.18	0.20	0.20
叶酸(mg)	0.75	0.85	0.95	1.04	1.00	1.10	1.20	1.30
维生素 B_{12}(μg)	12	20	23	24	26	29	31	33

表 4-19　妊娠母猪每千克饲粮中养分含量

指标	妊娠前期	妊娠后期
消化能(MJ)	11.72	11.72
代谢能(MJ)	11.09	11.09
粗蛋白质(%)	11.0	12.0
赖氨酸(%)	0.35	0.36
蛋氨酸+胱氨酸(%)	0.19	0.19
苏氨酸(%)	0.28	0.28
异亮氨酸(%)	0.31	0.31
钙(%)	0.61	0.61
磷(%)	0.49	0.49
食盐(%)	0.32	0.32
铁(mg)	65	65
锌(mg)	42	42
铜(mg)	4	4
锰(mg)	8	8
碘(mg)	0.11	0.11
硒(mg)	0.13	0.13
维生素 A(IU)	3 200	3 300
维生素 D(IU)	160	160
维生素 E(IU)	8	8
维生素 K(mg)	1.7	1.7
维生素 B_1(mg)	0.8	0.8

续表 4-19

指　标	妊娠前期	妊娠后期
维生素 B_2(mg)	2.5	2.5
烟酸(mg)	8.0	8.0
泛酸(mg)	9.7	9.8
生物素(mg)	0.08	0.08
叶酸(mg)	0.5	0.5
维生素 B_{12}(μg)	12	13

(二)哺乳母猪

哺乳母猪营养需要较高,因仔猪体重大小和带仔多少有差别;带仔多的母猪泌乳量多。母猪泌乳 1 kg 需消化能 8.37 MJ,以每头仔猪每日吃乳 0.5 kg 计,母猪每天泌乳 5 kg 就需消化能 41.84 MJ,母猪还需维持正常生命活动的营养,所以,哺乳母猪营养需要由泌乳和维持两部分需要组成。体重 150～180 kg 带乳头的瘦肉型母猪,每日需消化能 62.76 MJ,一般体重地方品种母猪约需 46 MJ,粗蛋白质 14.5%能满足需要。哺乳母猪营养需要量及每千克饲粮养分含量见表 4-20 和表 4-21。

表 4-20　哺乳母猪每日每头营养需要量

指　标	母猪体重(kg)			
	120 以下	120～150	150～180	180 以上
采食风干料量(kg)	4.80	5.00	5.20	5.30
消化能(MJ)	58.21	60.67	63.10	64.30
代谢能(MJ)	56.23	58.58	60.92	62.09
粗蛋白质(g)	672	700	728	742
赖氨酸(g)	24	25	26	27
蛋氨酸＋胱氨酸(g)	14.9	15.5	16.1	16.4
苏氨酸(g)	17.8	18.5	19.2	19.6
异亮氨酸(g)	15.8	16.5	17.2	17.5
钙(g)	30.7	32.0	33.3	33.3
磷(g)	21.6	22.5	23.3	23.3
食盐(g)	21.1	22.0	22.9	23.3

续表 4-20

指　标	母猪体重(kg)			
	120 以下	120～150	150～180	180 以上
铁(mg)	336	350	364	371
锌(mg)	211	220	229	233
铜(mg)	21	22	23	23
锰(mg)	38	40	42	42
碘(mg)	0.58	0.60	0.62	0.64
硒(mg)	0.43	0.45	0.47	0.48
维生素 A(IU)	8 160	8 500	8 840	9 010
维生素 D(IU)	826	860	894	912
维生素 E(IU)	38	40	42	42
维生素 K(mg)	8.0	8.5	8.8	9.0
维生素 B_1(mg)	4.3	4.5	4.7	4.8
维生素 B_2(mg)	12.5	13.0	13.5	13.8
烟酸(mg)	43.0	45.0	47.0	48.0
泛酸(mg)	48.0	50.0	52.0	53.0
生物素(mg)	0.43	0.45	0.47	0.48
叶酸(mg)	2.4	2.5	2.6	2.7
维生素 B_{12}(μg)	62	65	68	69

表 4-21　哺乳母猪每千克饲粮中养分含量

指　标	养分含量	指　标	养分含量
消化能(MJ)	12.13	碘(mg)	0.12
代谢能(MJ)	11.72	硒(mg)	0.09
粗蛋白质(g)	14	维生素 A(IU)	1 700
赖氨酸(g)	0.50	维生素 D(IU)	172
蛋氨酸+胱氨酸(g)	0.31	维生素 E(IU)	9
苏氨酸(g)	0.37	维生素 K(mg)	1.7
异亮氨酸(g)	0.33	维生素 B_1(mg)	0.9
钙(g)	0.64	维生素 B_2(mg)	2.6
磷(g)	0.46	烟酸(mg)	9
食盐(g)	0.44	泛酸(mg)	10
铁(mg)	70	生物素(mg)	0.09
铜(mg)	4.4	叶酸(mg)	0.5
锌(mg)	44	维生素 B_{12}(μg)	13
锰(mg)	8		

四、种公猪的营养需要

要保持公猪种用体况，性欲旺盛，精力充沛，配种能力强，精液品质优良，合理营养供给是基础。蛋白质水平是影响精液品质的重要因素之一。培育期公猪、青年公猪和配种期公猪饲粮粗蛋白质水平应保证14%，成年公猪和非配种期公猪为12%，每千克饲粮消化能12.35 MJ，还要注意其它营养的供给。种公猪营养需要见表4-22和表4-23。

表4-22　种公猪每日每头营养需要量

指　标	种公猪体重(kg)		
	＜90	90～150	＞150
采食风干料量(kg)	1.4	1.9	2.3
消化能(MJ)	17.57	23.85	28.87
代谢能(MJ)	16.86	22.89	22.70
粗蛋白质(g)	196	228	276
赖氨酸(g)	5.3	7.2	8.7
蛋氨酸＋胱氨酸(g)	3.1	3.8	4.6
苏氨酸(g)	4.2	5.7	6.9
异亮氨酸(g)	4.6	6.3	7.6
钙(g)	9.2	12.5	15.2
磷(g)	7.4	10.1	12.2
食盐(g)	5.0	6.7	8.1
铁(mg)	99	135	163
锌(mg)	62	84	101
铜(mg)	7	10	12
锰(mg)	13	17	21
碘(mg)	0.17	0.23	0.28
硒(mg)	0.18	0.25	0.30
维生素A(IU)	4 943	6 709	8 182
维生素D(IU)	248	336	407
维生素E(IU)	12.5	16.9	20.5
维生素K(mg)	2.5	3.3	4.1

续表 4-22

指　标	种公猪体重(kg)		
	<90	90～150	>150
维生素 B_1(mg)	1.3	1.7	2.1
维生素 B_2(mg)	3.6	4.9	6.0
烟酸(mg)	12.5	16.9	20.5
泛酸(mg)	14.8	20.1	24.4
生物素(mg)	0.13	0.17	0.21
叶酸(mg)	0.73	1.00	1.20
维生素 B_{12}(μg)	18.6	25.4	30.6

注：配种前 1 个月，标准增加 20%～30%。冬季严寒期，标准增加 10%～20%。

表 4-23　种公猪每千克饲粮中养分含量

指　标	养分含量	指　标	养分含量
消化能(MJ)	12.55	碘(mg)	0.12
代谢能(MJ)	12.05	硒(mg)	0.13
粗蛋白质(g)	12.0(14.0)*	维生素 A(IU)	3 531
赖氨酸(g)	0.38	维生素 D(IU)	177
蛋氨酸+胱氨酸(g)	0.20	维生素 E(IU)	8.9
苏氨酸(g)	0.30	维生素 K(mg)	1.8
异亮氨酸(g)	0.33	维生素 B_1(mg)	2.6
钙(g)	0.66	维生素 B_2(mg)	0.9
磷(g)	0.53	烟酸(mg)	8.9
食盐(g)	0.35	泛酸(mg)	10.6
铁(mg)	71	生物素(mg)	0.09
铜(mg)	5	叶酸(mg)	0.52
锌(mg)	44	维生素 B_{12}(μg)	13.3
锰(mg)	9		

* 为体重 90 kg 以下时采用的蛋白质量。

五、猪自由采食营养需要

美国 NRC 猪自由采食营养需要表见表 4-24 至表 4-28。

表 4-24 瘦肉型生长肥育猪每千克饲粮养分含量(NRC)

美国 NRC 猪饲养标准(90%干物质)(第 10 版)

指 标	体重(kg)					
	3～5	5～10	10～20	20～50	50～80	80～120
消化能(MJ/kg)	14.24	14.24	14.24	14.24	14.24	14.24
代谢能(MJ/kg)	13.67	13.67	13.67	13.67	13.67	13.67
粗蛋白质(%)	26.0	23.7	20.9	18.0	15.5	13.2
消化能摄入量(MJ/天)	3.58	7.08	14.24	26.40	36.68	43.75
日采食风干料量(g/天)	250	500	1 000	1 855	2 575	3 075
钙(%)	0.90	0.80	0.70	0.60	0.50	0.45
总磷(%)	0.70	0.65	0.60	0.50	0.45	0.40
有效磷(%)	0.55	0.40	0.32	0.23	0.19	0.15
钠(%)	0.25	0.20	0.15	0.10	0.10	0.10
氯(%)	0.25	0.20	0.15	0.08	0.08	0.08
镁(%)	0.04	0.04	0.04	0.04	0.04	0.04
钾(%)	0.30	0.28	0.26	0.23	0.19	0.17
铜(mg)	6.00	6.00	5.00	4.00	3.50	3.00
碘(mg)	0.14	0.14	0.14	0.14	0.14	0.14
铁(mg)	100	100	80	60	50	40
锰(mg)	4.00	4.00	3.00	2.00	2.00	2.00
硒(mg)	0.30	0.30	0.25	0.15	0.15	0.15
锌(mg)	100	100	80	60	50	50
维生素 A(IU)	2 200	2 200	1 750	1 300	1 300	1 300
维生素 D(IU)	220	220	200	150	150	150
维生素 E(IU)	16	16	11	11	11	11
维生素 K(mg)	0.50	0.50	0.50	0.50	0.50	0.50
生物素(mg)	0.08	0.05	0.05	0.05	0.05	0.05
胆碱(g)	0.60	0.50	0.40	0.30	0.30	0.30
叶酸(mg)	0.30	0.30	0.30	0.30	0.30	0.30
可利用尼克酸(mg)	20.00	15.00	12.50	10.00	7.00	7.00
泛酸(mg)	12.00	10.00	9.00	8.00	7.00	7.00
核黄素(mg)	4.00	3.50	3.00	2.50	2.00	2.00
维生素 B_1(mg)	1.50	1.00	1.00	1.00	1.00	1.00
维生素 B_6(mg)	2.00	1.50	1.50	1.00	1.00	1.00
维生素 B_{12}(μg)	20.00	17.50	15.00	10.00	5.00	5.00

续表 4-24

指　标	体　重(kg)					
	3～5	5～10	10～20	20～50	50～80	80～120
以总氨基酸为基础(%)						
精氨酸	0.59	0.54	0.46	0.37	0.27	0.19
组氨酸	0.48	0.43	0.36	0.30	0.24	0.19
异亮氨酸	0.83	0.73	0.63	0.51	0.42	0.33
亮氨酸	1.50	1.32	1.12	0.90	0.71	0.54
赖氨酸	1.50	1.35	1.15	0.95	0.75	0.60
蛋氨酸＋胱氨酸	0.86	0.76	0.65	0.54	0.44	0.35
苯丙氨酸＋酪氨酸	1.41	1.25	1.06	0.87	0.70	0.55
苏氨酸	0.98	0.86	0.74	0.61	0.51	0.41
色氨酸	0.27	0.24	0.21	0.17	0.14	0.11
缬氨酸	1.04	0.92	0.79	0.64	0.52	0.40
以真回肠可消化氨基酸为基础(%)						
精氨酸	0.54	0.49	0.42	0.33	0.24	0.16
组氨酸	0.43	0.38	0.32	0.26	0.21	0.16
异亮氨酸	0.73	0.65	0.55	0.45	0.37	0.29
亮氨酸	1.35	1.20	1.02	0.83	0.67	0.51
赖氨酸	1.34	1.19	1.01	0.83	0.66	0.52
蛋氨酸＋胱氨酸	0.76	0.68	0.58	0.47	0.39	0.31
苯丙氨酸＋酪氨酸	1.26	1.12	0.95	0.78	0.63	0.49
苏氨酸	0.84	0.74	0.63	0.52	0.43	0.34
色氨酸	0.24	0.22	0.18	0.15	0.12	0.10
缬氨酸	0.91	0.81	0.69	0.56	0.45	0.35
以表观回肠可消化氨基酸为基础(%)						
精氨酸	0.51	0.46	0.39	0.31	0.22	0.14
组氨酸	0.40	0.36	0.31	0.25	0.20	0.16
异亮氨酸	0.69	0.61	0.52	0.42	0.34	0.26
亮氨酸	1.29	1.15	0.98	0.80	0.64	0.50
赖氨酸	1.26	1.11	0.94	0.77	0.61	0.47
蛋氨酸＋胱氨酸	0.71	0.63	0.53	0.44	0.36	0.29
苯丙氨酸＋酪氨酸	1.18	1.05	0.89	0.72	0.58	0.45
苏氨酸	0.75	0.66	0.56	0.46	0.37	0.30
色氨酸	0.22	0.19	0.16	0.13	0.10	0.08
缬氨酸	0.84	0.74	0.63	0.51	0.41	0.32

表 4-25 瘦肉型生长肥育猪每日每头营养需要量(NRC)

指 标	体 重(kg)					
	3～5	5～10	10～20	20～50	50～80	80～120
消化能(MJ/kg)	14.24	14.24	14.24	14.24	14.24	14.24
代谢能(MJ/kg)	13.67	13.67	13.67	13.67	13.67	13.67
粗蛋白质(%)	26.0	23.7	20.9	18.0	15.5	13.2
消化能摄入量(MJ/天)	3.58	7.08	14.24	26.40	36.68	43.75
代谢能摄入量(MJ/天)	3.43	6.78	13.67	25.33	35.21	41.99
采食风干料量(g/天)	250	500	1 000	1 855	2 575	3 075
钙(g)	2.25	4.00	7.00	11.13	12.88	13.84
总磷(g)	1.75	3.25	6.00	9.28	11.59	12.30
有效磷(g)	1.38	2.00	3.20	4.27	4.89	4.61
钠(g)	0.63	1.00	1.50	1.86	2.58	3.08
氯(g)	0.63	1.00	1.50	1.48	2.06	2.46
镁(g)	0.10	0.20	0.40	0.74	1.03	1.23
钾(g)	0.75	1.40	2.60	4.27	4.89	5.23
铜(mg)	1.50	3.00	5.00	7.42	9.01	9.23
碘(mg)	0.04	0.07	0.14	0.26	0.36	0.43
铁(mg)	25.00	50.00	80.00	111.3	129.8	123.0
锰(mg)	1.00	2.00	3.00	3.71	5.15	6.15
硒(mg)	0.08	0.15	0.25	0.28	0.39	0.46
锌(mg)	25.00	50.00	80.00	111.3	129.8	153.8
维生素 A(IU)	550	1 100	1 750	2 412	3 348	3 998
维生素 D(IU)	55	110	200	278	386	461
维生素 E(IU)	4	8	11	20	28	34
维生素 K(mg)	0.13	0.25	0.50	0.93	1.29	1.54
生物素(mg)	0.02	0.03	0.05	0.09	0.13	0.15
胆碱(g)	0.15	0.25	0.40	0.56	0.77	0.92
叶酸(mg)	0.08	0.15	0.30	0.56	0.77	0.92
可利用尼克酸(mg)	5.00	7.50	12.50	18.55	18.03	21.53
泛酸(mg)	3.00	5.00	9.00	14.84	18.03	21.53
核黄素(mg)	1.00	1.75	3.00	4.64	5.15	6.15
维生素 B_1(mg)	0.38	0.50	1.00	1.86	2.58	3.08
维生素 B_6(mg)	0.50	0.75	1.50	1.86	2.58	3.08
维生素 B_{12}(μg)	5.00	8.75	15.00	18.55	12.88	15.38

续表 4-25

指　标	体　重(kg)					
	3～5	5～10	10～20	20～50	50～80	80～120
以总氨基酸为基础(g/天)						
精氨酸	1.5	2.7	4.6	6.8	7.1	5.7
组氨酸	1.2	2.1	3.7	5.6	6.3	5.9
异亮氨酸	2.1	3.7	6.3	9.5	10.7	10.1
亮氨酸	3.8	6.6	11.2	16.8	18.4	16.6
赖氨酸	3.8	6.7	11.5	17.5	19.7	18.5
蛋氨酸＋胱氨酸	2.2	3.8	6.5	9.9	11.3	10.8
苯丙氨酸＋酪氨酸	3.5	6.2	10.6	16.1	18.0	16.8
苏氨酸	2.5	4.3	7.4	11.3	13.0	12.6
色氨酸	0.7	1.2	2.1	3.2	3.6	3.4
缬氨酸	2.6	4.6	7.9	11.9	13.3	12.4
以真回肠可消化氨基酸为基础(g/天)						
精氨酸	1.4	2.4	4.2	6.1	6.2	4.8
组氨酸	1.1	1.9	3.2	4.9	5.5	5.1
异亮氨酸	1.8	3.2	5.5	8.4	9.4	8.8
亮氨酸	3.4	5.9	10.3	15.5	17.2	15.8
赖氨酸	3.4	5.9	10.1	15.3	17.1	15.8
蛋氨酸＋胱氨酸	1.9	3.4	5.8	8.8	10.0	10.8
苯丙氨酸＋酪氨酸	3.2	5.5	9.5	14.4	16.1	15.1
苏氨酸	2.1	3.7	6.3	9.7	11.01	10.5
色氨酸	0.6	1.1	1.9	2.8	3.1	2.9
缬氨酸	2.3	4.0	6.9	10.4	11.6	10.8
以表观回肠可消化氨基酸为基础(g/天)						
精氨酸	1.3	2.3	3.9	5.7	5.7	4.3
组氨酸	1.0	1.8	3.1	4.6	5.2	4.8
异亮氨酸	1.7	3.0	5.2	7.8	8.7	8.0
亮氨酸	3.2	5.7	9.8	14.8	16.5	15.3
赖氨酸	3.2	5.5	9.4	14.2	15.8	14.4
蛋氨酸＋胱氨酸	1.8	3.1	5.3	8.2	9.3	8.8
苯丙氨酸＋酪氨酸	3.0	5.2	8.9	13.4	15.0	13.9
苏氨酸	1.9	3.3	5.6	8.5	9.6	9.1
色氨酸	0.5	1.0	1.6	2.4	2.7	2.5
缬氨酸	2.1	3.7	6.3	9.5	10.6	9.8

表 4-26　种母猪与种公猪饲养标准(NRC)

指　标	每千克饲粮养分含量			每日每头营养需要量		
	妊娠	泌乳	公猪	妊娠	泌乳	公猪
消化能(MJ/kg)	14.24	14.24	14.24	14.24	14.24	14.24
代谢能(MJ/kg)	13.67	13.67	13.67	13.67	13.67	13.67
粗蛋白质(%)	12.80	17.50	13.0	12.80	17.50	13.0
消化能摄入量(MJ/天)	26.33	74.73	28.47	26.33	74.73	27.34
代谢能摄入量(MJ/天)	25.29	71.74	27.37	25.29	71.74	6 530
采食风干料量(kg/天)	1.85	5.25	2.00	1.85	5.25	2.00
钙	0.75%	0.75%	0.75%	13.9 g	39.4 g	15.0 g
总磷	0.60%	0.60%	0.60%	11.1 g	31.5 g	12.0 g
有效磷	0.35%	0.35%	0.35%	6.5 g	18.4 g	7.0 g
钠	0.15%	0.20%	0.15%	2.8 g	10.5 g	3.0 g
氯	0.12%	0.16%	0.12%	2.2 g	8.4 g	2.4 g
镁	0.04%	0.04%	0.04%	0.7 g	2.1 g	0.8 g
钾	0.20%	0.20%	0.20%	3.7 g	10.5 g	4.0 g
铜(mg)	5.00	5.00	5	9.3	26.3	10
碘(mg)	0.14	0.14	0.14	0.3	0.7	0.28
铁(mg)	80	80	80	148	420	160
锰(mg)	20	20	20	37	105	40
硒(mg)	0.15	0.15	0.15	0.3	0.8	0.3
锌(mg)	50	50	50	93	263	100
维生素 A(IU)	4 000	2 000	4 000	7 400	10 500	8 000
维生素 D(IU)	200	200	200	370	1 050	400
维生素 E(IU)	44	44	44	81	231	88
维生素 K(mg)	0.5	0.5	0.50	0.9	2.6	1.0
生物素(mg)	0.20	0.20	0.20	0.4	1.1	0.4
胆碱(g)	1.25	1.00	1.25	2.3	5.3	2.5
叶酸(mg)	1.30	1.30	1.30	2.4	6.8	2.6
可利用尼克酸(mg)	10	10	10	19	53	20
泛酸(mg)	12	12	12	22	63	24
核黄素(mg)	3.75	3.75	3.75	6.9	19.7	7.5
维生素 B_1(mg)	1.00	1.00	1.0	1.9	5.3	2.0
维生素 B_6(mg)	1.00	1.00	1.0	1.9	5.3	2.0
维生素 B_{12}(μg)	15	15	15	2.8	79	30

表 4-27 妊娠母猪每千克饲粮总氨基酸与可消化氨基酸含量(NRC)

配种体重(kg)	125	150	175	200	200	200
妊娠期体增重(kg)	55	45	40	35	30	35
预期窝产仔数(头)	11	12	12	12	12	14
消化能(MJ/kg)	14.24	14.24	14.24	14.24	14.24	14.24
代谢能(MJ/kg)	13.67	13.67	13.67	13.67	13.67	13.67
粗蛋白质(%)	12.9	12.8	12.4	12.0	12.1	12.4
消化能摄入量(MJ/天)	27.88	26.23	26.82	27.36	25.60	26.27
代谢能摄入量(MJ/天)	26.77	25.18	25.75	26.27	24.58	25.23
采食风干料量(kg/天)	1.96	1.84	1.88	1.92	1.80	1.85
以总氨基酸为基础(%)						
精氨酸	1.3	0.5	0.0	0.0	0.0	0.0
组氨酸	3.6	3.4	3.3	3.2	3.0	3.2
异亮氨酸	6.4	6.0	5.9	5.7	5.4	5.8
亮氨酸	9.9	9.0	8.6	8.2	7.7	8.3
赖氨酸	11.4	10.6	10.3	9.9	9.4	10.0
蛋氨酸+胱氨酸	7.3	7.0	6.9	6.8	6.5	6.9
苯丙氨酸+酪氨酸	10.6	9.9	9.6	9.4	8.9	9.5
苏氨酸	8.6	8.3	8.3	8.2	7.8	8.3
色氨酸	2.2	2.0	2.0	1.9	1.8	2.0
缬氨酸	7.6	7.0	6.8	6.6	6.2	6.7
以真回肠可消化氨基酸为基础(%)						
精氨酸	0.8	0.1	0.0	0.0	0.0	0.0
组氨酸	3.1	2.9	2.8	2.7	2.5	2.7
异亮氨酸	5.6	5.2	5.1	5.0	4.7	8.1
亮氨酸	9.4	8.7	8.3	7.9	7.4	8.1
赖氨酸	9.7	9.0	8.7	8.4	7.9	8.5
蛋氨酸+胱氨酸	6.4	6.1	6.1	6.0	5.7	6.1
苯丙氨酸+酪氨酸	9.5	8.9	8.6	8.4	7.9	8.5
苏氨酸	7.3	7.0	6.9	6.9	6.6	7.0
色氨酸	1.9	1.8	1.7	1.7	1.6	1.7
缬氨酸	6.6	6.1	5.9	5.7	5.4	5.8
以表观回肠可消化氨基酸为基础(%)						
精氨酸	0.6	0.0	0.0	0.0	0.0	0.0
组氨酸	2.9	2.7	2.6	2.5	2.4	2.6
异亮氨酸	5.1	4.8	4.7	4.5	4.3	4.6

续表 4-27

亮氨酸	9.2	8.4	8.1	7.7	7.3	7.9
赖氨酸	8.9	8.2	7.9	7.6	7.2	7.7
蛋氨酸＋胱氨酸	6.0	5.7	5.7	5.6	5.3	5.7
苯丙氨酸＋酪氨酸	8.8	8.2	8.0	7.7	7.3	7.9
苏氨酸	6.3	6.0	6.0	6.0	5.7	6.1
色氨酸	1.6	1.5	1.4	1.4	1.3	1.4
缬氨酸	6.0	5.6	5.4	5.2	4.9	5.3

表 4-28　泌乳母猪每千克饲粮总氨基酸与可消化氨基酸含量(NRC)

母猪产后体重(kg)	175	175	175	175	175	175
泌乳期体重变化(kg)	0	0	0	－10	－10	－10
仔猪日增重(g)	150	200	250	150	200	250
消化能(MJ/kg)	14.24	14.24	14.24	14.24	14.24	14.24
代谢能(MJ/kg)	13.67	13.67	13.67	13.67	13.67	13.67
粗蛋白质(%)	16.3	17.5	18.4	17.2	18.5	19.2
消化能摄入量(MJ/天)	61.23	76.22	91.13	50.74	65.65	80.55
代谢能摄入量(MJ/天)	58.57	73.16	87.48	48.71	63.03	77.33
采食风干料量(kg/天)	4.31	5.35	6.40	3.56	4.61	5.66
以总氨基酸为基础(%)						
精氨酸	0.40	0.48	0.54	0.39	0.49	0.55
组氨酸	0.32	0.36	0.38	0.34	0.38	0.40
异亮氨酸	0.45	0.50	0.53	0.50	0.54	0.57
亮氨酸	0.86	0.97	1.05	0.95	1.05	1.12
赖氨酸	0.82	0.91	0.97	0.89	0.97	1.03
蛋氨酸＋胱氨酸	0.40	0.44	0.46	0.44	0.47	0.49
苯丙氨酸＋酪氨酸	0.90	1.00	1.07	0.98	1.08	1.14
苏氨酸	0.54	0.58	0.61	0.58	0.63	0.65
色氨酸	0.15	0.16	0.17	0.17	0.18	0.19
缬氨酸	0.68	0.76	0.82	0.76	0.83	0.88
以真回肠可消化氨基酸为基础(%)						
精氨酸	0.36	0.44	0.49	0.35	0.44	0.50
组氨酸	0.28	0.32	0.34	0.30	0.34	0.36
异亮氨酸	0.40	0.44	0.47	0.44	0.48	0.50
亮氨酸	0.80	0.90	0.96	0.87	0.97	1.03

续表 4-28

赖氨酸	0.71	0.79	0.85	0.77	0.85	0.90
蛋氨酸+胱氨酸	0.35	0.39	0.41	0.39	0.42	0.43
苯丙氨酸+酪氨酸	0.80	0.89	0.95	0.88	0.97	1.02
苏氨酸	0.45	0.49	0.52	0.50	0.53	0.56
色氨酸	0.13	0.14	0.15	0.15	0.16	0.17
缬氨酸	0.60	0.67	0.72	0.66	0.73	0.77
以表观回肠可消化氨基酸为基础(%)						
精氨酸	0.34	0.41	0.46	0.33	0.41	0.47
组氨酸	0.27	0.30	0.32	0.29	0.32	0.34
异亮氨酸	0.37	0.41	0.44	0.41	0.44	0.47
亮氨酸	0.77	0.86	0.92	0.83	0.92	0.98
赖氨酸	0.66	0.73	0.79	0.72	0.79	0.84
蛋氨酸+胱氨酸	0.33	0.36	0.38	0.36	0.39	0.40
苯丙氨酸+酪氨酸	0.36	0.80	0.89	0.82	0.90	0.96
苏氨酸	0.40	0.43	0.46	0.44	0.47	0.49
色氨酸	0.11	0.12	0.13	0.13	0.14	0.14
缬氨酸	0.55	0.61	0.66	0.61	0.67	0.71

NRC 饲养标准说明：

①标准以玉米-豆粕型饲粮为基础(3～10 kg 猪除外)。

②3～20 kg 的赖氨基酸需要量是根据经验数据估测的，其它氨基酸是根据其与赖氨酸的比例估测的；20～120 kg 猪的氨基酸需要量是根据生长模型估测的。

③妊娠母猪消化能及饲料摄入量、氨基酸需要量根据妊娠模型估计。

④泌乳母猪消化能及饲料摄入量、氨基酸需要量根据泌乳模型估计，假定每窝 10 头仔猪，哺乳期为 21 天。

⑤假定代谢能为消化能的 94%～96%。

⑥换算关系 1 kcal=4.184 kJ；1 IU 维生素 A=0.344 μg 维生素 A 醋酸酯；1 IU 维生素 D_3=0.025 μg 胆钙化醇；1 IU 维生素 E=0.67 mg *D-α*-生育酚或 1 mg *DL-α*-生育酚醋酸酯。

第四节　饲料配合技术

一、概念

日粮是指猪一昼夜采食的饲料量。在饲养操作中，将相同生产阶段的大群猪，按日粮饲料的比例配制大量的混合料称饲粮。全价日粮是日粮中提供的养分，能满足猪对养分种类和数量的需要与平衡。

二、饲料配合原则

饲料配合须符合以下原则：

①选择合适的饲养标准，确定配合饲料的营养指标和含量。根据我国制定的猪用饲养标准或参照NRC标准与饲料营养成分及营养价值表，来配制营养全面的日粮。

②根据猪的特点，选用适宜的饲料品种，如仔猪应选用营养价值高、易消化的饲料品种。

③所配制的日粮，应做到饲料多样化，使各种营养物质能得到相互补充，从而提高日粮的营养价值。

④注意所选饲料的适口性和消化性，防止因饲料配合不当造成便秘、拉稀等。

⑤配制日粮时，除了满足各种营养物质外，还要注意饲料的干物质含量(风干料量)，使日粮保持一定的体积。使猪食后有饱感。

⑥在符合猪生理特点、满足猪营养要求的条件下，尽可能选择价格低的饲料作原料，以降低成本。

三、饲料配方设计要点

(一)根据不同的生理阶段设计配方

乳猪(3～5周以前)、仔猪(6～8周以前)和生长猪(20～50 kg

体重)配合饲料配方设计,重点考虑保证消化能、粗蛋白、赖氨酸和蛋氨酸的数量和质量。3～5周以前的小猪更应坚持高消化能、高蛋白质质量的配方设计原则。低于50 kg的猪,生产性能的80%～90%靠这些营养物质发挥作用。此外,尽可能考虑使用生长促进剂和与仔猪健康有关的保健剂,有利于最大限度提高乳、仔猪和生长猪生长速度和饲料利用效率。

肥育猪的饲料配方设计,首先考虑满足猪生长所需要的消化能,其次是满足粗蛋白质需要。微量营养物质和非营养性添加剂可酌情考虑。肥育最后阶段的饲料配方应考虑饲料对胴体质量的影响,保证适宜胴体质量具有重要商品价值,但需要选用符合安全肉猪生产有关规定的添加剂。

泌乳母猪饲料配方设计考虑的营养重点是消化能、蛋白质和氨基酸的平衡。泌乳高峰期更要保证这些营养物质的质量,否则会造成母猪动用体内储存营养物质维持泌乳,导致体况明显下降,严重影响下一周期的繁殖性能。泌乳母猪泌乳量大,采食量也大,微量营养素特别是微量元素供给不超过需要量。

妊娠母猪饲料配方可以参考肥育猪饲粮配方设计。微量营养素的考虑原则与泌乳母猪明显不同。应根据妊娠母猪的限制饲养程度,保证在有限的采食量中能供给充分满足需要的微量营养物质,特别要注意有效供给与繁殖有关的维生素A、维生素D、维生素E、生物素、叶酸、尼克酸、维生素B_6、胆碱及微量元素锌、碘、锰等。

(二)设计饲料配方的选料技术

制作配合饲料选用5～7种能量、蛋白质饲料较为适宜的饲料,至少不要少于3种饲料。由2～3种饲料配合成的饲料,较难提高氨基酸的需要量。

乳猪配合饲料:对饲料的选择很严格。应尽量按近似乳蛋白质和乳碳水化合物的质量选用饲料原料。首选奶产品,如脱脂奶粉、乳清粉等,糖类如葡萄糖、蔗糖等,其次选其他动物性饲料如鱼粉、肉粉、蚕蛹、喷雾血粉、水解蛋白等,再次选用常规植物性饲料,如玉米、豆粕、小麦、燕麦等。非常规饲料如菜粕、棉籽粕、统糠等一般不选用。选用非首选的原料，以经过适当的加工处理后再用为好。植物性蛋白质饲料经过热、压处理，如膨化挤压大豆，自然淀粉经过膨化处理或糊化处理如膨化玉米，或一些经过酶解、发酵处理的产品如水解蛋白等均可以视为是对小猪具有较高质量的饲料。也可以考虑使用外源性酶制剂如蛋白酶、糖化酶、纤维素酶等。维生素、微量元素、生长促进剂、保健剂必须选用。在首选饲料有限的情况下，适当选用具有乳香味的物质如乳猪香等，有利于促进小猪多采食。合理选用酸化剂如柠檬酸、醋酸、富马酸等，有利于提高小猪对饲料的消化利用率。

仔猪饲料配方用料，对常规饲料选用不受限制，动、植物性饲料均可选用。对非常规饲料，特别是粗纤维含量高或含有抗营养因子的饲料如棉籽粕、葵花籽粕、统糠等只能适当选用，消化率在80％以下（表 4-29）的饲料原料在配合饲料中的总量不宜超过10％。微量饲料成分选用参考乳猪饲料配方设计的选料原则。

表 4-29 生长肥育猪对不同饲料的消化率

消化率(％)	饲料成分			
大于 95	脱脂奶粉	乳清粉	蔗糖	
90～94	玉米	鱼粉	糖蜜	全脂奶粉
	木薯粉	碗豆	糖甜菜	甘薯(红苕干)
	马铃薯干			
85～89	豆粕	黑麦	小麦	高粱
	稻谷	花生粕		
80～84	鱼粉	小麦次粉	玉米(含芯)	大麦
	蚕豆(胡豆)	玉米蛋白粉		
75～79	肉粉	蚕蛹	亚麻籽粕	马铃薯粉渣
	甘薯粉渣			
70～74	燕麦	菜籽饼	米糠	麦麸
65～69	棉籽粕	玉米胚芽粕	玉米蛋白饲料	麦麸
55～64	苜蓿粉	三叶草粉	干甘薯茎叶粉	玉米青贮
小于 54	啤酒糟	酒糟	统糠	

生长猪饲料配方设计对原料的选择原则是,以植物性饲料为主,动物性饲料酌情选用。有条件的情况下,适当选用少量动物性饲料,有利于提高配方设计质量。低质饲料和非常规饲料,特别是消化率在70%以下的饲料原料,选用的比例不宜超过所用饲料总量的20～30%,见表4-29。微量饲料成分中,调味剂可选也可不选。

肥育猪饲料配方,可以全部选用植物性饲料。在不明显影响饲料能量浓度的情况下,非常规饲料如饼粕类和糠麸类等的使用比例可达50%左右。消化率在50%以下的饲料也可占到配方的10%以上。调味剂、微量元素添加剂可选可不选。抗生素在育肥期最后2～3周停止选用。

泌乳母猪饲料配方选用的原料应充分考虑泌乳高峰期泌乳能力大于母猪采食的特点,参照生长猪配合饲料选用原料比较适宜。这样有利于减少饲料容积,促进母猪有效摄入营养物质。

妊娠母猪饲料配方可以采取常规饲料原料和非常规饲料原料并重的方法,充分合理选用粗饲料,有利于自动限饲,防止母猪过量摄入营养物质,影响繁殖性能。对繁殖性能有直接影响的饲料如菜籽粕、棉籽粕等应尽量少用或不用。对繁殖性能有好处,含未知促生长因子丰富的饲料如苜蓿、发酵副产物等应尽可能多选用。

(三)配合饲料配方的用料技术

1. 能量、蛋白质饲料的利用技术　饲料配合中利用饲料原料的最基本技术是要把握好原料的适宜用量。同样的饲料原料可以配制出营养价值不同的配合饲料,其奥妙也主要在此。任何一种饲料原料,不是随便可以配制的。饲料原料在一定范围内具有线性相加效应。选用适宜的饲料原料、适宜的用量组合,配制的配合饲料饲养效果最好。不适宜饲料、不适宜用量组合或适宜饲料、不适宜用量组合都不能达到最好的饲养效果。表4-30列出了一些常用饲料在不同饲料配合中的适宜参考用量。

表 4-30 部分猪用饲料适宜使用范围 %

饲 料	妊娠料	产奶料	开口料	生长育肥料	浓缩料
动物脂(稳定化)			0～4		
大麦	0～80	0～80	0～25	0～85	
血粉(喷雾)	0～3	0～3	0～4	0～3	0～10
玉米	0～80	0～80	0～40	0～85	
棉籽饼	0～5	0～5		0～5	0～20
菜籽饼	0～5	0～5	0～5	0～5	0～5
鱼粉	0～5	0～5	0～5	0～12	0～40
亚麻籽饼	0～5	0～5	0～5	0～5	0～20
骨肉粉	0～10	0～5	0～5	0～5	0～30
高粱	0～80	0～80	0～30	0～85	
糖蜜	0～5	0～5	0～5	0～5	0～5
燕麦	0～40	0～15	0～15	0～20	
脱脂奶			0～20		
大豆饼	0～20	0～20	0～25	0～20	0～85
小麦	0～80	0～80	0～30	0～85	
麦麸	0～30	0～10	0～10	0～20	0～20
酵母	0～3	0～3	0～3	0～3	0～5
稻谷	0～50	0～50	0～20	0～50	
燕麦(脱壳)			0～20		

2. *矿物元素及维生素等饲料的利用技术* 常量矿物元素中，钙、磷、钠、氯的合理利用十分重要。磷是一个很难用好的元素。生产实践中进行饲料配合，按无机磷的适宜比例和用量考虑磷源的利用比较简单易行。只要无机磷源如磷酸氢钙等提供的磷不低于营养标准需要量的 63%，即可认为其配合的饲料磷含量满足了需要。若在饲料有效磷含量比较齐全的情况下，按有效磷的数据进行配制更为可靠。钠和氯常用食盐补充饲料配合中的不足部分。但是，食盐很难使配合饲料中的钠和氯按营养需要标准平衡，若在使用了氯化胆碱和盐酸赖氨酸的情况下，钠和氯更难平衡。因此，在配合饲料的计算过程中，以食盐满足氯需要，用 0.1%～0.5%的碳酸氢钠平衡配合饲料中的钠是一个平衡钠和氯的有效

方法，而且也在一定程度上保证了钠、氯、钾之间的平衡。

微量元素使用以不考虑有机饲料中含量(当成保险系数看待)，按营养需要标准额补充比较方便实用。在使用高铜作生长剂时，铁和锌的用量应不低于每千克配合饲料 150 mg 为宜，否则可能因铜、铁、锌不平衡引起铁、锌缺乏。肥育猪对高铜的促生长作用反应不明显，因此在肥育猪的饲料配合中以不使用高剂量铜为好。

维生素易受饲料加工、贮藏及微量元素的影响。复合多维仅按猪的正常需要量 0.02%补充到天然饲料中，较难保证其有效供给，特别是热、压、湿加工工艺如蒸汽制粒，正常损失也在 40%以上。因此，为这种工艺进行饲料配合，维生素用量至少应增加 50%。用于膨化制粒工艺，饲料配合的维生素用量应增加 1 倍以上。在经济成本允许的条件下，维生素按营养标准需要量 3 倍以上使用，可提高猪抵抗应激的能力。

四、配合饲料配方实例

(一)乳仔猪配合饲料配方

1. *代乳饲料配方* 代乳料是一种高度营养平衡，高度强化营养物质，饲料质量极高，通过科学加工生产而成的一种特殊全价配合饲料。部分典型配方见表 4-31。

表 4-31 代乳料配方实例 %

指 标	配方编号						
	1	2	3	4	5	6	7
玉米	36.94	36.18	39.20	38.10	31.60	38.93	32.33
高粱			8.20	7.08			
豆粕	27.00	6.93	8.43	6.87	13.28	18.92	10.72
大豆(膨化)		10.40	7.37	9.62	11.07		12.37
燕麦(炒)				11.08	11.88		
小麦(炒)		12.91		10.10			12.61

续表 4-31

指　标	配方编号						
	1	2	3	4	5	6	7
脱脂奶粉	11.74		9.48		11.07	18.10	11.55
乳清粉	8.23	16.13	18.96		15.45	12.74	11.59
鱼粉(CP 60%)		4.85	5.79	5.50	3.32	5.76	5.77
血粉(喷雾)		2.77		3.23			1.65
饲料酵母		2.08		2.06			
蔗糖	12.95	4.83	1.01	2.17	0.37	3.23	0.04
油脂		1.10	0.23	1.72	0.34	0.79	0.01
碳酸钙	0.41	0.53	0.38	0.64	0.49	0.35	0.47
磷酸氢钙	1.44	0.65	0.36	0.99	0.54	0.14	0.27
食盐	0.25	0.25	0.25	0.25	0.25	0.25	0.25
预混料①	0.30	0.30	0.30	0.30	0.30	0.30	0.30
复合多维②	0.03	0.03	0.03	0.03	0.03	0.03	0.03
赖氨酸	0.53	0.04		0.04		0.20	
蛋氨酸	0.17	0.01		0.01			0.03
生长促进剂③	0.01	0.01	0.01	0.01	0.01	0.01	0.01
营养指标							
消化能④	14.21	14.21	14.21	14.21	14.21	14.21	14.21
粗蛋白	20	20	20	20	22	23	24
钙	0.8	0.8	0.8	0.8	0.8	0.8	0.8
磷	0.65	0.65	0.65	0.65	0.65	0.65	0.65
赖氨酸	1.58	1.20	1.30	1.20	1.30	1.58	1.46
蛋氨酸	0.45	0.30	0.32	0.30	0.33	0.40	0.40
色氨酸	0.25	0.23	0.23	0.23	0.26	0.28	0.29

注:①预混料组成:硫酸亚铁 7.859 4%,硫酸锌 6.943 5%,硫酸铜 8.272 2%,硫酸锰 3.097 2%,碘化钾 0.004 5%,亚硒酸钠 0.011 7%,碳酸氢钠 3.811 5%。添加剂原料粉碎到 30 目细度,充分混合均匀。

②复合多维采用商品高浓度产品。

③生长促进剂可选用土霉素,喹乙醇或其它抗生素。

④消化能单位为 MJ/kg。

表 4-31 中各配方可以进一步用酶制剂、酸化剂、免疫制剂、香

味剂、抗氧化剂等提高饲料质量，提高营养物质利用效率。不同配方反映了不同的营养供给特点和不同的设计思路。

2. 仔猪配合饲料配方实例　小猪生长到6～8周龄阶段，体重接近10 kg，消化道发育逐渐成熟，初步有了消化自然饲料的能力，对自然淀粉的消化能力有了很大的提高。这一阶段小猪生长特别快。若饲料适宜，10～20 kg体重阶段，日增重可达到800 g左右。此阶段配合饲料质量越高，仔猪饲养的生产效率和经济效益越好。部分常用配方实例见表4-32（周安国等，1998）。

表4-32　仔猪饲料配方实例　%

指　标	配方编号					
	1	2	3	4	5	6
玉米	62.40	59.31	59.85	65.25	56.62	43.89
小麦（炒）						13.18
麦麸	6.54	10.23	10.97		6.84	
豆粕	16.21		19.57	9.35	16.13	11.68
大豆（膨化）	5.40	24.27		17.01		6.34
乳清粉				3.23	9.77	10.85
鱼粉（CP 60%）	1.89	4.04	4.66	2.55	6.15	6.34
蚕蛹	1.35					
菜籽粕	2.16					3.5
饲料酵母						1.81
油脂	1.44		2.70		2.65	1.25
碳酸钙	0.58	0.65	0.59	0.45	0.46	0.51
磷酸氢钙	1.30	0.91	0.89	1.34	0.54	0.21
食盐	0.10	0.20	0.30	0.30	0.30	0.20
预混料①	0.30	0.30	0.30	0.30	0.30	0.30
复合多维②	0.03	0.03	0.10	0.03	0.03	0.03
赖氨酸	0.08	0.02	0.02			
蛋氨酸	0.01	0.02	0.01	0.03		
生长促进剂③	0.01	0.01	0.01	0.01	0.01	0.01
碳酸氢钠	0.25				0.20	0.20
调味剂④	0.04	0.05		0.15		0.10

续表 4-32

指　标	配方编号					
	1	2	3	4	5	6
营养指标						
消化能⑤	14.21	14.21	14.21	14.21	14.21	14.21
粗蛋白	18	18	18	18	18	20
钙	0.7	0.7	0.7	0.7	0.7	0.7
磷	0.60	0.60	0.50	0.50	0.50	0.65
赖氨酸	0.95	0.95	0.95	0.95	0.95	1.08
蛋氨酸	0.25	0.25	0.25	0.25	0.25	0.29
色氨酸	0.20	0.19	0.22	0.19	0.21	0.24

注：①预混料组成：同表 4－31。

②复合多维采用商品高浓度产品。

③生长促进剂可选用土霉素、喹乙醇或杆菌肽锌，或按表 4-31 选用。

④调味剂选用乳香味型。

⑤消化能单位为 MJ/kg。

(二)生长育肥猪配合饲料配方

1. 生长猪饲料配方实例　20～60 kg 体重阶段的生长猪，生长过程中瘦肉与体脂肪沉积之比大于或等于 1。饲粮能量和蛋白质水平对生长猪有显著影响。利用营养平衡的全价配合饲料饲养生长猪，有利于节约饲料和降低养猪生产成本。部分实用饲粮配方列于表 4-33(周安国等，1998)。配方的明显特点是动物性饲料种类和用量明显减少，甚至可以不用。副产品饲料原料，特别是非常规副产品饲料原料的种类和用量增加。饲料成本大幅度降低。

表 4-33　生长猪饲料配方实例　%

指　标	配方编号					
	1	2	3	4	5	6
玉米	61.58	31.48	36.01	56.45	58.50	57.65
大麦		41.87				
高粱			30.75			

续表 4-33

指　标	配方编号					
	1	2	3	4	5	6
小麦	7.17	8.37				
稻谷				11.27		
细米糠				12.40	9.74	7.43
麦麸	10.25		13.25		13.31	13.2
豆粕	4.64	5.85	6.85	6.94	4.39	5.49
大豆(膨化)	5.41				4.83	4.94
棉籽粕			5.71			3.28
鱼粉(CP 60%)	3.09	3.30			2.63	
蚕蛹			4.77	4.63		
菜籽粕				5.78	3.35	4.40
油脂	1.79	1.56				
碳酸钙	0.73	0.58	0.87	0.97	1.05	1.06
磷酸氢钙	0.51	0.54	0.75	0.60	0.05	0.42
食盐	0.30	0.30	0.30	0.30	0.30	0.30
预混料①	0.30	0.30	0.30	0.30	0.30	0.30
复合多维②	0.03	0.03	0.03	0.03	0.03	0.03
赖氨酸	0.11	0.13	0.18	0.12	0.11	0.17
蛋氨酸	0.01		0.02			0.02
生长促进剂③	0.01	0.01	0.01	0.01	0.01	0.01
碳酸氢钠	0.20	0.20	0.20	0.20	0.20	0.20
营养指标						
消化能④	14.21	13.38	13.38	13.2	13.38	13.38
粗蛋白	15	15	15	15	15	15
钙	0.6	0.6	0.6	0.6	0.6	0.6
磷	0.5	0.5	0.5	0.5	0.5	0.5
赖氨酸	0.75	0.75	0.75	0.75	0.75	0.75
蛋氨酸	0.22	0.22	0.22	0.22	0.22	0.22
色氨酸	0.17	0.17	0.20	0.20	0.17	0.17

注:①预混料组成:同表 4-32。

②复合多维采用商品高浓度产品。

③生长促进剂可选用土霉素,喹乙醇或杆菌肽锌,或按表 4-32 所列选用。

④消化能单位为 MJ/kg。

2. 肥育猪饲料配方实例　肥育猪饲料配方设计的基本特点是不受饲料种类和来源的限制。配合饲料质量仅受能量浓度的限制。在饲料成本允许的情况下，增加高能饲料玉米、大豆、脂肪、糖蜜等用量均可显著提高饲料质量，提高饲养效果。表 4-34 列出了部分育肥猪饲料配方实例(周安国等，1998)。

表 4-34　育肥猪饲料配方实例　%

指　标	配方编号					
	1	2	3	4	5	6
玉米	73.31	57.41	36.30	57.68	70.91	74.75
大麦		20.13				
高粱			40.35			
小麦				8.5		
统糠					7.4	
细米糠	5.02	4.02		9.71		
麦麸	4.09		5.19	10.12	6.07	5.11
豆粕			5.25			
大豆(膨化)	2.92	5.82				6.72
棉籽粕	6.43	5.45	5.67			5.11
蚕蛹					3.03	
菜籽粕	5.85	4.77	4.72	11.24	9.86	4.21
油脂						1.63
碳酸钙	0.53	0.43	0.53	0.67	0.75	0.39
磷酸氢钙	0.86	1.02	0.96	1.03	0.98	1.13
食盐	0.30	0.30	0.30	0.30	0.30	0.30
预混料①	0.30	0.30	0.30	0.30	0.30	0.30
复合多维②	0.03	0.03	0.03	0.03	0.03	0.03
赖氨酸	0.16	0.12	0.19	0.21	0.17	0.12
蛋氨酸			0.01	0.01		
碳酸氢钠	0.20	0.20	0.20	0.20	0.20	0.20
营养指标						
消化能③	13.38	13.38	13.38	13.38	13.38	14.21
粗蛋白	13	13	13	13	13	13
钙	0.52	0.52	0.52	0.52	0.52	0.52

续表 4-34

指　标	配方编号					
	1	2	3	4	5	6
磷	0.5	0.5	0.5	0.5	0.5	0.5
赖氨酸	0.6	0.6	0.6	0.6	0.6	0.6
蛋氨酸	0.19	0.19	0.19	0.19	0.19	0.19
蛋氨酸＋胱氨酸	0.61	0.53	0.50	0.67	0.68	0.53
色氨酸	0.13	0.13	0.13	0.13	0.13	0.13

注：①预混料组成：硫酸亚铁 4.715 6%，硫酸锌 4.860 5%，硫酸铜 0.413 6%，硫酸锰 3.261 36%，碘化钾 0.005 3%，亚硒酸钠 0.013 4%，碳酸钙 16.378%。

②复合多维采用商品高浓度产品。

③消化能单位为 MJ/kg。

(三)种猪饲料配方

种猪(包括公猪和母猪)营养需要变化较大。按满足不同繁殖性能营养需要设计配方，配合日粮种类显得很复杂。以配方、配合饲料不变，用于不同繁殖性能只改变喂给量，便于养猪生产者管理、使用配合饲料。表 4-31 按妊娠和泌乳两个重要繁殖生理状态列出了部分配方实例。妊娠饲料配方也实用于种公猪。

1. *妊娠期和泌乳期饲料配方*　妊娠期营养、饲料质量对繁殖性能具有举足轻重的影响。维生素不足，容易产生死胎、胚胎吸收。矿物质元素不足容易使胚胎发育异常，例如母猪饲料缺碘，小猪出生时皮肤无毛。能量和蛋白质营养不适宜影响胎胚成活率。

2. *泌乳期饲料配方*　母猪泌乳期需要大量营养物质满足泌乳。在泌乳高峰期，母猪泌乳能力大于饲料摄入能力，体内营养物质呈负平衡，即从饲料中摄入体内的营养物质小于从奶中排出的营养物质，母猪体况迅速下降。配合高质量、高营养浓度饲养泌乳母猪是解决这一矛盾的最好办法，见表 4-35(周安国等，1998)。

表 4-35 种猪饲料配方实例 %

指 标	妊娠饲料配方			泌乳饲料配方		
	1	2	3	1	2	3
玉米	74.50	75.52	59.01	76.03	65.42	62.79
统糠			6.43		6.99	7.52
麦麸	8.13	10.54	12.18	3.79	9.41	10.2
鱼粉(CP 60%)	5.06	3.2.69	5.62	3.03	5.07	3.33
豆粕		4.22	6.56	6.06		
饲料酵母					4.34	
葵花籽粕						2.83
棉籽粕						5.10
苜蓿	4.34	3.26	8.43			
菜籽粕				3.93	7.24	5.67
大豆	5.79			4.92		
碳酸钙	0.34	0.02	0.12	0.24	0.20	0.42
磷酸氢钙	1.16	1.67	1.00	1.68	0.61	0.80
食盐	0.30	0.30	0.30	0.30	0.30	0.30
预混料①	0.30	0.30	0.30	0.30	0.30	0.30
复合多维②	0.04	0.04	0.04	0.04	0.04	0.04
赖氨酸	0.02			0.13	0.07	0.09
蛋氨酸	0.01			0.06		
抗生素③	0.01	0.01	0.01	0.01	0.01	0.01
营养指标						
消化能④	13.2	13.38	12.54	13.2	12.96	12.54
粗蛋白	13	12	14	14	14	14
钙	0.75	0.75	0.75	0.75	0.75	0.75
磷	0.60	0.60	0.60	0.60	0.60	0.60
赖氨酸	0.55	0.47	0.59	0.70	0.60	0.60
蛋氨酸	0.18	0.15	0.18	0.25	0.27	0.24
蛋氨酸+胱氨酸	0.55	0.54	0.55	0.61	0.72	0.67
色氨酸	0.14	0.13	0.16	0.15	0.16	0.15

注:①预混料组成:硫酸亚铁 5.230 5%,硫酸锌 3.236 42%,硫酸铜 0.330 6%,硫酸锰 0.874 8%,碘化钾 0.005 2%,亚硒酸钠 0.011 9%,碳酸钙 20.082 8%。

②复合多维采用商品高浓度产品。

③选用四环素族比较适宜,如土霉素、金霉素等。

④消化能单位为 MJ/kg。

五、猪常用饲料成分、营养价值及微量元素含量

猪常用饲料成分、营养价值及微量元素含量见表 4-36 和表 4-37。

表 4-36 猪的常用饲料成分及营养价值表(近似值)

序号	饲料名称	干物质(%)	总能(MJ/kg)	消化能(MJ/kg)	代谢能(MJ/kg)	粗蛋白质(%)	粗纤维(%)	钙(%)	磷(%)	植酸磷(%)	赖氨酸(%)	蛋氨酸+胱氨酸(%)	苏氨酸(%)	异亮氨酸(%)
	一、青绿饲料类													
1	白三叶	17.7	3.18	2.01	1.92	3.9	3.5	0.25	0.08	0	0.16	0.15	0.14	0.12
2	芭蕉秆	4.3	0.71	0.33	0.33	0.3	1.1	0.03	0.01	0	0.01	0.01	0.01	0.01
3	草木犀	16.4	2.89	1.42	1.43	3.8	4.2	0.22	0.06	0	0.17	0.08	0.14	0.03
4	大白菜	6.4	1.05	0.79	0.18	1.4	0.5	0.03	0.04	0	0.04	0.04	0.02	0.03
5	胡萝卜秧	20.0	3.35	1.67	1.59	3.0	3.6	0.40	0.08	0	0.14	0.08	0.10	0.12
6	甘蓝	12.3	1.84	1.26	1.21	2.3	1.7	0.26	0.04	0	0.09	0.07	0.08	0.08
7	甘薯藤	13.9	2.47	1.63	1.55	2.2	2.6	0.22	0.07	0	0.08	0.04	0.08	0.08
8	灰菜	18.3	2.97	1.67	1.59	4.1	2.9	0.34	0.07	0				
9	红三叶	12.4	12.13	1.38	1.34	2.3	3.0	0.25	0.04	0	0.08	0.05	0.07	0.06
10	聚合草	12.9	2.18	1.67	1.59	3.2	1.3	0.16	0.12	0	0.13	0.12	0.13	0.13
11	菊芋	20.0	3.31	2.18	2.09	2.3	5.5	0.03	0.01	0	0.06	0.05	0.04	0.04
12	苦荬菜	15.0	2.72	1.92	1.84	4.0	1.5	0.28	0.05	0	0.16	0.06	0.16	0.16
13	牛皮菜	9.7	1.38	0.88	0.84	2.3	1.2	0.14	0.04	0	0.04	0.06	0.03	0.04
14	绿萍	6.0	1.05	0.71	0.67	1.6	0.9	0.06	0.02	0	0.07	0.07	0.08	0.08
15	秣食豆草	19.3	3.51	2.56	2.13	4.8	3.8	0.38	0.05	0	0.19	0.11	0.15	0.17
16	苜蓿	29.2	5.10	2.85	2.72	5.3	10.7	0.49	0.09	0	0.20	0.08	0.21	0.17
17	千穗谷	15.0	2.51	1.51	1.46	2.0	5.0	0.22	0.03	0	0.07	0.05	0.06	0.06
18	苕子	15.6	2.93	1.72	1.63	4.2	4.1	0.12	0.0	0	0.21	0.13	0.16	0.16
19	水稗草	10.0	1.76	1.17	1.13	1.8	2.0	0.07	0.02	0				
20	水浮莲	4.1	0.63	0.50	0.50	0.9	0.7	0.03	0.01	0	0.04	0.03	0.03	0.03
21	水葫芦	5.1	0.79	0.59	0.54	0.9	1.2	0.04	0.02	0	0.04	0.04	0.04	0.04
22	水花生	10.0	1.59	1.17	1.13	1.3	2.2	0.04	0.03	0	0.07	0.03	0.05	0.05
23	甜菜叶	6.9	1.26	0.88	0.84	1.4	0.7	0.05	0.06	0	0.04	0.02	0.04	0.04
24	小白菜	7.9	1.42	0.92	0.88	1.6	1.7	0.04	0.06	0	0.08	0.03	0.06	0.05
25	蕹菜	9.1	1.51	0.84	0.79	1.9	1.5	0.10	0.04	0	0.09	0.06	0.08	0.07
26	紫云英	13.4		1.63	1.55	3.2	2.2	0.17	0.06	0	0.17	0.11	0.13	0.13
	二、树叶类													
27	槐叶粉	89.1	16.28	10.00	9.25	17.8	11.1	1.91	0.17	0	1.35	0.37	0.91	1.06
28	紫树叶槐叶粉	90.6	18.41	10.54	9.62	23.0	12.9	1.40	0.40	—	1.45	0.82	1.17	1.17
	三、青贮饲料类													
29	白菜青贮	10.9	1.59	1.26	1.21	2.0	2.3	0.29	0.07	0				
30	胡萝卜秧青贮	19.7	3.10	2.09	2.01	3.1	5.7	0.35	0.03	0				
31	甘薯藤青贮	18.3	2.93	2.05	1.97	1.7	4.5			0	0.05	0.05	0.05	0.05
32	甘蓝青贮	9.7	2.01	0.88	0.84	2.1	1.7	0.15	微	0				
33	马铃薯秧青贮	23.0	3.39	2.51	2.38	2.1	6.1	0.27	0.03	0	0.13	0.12	0.11	0.20

续表 4-36

序号	饲料名称	干物质（%）	总能（MJ/kg）	消化能（MJ/kg）	代谢能（MJ/kg）	粗蛋白质（%）	粗纤维（%）	钙（%）	磷（%）	植酸磷（%）	赖氨酸（%）	蛋氨酸＋胱氨酸（%）	苏氨酸（%）	异亮氨酸（%）
34	甜菜叶青贮	37.5	5.90	2.68	2.51	4.6	7.4			0				
35	玉米青贮	22.7	3.85	1.00	0.92	1.6	6.9	0.10	0.06	0	0.17	0.09	0.07	0.23
36	紫云英青贮	25.0	4.69	2.93	2.76	7.8	5.1			0				
	四、块根、块茎、瓜果类													
37	胡萝卜	10.0	1.76	1.34	1.30	0.9	0.9	0.03	0.01	—	0.04	0.06	0.05	0.05
38	甘薯	24.6	4.31	3.85	3.68	1.1	0.8	0.06	0.07	—	0.05	0.08	0.05	0.04
39	甘薯干	87.9	15.13	13.64	13.01	3.1	3.0	0.34	0.11	—	0.13	0.08	0.11	0.14
40	萝卜	8.2	1.21	1.05	1.00	0.6	0.8	0.05	0.03	—	0.02	0.02	0.02	0.01
41	马铃薯	20.7	3.64	3.26	3.22	1.5	0.6	0.02	0.04	—	0.07	0.06	0.06	0.05
42	木薯干	90.1	15.23	13.31	12.68	3.7	2.2	0.07	0.05	—	0.12	0.06	0.08	0.09
43	南瓜	10.0	1.80	1.30	1.26	1.7	0.9	0.02	0.01	—	0.07	0.08	0.06	0.06
44	甜菜	15.0	2.22	1.80	1.72	2.7	1.8	0.04	0.02	—	0.02	0.05	0.03	0.02
45	芜菁甘蓝	11.5	1.72	1.55	1.46	1.6	1.0	0.06	0.05	—	0.05	0.03	0.04	0.04
46	西瓜皮	6.6	1.05	0.59	0.54	0.6	1.3	0.02	0.02	—	0.01	0.01	0.01	0.01
47	西葫芦	3.0	0.46	0.29	0.29	0.6	0.5	0.02	0.05	—	0.02	0.02	0.02	0.06
	五、青干草类													
48	青干草粉	90.6	15.73	2.47	2.34	8.9	33.7	0.54	0.25	0	0.31	0.21	0.32	0.30
49	秋白草粉	85.2	14.35	3.93	3.72	6.8	27.5	0.21	0.16	0	0.29	0.36	0.22	0.26
50	苜蓿干草(日晒)	89.6	16.10	6.57	6.11	15.7	23.9	1.25	0.23	0	0.61	0.26	0.64	0.52
51	苜蓿干草(人工)	91.0	15.06	7.36	6.82	18.0	21.5	1.33	0.29	0	0.65	0.42	0.55	0.58
52	秣食豆秧	89.0	15.40	5.27	4.85	18.2	31.4	1.70	0.37	0	0.70	0.43	0.55	0.64
53	紫云英草粉	88.0	16.53	6.86	6.28	22.3	19.5	1.42	0.43	0	0.85	0.34	0.83	0.81
	六、农副产品类													
54	大豆秸粉	93.2	15.86	0.71	0.67	8.9	39.8	0.87	0.05	0	0.27	0.14	0.20	0.18
55	谷糠	91.1	13.22	4.69	6.53	8.6	28.1	0.17	0.47	—	0.21	0.25	0.21	0.24
56	花生藤	90.0	15.56	6.90	6.44	12.2	21.8	2.80	0.10	0	0.40	0.27	0.32	0.37
57	玉米秸粉	88.8	14.52	2.30	2.18	3.3	33.4	0.67	0.23	0	0.05	0.07	0.10	0.05
	七、谷实类													
58	大麦	88.0	16.11	12.18	11.42	10.5	6.5	0.08	0.30	0.15	0.40	0.45	0.38	0.37
59	稻谷	88.6	15.48	11.59	10.96	6.8	8.2	0.03	0.27	0.14	0.27	0.30	0.25	0.25
60	高粱	87.0	16.19	14.10	13.31	8.5	1.5	0.09	0.36	0.21	0.24	0.21	0.32	0.35
61	裸大麦	87.4	16.15	13.85	13.01	10.7	2.2	0.07	0.32	0.18				
62	荞麦	87.9	15.48	11.09	10.38	12.5	12.3	0.13	0.29	0.14	0.67	0.65	0.44	0.42
63	碎米	87.6	15.48	14.68	13.89	6.9	0.9	0.14	0.25	0.06	0.24	0.36	0.24	0.25
64	小麦	86.1	15.73	13.60	12.76	11.1	2.2	0.05	0.32	0.18	0.35	0.56	0.33	0.40
65	小米	87.7	16.61	12.48	12.01	12.0	7.6	0.04	0.27	0.14	0.48	0.37	0.39	0.41
66	燕麦	89.6	17.03	12.01	11.30	9.9	9.7	0.15	0.23	0.23	0.58	0.12	0.28	0.28
67	玉米(北京)	88.0	16.61	14.35	13.51	8.5	1.3	0.02	0.21	0.16	0.26	0.48	0.31	0.25
68	玉米(黑龙江)	88.3	16.69	14.06	13.26	7.8	2.1	0.03	0.28	0.16	0.25	0.42	0.28	0.25
	八、糠麸类													
69	大麦麸	87.0	16.23	12.38	11.51	15.4	5.1	0.33	0.48	0.46	0.32	0.33	0.27	0.36
70	大麦糠	88.2	16.40	10.21	9.54	12.8	11.2	0.33	0.48	0.46	0.32	0.33	0.27	0.36

续表 4-36

序号	饲料名称	干物质 (%)	总能 (MJ/kg)	消化能 (MJ/kg)	代谢能 (MJ/kg)	粗蛋白质 (%)	粗纤维 (%)	钙 (%)	磷 (%)	植酸磷 (%)	赖氨酸 (%)	蛋氨酸+胱氨酸 (%)	苏氨酸 (%)	异亮氨酸 (%)
71	高粱糠	88.4	16.74	12.09	11.34	10.3	6.9	0.30	0.44	—	0.38	0.39	0.34	0.42
72	米糠	86.7	17.70	11.34	10.63	11.6	6.4	0.06	1.58	1.33				
73	统糠(三七)	90.0	14.27	3.18	3.01	5.4	31.7	0.36	0.43	0.97	0.21	0.30	0.19	0.12
74	统糠(二八)	90.6	13.72	2.09	2.01	4.4	34.7	0.39	0.32	0.84	0.18	0.26	0.16	0.11
75	小麦麸	87.9	16.28	10.59	9.87	13.5	10.4	0.22	1.09	0.66	0.67	0.74	0.54	0.49
76	细米糠	89.9	18.20	15.69	14.60	14.8	9.5	0.09	1.74	—	0.57	0.67	0.47	0.43
77	细麦麸	88.1	16.48	13.22	12.30	14.3	4.6	0.09	0.50	—	0.50	0.35	0.42	0.44
78	玉米糠	87.5	16.23	10.92	10.63	9.9	9.5	0.08	0.48	—	0.49	0.27	0.41	0.41
79	三等面	87.7	16.19	14.10	12.97	11.0	0.8	0.12	0.13	—	0.42	0.67	0.36	0.37
	九、豆类													
80	蚕豆	87.3	17.11	12.89	11.72	33.2	5.9	0.09	0.38	0.19	1.82	0.79	1.00	1.13
81	大豆	88.8	20.67	13.47	11.92	37.1	4.9	0.25	0.55	0.20	2.51	0.92	1.48	2.03
82	黑豆	91.0	21.00	13.72	12.13	37.0	5.7	0.27	0.52	0.17	1.60	0.56	0.89	1.39
83	豌豆	87.3	16.48	12.97	11.88	22.2	5.6	0.14	0.34	0.08	1.88	0.42	0.99	0.87
84	小豆	88.0	16.28	13.35	12.26	20.7	4.9	0.07	0.31	—	1.60	0.24	0.87	0.80
	十、油饼类													
85	菜籽饼	91.2	17.49	11.59	10.25	37.4	11.7	0.61	0.95	0.57	1.18	2.18	1.42	1.28
86	豆饼	88.2	18.54	13.56	10.42	41.6	4.5	0.32	0.50	0.23	2.49	1.23	1.71	1.87
87	苦麻饼	90.5	17.15	10.92	9.79	31.1	13.5	0.45	0.54	0.53	0.77	0.50	0.85	0.72
88	花生饼	89.6	18.79	14.06	12.26	43.8	3.7	0.33	0.58	0.20	1.17	1.75	1.02	1.22
89	糠饼	91.5	17.07	10.75	10.04	13.6	11.6	0.07	1.87	1.55	0.54	0.92	0.63	0.56
90	葵籽饼	90.3	19.66	10.88	9.67	35.7	13.5	0.40	0.50	—	1.59	1.98	1.34	1.94
91	葵籽饼(带壳)	89.0	16.44	7.61	6.92	31.5	22.6	0.40	0.40	—	0.58	0.66	0.73	0.59
92	棉籽饼	92.3	17.82	11.55	10.33	32.3	12.5	0.36	0.81	0.63	1.15	1.09	1.05	0.77
93	椰子饼	91.2	17.15	11.21	10.21	24.7	12.9	0.04	0.06	—	0.54	0.53	0.60	1.00
94	亚麻籽饼	91.1	18.37	12.59	11.17	35.9	8.9	0.39	0.87	—	0.90	0.54	1.20	1.02
95	亚米胚芽饼	91.8	16.69	13.47	12.47	16.8	5.5	0.04	1.48	—	0.67	0.80	0.60	0.49
96	芝麻饼	91.7	20.63	14.01	12.47	35.4	4.9	1.49	1.16	0.88	0.76	1.69	1.46	1.39
97	豆粕	89.6	16.78	13.10	11.34	45.6	5.9	0.26	0.57	0.23	2.90	1.32	1.70	2.50
	十一、糟渣类													
98	醋糟	35.2	6.99	4.73	4.48	8.5	3.0	0.73	0.28	0.06	0.27	0.55	0.29	0.27
99	豆腐渣	15.0	3.22	1.38	1.30	3.9	2.8	0.02	0.04	—	0.26	0.12	0.46	0.20
100	粉渣(豆类)	14.0	2.55	1.21	1.17	2.1	2.8	0.06	0.03	—				
101	粉渣(薯类)	11.8	2.30	1.26	1.21	2.0	1.8	0.08	0.04	—	0.14	0.12	0.10	0.10
102	酒糟	32.5	6.23	3.39	3.22	7.5	5.7	0.19	0.20	—	0.33	0.80	0.45	0.51
103	啤酒糟	13.6	2.59	1.38	1.30	3.6	2.3	0.06	0.08	—	0.14	0.19	0.14	0.16
104	甜菜渣	15.2	2.26	1.42	1.38	1.3	2.8	0.11	0.02	—	0.34	0.18	0.47	0.39
105	酱渣	35.0	5.90	3.81	3.56	11.4	3.3	0.07	0.03	—	0.53	1.41	0.67	1.07
	十二、动物性饲料													
106	牛乳	12.2	3.26	3.05	2.93	2.9	0	0.22	0.09	0	0.24	0.13	0.14	0.15
107	蚕蛹渣	90.5	19.96	12.72	10.42	69.7	0	0.30	0.77	0	3.61	3.63	2.38	2.35
108	鱼粉(秘鲁)	92.0	18.79	12.43	10.29	65.1	0	5.11	2.88	0	5.10	2.20	2.80	2.77

续表 4-36

序号	饲料名称	干物质(%)	总能(MJ/kg)	消化能(MJ/kg)	代谢能(MJ/kg)	粗蛋白质(%)	粗纤维(%)	钙(%)	磷(%)	植酸磷(%)	赖氨酸(%)	蛋氨酸+胱氨酸(%)	苏氨酸(%)	异亮氨酸(%)
109	全脂奶粉	90.0	24.06	22.51	20.63	21.4	0	1.62	0.66	0	2.40	1.08	1.60	2.70
110	肉骨粉(50%)	92.4	18.20	12.01	10.42	45.0	0	11.0	5.90	0	2.49	1.02	1.63	1.32
111	肉粉(55%)	92.0	19.00	12.55	10.67	54.4	—	8.27	4.10	0	3.00	1.43	1.80	1.90
112	脱脂奶粉	92.0	17.99	13.77	12.34	30.9	—	1.50	0.94	0	2.60	1.40	1.75	2.10
113	血粉	89.3	20.08	10.92	8.74	78.0	—	0.30	0.23	0	7.04	2.47	3.03	0.71
114	酵母	91.7	18.12	12.22	10.59	47.1	—	0.45	1.48	0	2.57	0.27	2.18	2.19
115	鱼粉	91.3	17.28	11.42	9.75	53.6	—	3.10	1.17	0	3.90	1.62	2.19	2.25
十三、矿物质饲料														
116	贝壳粉	—	—	—	—	—	—	32.6		—	—	—	—	—
117	蚕壳粉	—	—	—	—	—	—	37.0	0.15	—	—	—	—	—
118	骨粉	—	—	—	—	—	—	30.12	13.46	—	—	—	—	—
119	磷酸氢钙	—	—	—	—	—	—	23.10	18.70	—	—	—	—	—
120	磷酸钙	—	—	—	—	—	—	27.91	14.38	—	—	—	—	—
121	石粉	—	—	—	—	—	—	35.00	0	—	—	—	—	—
122	碳酸钙	—	—	—	—	—	—	40.00	0	—	—	—	—	—

表 4-37 常用饲料中微量元素含量(近似值)[风干物中(mg/kg)]

饲料名称	铜	铁	锰	锌	钴	硒
玉米	1.9	39.0	7.1	30.0	1.3	0.01～0.05
大麦	6.4	18.0	1.8	42.0	3.2	0.02～0.05
小麦	9.9	120.0	35.0	59.0	7.8	0.03～0.08
高粱	3.3	217.0	21.0	25.0	0.7	0.01～0.09
稻谷	3.3	40.0	18.0	17.0	4.0	0.03～0.09
稗子	23.8	460.0	12.0	47.0	6.5	—
燕麦	2.0	490.0	33.0	15.0	—	—
碎米	2.9	10.0	11.0	2.0	—	—
荞麦	17.0	530.0	24.0	15.0	—	—
麸皮	13.7	181.0	1.9	79.0	6.5	0.01～0.04
米糠	7.2	245.0	72.0	33.0	8.6	0.01～0.04
高粱糠	9.5	404.0	43.0	71.0	7.3	—
大豆	9.0	90.0	25.0	39.0	0.1	0.02～0.03
蚕豆	8.3	80.0	54.0	55.0	0.3	0.02～0.03
豌豆	10.0	100.0	12.0	50.0	0.1	0.02～0.06
黑豆	110.0	500.0	35.0	100.0	—	—
黑豆饼	10.0	140.0	49.0	51.0	—	—

续表 4-37

饲料名称	铜	铁	锰	锌	钴	硒
豆饼	16.1	190.0	60.0	57.0	—	0.02～0.06
棉籽饼	17.8	100.0	22.0	57.0	1.9	0.02～0.06
菜籽饼	11.4	200.0	60.0	81.0	—	0.02～0.07
花生饼	17.5	200.0	470.0	79.0	0.2	0.04
葵花籽饼	48.0	229.0	46.0	80.0	—	0.01～0.02
米糠饼	13.0	190.0	138.0	30.0	—	0.01～0.03
亚麻饼	27.0	320.0	36.0	16.0	—	0.25
芝麻饼	69.0	1 600.0	78.0	154.0	—	—
甘薯粉	5.0	100.0	7.0	15.0	—	—
马铃薯	11.0	250.0	10.0	19.0	—	—
甘薯(干)	4.1	100.0	12.0	7.0	—	<0.01
饲用甜菜	26.0	560.0	64.0	46.0	—	—
苜蓿(头茬)	22.0	550.0	24.0	26.0	—	—
苜蓿(二茬)	39.0	510.0	27.0	38.0	—	—
聚合草(风干)	55.0	1 400.0	83.0	53.0	—	—
白三叶	20.0	2 500.0	95.0	36.0	—	—
红三叶	24.0	2 900.0	127.0	21.0	—	0.29
豆腐渣	13.0	550.0	20.0	380.0	—	0.26
粉渣	5.0	750.0	32.0	100.0	—	0.19
酒渣	11.0	1 300.0	75.0	59.0	—	0.39
啤酒渣	38.0	450.0	33.0	186.0	—	0.16
甜菜渣	12.0	130.0	33.0	25.0	—	0.16
灰菜	12.0	1 611.0	55.0	46.0	45.0	—
甘薯藤	24.0	1 792.0	54.0	39.0	29.0	—
千穗谷	8.0	576.0	93.0	157.0	40.0	—
秣食豆	17.0	437.0	42.0	39.0	4.0	—
草木犀	10.0	367.0	36.0	8.0	26.0	—
槐叶粉	21.0	1 200.0	42.0	25.0	—	0.08
紫穗槐粉	15.0	290.0	75.0	21.0	—	0.42
甘蓝	1.3	10.0	2.9	—	—	—
甜菜茎叶	10.0	400.0	113.0	26.0	—	0.30
胡萝卜	7.0	100.0	40.0	33.0	—	—
萝卜	10.0	9.0	13.0	32.0	—	—

续表 4-37

饲料名称	铜	铁	锰	锌	钴	硒
南瓜	7.0	9.0	9.0	18.0	0.13	0.04
水稗草	20.0	885.0	225.0	36.0	13.0	—
玉米青贮	9.0	2 927.0	95.0	47.0	13.0	—
大豆秸	12.0	168.0	19.0	12.0	2.0	—
玉米秆	14.0	881.0	49.0	28.0	3.0	—
小米	14.0	189.0	13.0	36.0	4.0	—
玉米糠	13.0	460.0	37.0	46.0	6.0	—
牛奶	1.0	10.0	—	60.0	—	—
血粉	23～41	400～3 000	13.0～100.0	78.0	—	0.90
血粉	31.0	2 600.0	9.0	24.0	—	—
酵母	8.0	574.0	45.0	210.0	32.0	—
蚕蛹	19.0	621.0	8.0	190.0	7.0	—
贝粉	82.0	5 122.0	1 021.0	68.0	17.0	—
骨粉	10.0	2 344.0	50.0	498.0	2 840.0	—
蛋壳粉	19.0	170.0	4.0	17.0	—	—
石灰粉	12.0	243.0	134.0	304.0	70.0	—

第五节　饲料加工与质量检测

一、饲料加工

饲料加工可以改变其物理形态、化学结构、营养组成等，提高饲料的饲喂效果，是养猪生产的一个重要环节，一般包括洗净、切短、打浆、粉碎、烫煮、焙炒、膨化、制粒等物理加工；碱化、糖化等化学加工；青贮、发酵等生物加工。在此仅简要介绍粉碎和混合。

（一）粉碎

粉碎是通过轧碎、切割、冲击等方法，降低饲料原料的粒度的方法。常用的粉碎设备，主要是锤片式粉碎机和辊式粉碎机。两者相比，锤片式粉碎机应用更加普遍，其优点是操作简单，适宜脆性或纤维物料，初始成本低，维护成本低。缺点是动力消耗大，噪声大，粉尘多，粒度变动大。猪饲料的粉碎粒度一般要求为0.5～0.8 mm，过粗降低饲料利用率和猪的生产性能，过细降低生产率，增加能耗，使猪易患胃肠疾病。

(二)混合

饲料混合是饲料制造工艺中最关键的环节之一，其目的是生产出营养物质均匀分布的混合饲料。规模猪场常用的混合机主要有分批立式混合机和分批卧式混合机。立式混合机造价低，安装占地面积小，但残留多，每批饲料混合时间长(一般15～20分钟)；卧式混合机时间短(3～6分钟)，混合均匀度高，可以添加较多的液体饲料，但占地面积大，配套功率大。实际中通过测定外加指示剂在饲料中的分布情况，用变异系数来反应饲料混合均匀度，一般生产配合饲料和预混料时，要求搅拌的混合均匀度的变异系数分别为≤10%和≤5%。

二、饲料质量检测

配合饲料的质量不仅影响猪的生产性能，而且有可能影响到人的健康。因此，实际中一定应注意饲料质量检测工作。

(一)检测项目

检测项目包括原料的检测和饲料成品的检测。

饲料原料的检测项目主要有色泽、气味、水分、发热、虫蛀、杂质、粗细度、霉变等，并作出质量判断。实验室检测分析水分、粗蛋白质、粗纤维、钙、磷，饼粕类除检测粗蛋白质外还应检测脲酶活性，骨粉、磷酸氢钙应检测钙、磷和氟，石粉、贝壳粉检测钙含量，矿物元素分析其含量。

(二)检测方法

检测方法主要包括一般感官鉴定、物理鉴定和实验室化学鉴定。

1. 一般感官鉴定

(1)视觉　观察饲料的性状、色泽、有无霉变、结块、虫子、异物、夹杂物等。

(2)嗅觉　通过嗅觉鉴别有无霉臭、腐臭、氨臭、焦臭等异味。

(3)触觉　取在手上，指头捻动感觉粒度大小、硬度、黏稠度、有无夹杂物或水分多少等。

2. 物理鉴定　一般借助于物理器械鉴定饲料中的异物或杂质。

(1)筛分法　根据原料的不同，采用不同孔径的筛子，测定混入的异物或大致粒度。采用 USA 系列筛可以准确测定饲料粒度。

(2)容重称量法　谷类及其它浓厚饲料都有固有的比重。测定饲料的容重，与标准容重比较，即可测出饲料中是否混有杂质或饲料的质量状况如何。

(3)比重法　将饲料倒入各种比重液中，查看样品的沉浮，以判别有无沙土、稻壳、花生皮、锯末等。

(4)镜检法　用放大镜或解剖显微镜将试样放大 10～50 倍观察，或加入透明剂或药物处理更易观察。

3. 化学鉴定　饲料中的水分、粗蛋白质、粗纤维、钙、磷、铁、铜、锌、锰、脲酶活性、黄曲霉毒素等测定方法可参照国家标准执行。

第五章 猪的繁殖技术

第一节 猪生殖系统解剖构造

一、公猪的生殖器官

公猪的生殖器官由睾丸、附睾、输精管、副性腺、尿生殖道、阴茎和包皮组成。

(一)睾丸

睾丸是公猪的主要生殖器官,左、右各一个,居于阴囊腔内。睾丸的功能是产生精子和分泌雄激素。

睾丸表面被以浆膜(即固有鞘膜),其下为致密结缔组织构成的白膜,白膜向睾丸内部延伸,形成许多小隔,将睾丸实质分成许多锥体形的小叶,每个小叶由2～3条盘曲的精细管组成。曲精细管是产生精子的场所。在小叶内,曲精细管之间有疏松结缔组织,内含血管、淋巴管、神经和分散的间质细胞。间质细胞能分泌雄性激素,各小叶中间的曲精细管向睾丸中央延伸,汇合成许多直精细管。直精细管是精子通过的通道。各直精细管汇合于睾丸纵隔,形成睾丸网,由此再组成8～10条睾丸输出管,延伸至附睾头部。

(二)附睾

附睾包裹在固有鞘膜内,它附着于睾丸的附着缘,附睾分为头、体、尾三部分,其头部有若干条小管与附睾相通,尾部末端与输精管相连。附睾的功能在于它是精子最后成熟和贮存的地方。精子生成时，不具受精能力或受精能力很低，它在通过附睾的过程中而成熟，并贮存在附睾之中。公猪附睾内贮存的精子数为 2 000 亿之多，而其中的 70%贮存在附睾尾。精子在附睾内能成活 4～5 周，甚至长达 60 天仍具有受精能力。但如贮存过久活力降低，畸形及死亡精子数增加，最后死亡被吸收。

(三)输精管

附睾管在附睾尾端延续为输精管，位于睾丸系膜内侧的输精管褶中，与血管、淋巴管、神经、提睾内肌等包于睾丸系膜内组成精索，输精管开口于尿道上壁的精阜上，它是精子由附睾排出的通道。输精管有分泌物，是组成精清的一部分。输精管的肌肉层较厚，交配时输精管壁肌肉收缩，将贮存在附睾中的精子排入生殖道射出体外。

(四)副性腺

公猪副性腺包括：精囊腺、前列腺和尿道球腺。副性腺的分泌物是构成精清的主要部分，它的主要作用是稀释精子而形成精液，有利于精子的运行。同时，精清还有激发精子活力，供给精子营养，冲洗尿道，缓冲不良环境对精子的危害，形成阴道栓，防止精液倒流等作用。猪的射精量大，这与猪的副性腺发达有关。

(五)尿生殖道

尿生殖道是公猪骨盆内与尿道合并的一条生殖管道，它具有排精和排尿的双重功能。射精时，从输精管送来的精在尿道骨盆部与副性腺分泌物相混合。在膀胱颈的后方有一个大的隆起，即精阜，在射精时精阜中可以关闭膀胱颈，从而阻止精液流入膀胱。

(六)阴茎和包皮

阴茎是公猪交配和排尿的器官，猪阴茎较细，在阴囊之前形成“S”状弯曲。阴茎分为后端的阴茎根和前端的阴茎头(即龟头)。包皮是由皮肤凹陷而发育成的阴茎套，阴茎位于其腔内。

二、母猪的生殖器官

母猪的生殖器官由卵巢、输卵管、子宫、阴道和外生殖器官组成。

(一)卵巢

卵巢是母猪的生殖腺,位于骨盆腔入口两侧的下部,经产母猪随胎次的增多,卵巢位置逐渐向前下方移动,幼年母猪初情期开始后,在发情周期的不同时期,卵巢上有大小不等的卵泡、红体或黄体突出于表面,凹凸不平,形似葡萄状。

卵巢组织分为皮质部和髓质部,两者的基质都是结缔组织。皮质部含有发育程度不同的各期卵泡,红体或黄体。髓质为卵巢的内部,其中含有许多动、静脉血管以及淋巴管和神经。

卵巢功能是产生卵子、分泌雌性激素及孕激素。卵巢皮质部分所含卵泡发育成熟后,卵泡破裂,排出卵子。排卵后的卵泡腔内形成红体,当母猪妊娠后,红体发育成黄体。黄体能分泌孕酮,它有维持妊娠之功效。卵巢组织还能分泌雌性激素,它是促使母猪生殖器官正常生殖机能,导致母猪发育的主要激素。

(二)输卵管

母猪输卵管细长而弯曲,左右各一条。它是连接卵巢和子宫的管道。输卵管靠近卵巢端形成不规则的漏斗状,称为输卵管伞。发情时输卵管伞形成卵巢囊,覆盖于整个卵巢上,以便接纳卵子,输卵管前 1/3 处比较粗,称为输卵管壶腹,卵子在这里与精子相遇,实现受精,输卵管的其余部分较细小,称为峡部,峡部与腹部连接处,称壶峡连接部。而峡部的后端则与子宫角尖端相连接。输卵管是卵子进入子宫角的通道,它上面的纤毛朝着子宫角方向摆动,以利卵子从输卵管内通过,下行至子宫角。

(三)子宫

子宫分为子宫角、子宫体和子宫颈三部分。子宫角前与输卵管相连,后与子宫体相通。猪为双角子宫,左右分开,每侧子宫角均有大小两个弯,大弯游离,小弯附着子宫阔韧带,将子宫悬吊于腹腔内骨盆腔入口处,直肠的下方。子宫角长 1～1.5 m,形成很多弯曲,官壁较厚,两角基部之间纵隔不甚明显。子宫角是胎儿发育的地方,子宫内膜的分泌物和渗出物可以为精子获能提供环境,并为早期胚胎提供营养,子宫内膜形成母体胎盘,与胎儿胎盘结合成为胎儿与母体交换营养和排泄物器官。

两子宫角基部汇合于子宫体,猪的子宫体短,与子宫颈相连。子宫颈中部较大,两端较小,后端逐渐过渡为阴道,无明显的阴道部。子宫颈是子宫的门户,在不同生殖状态下,相机启闭。在发情期,子宫颈紧闭,可防止异物进入子宫;发情时子宫颈张开,以利精子进入,同时子宫颈分泌黏液,润滑阴道。妊娠时子宫颈分泌黏液,形成子宫颈塞,阻塞子宫颈口,防止感染物进入子宫,临产时子宫颈扩张,以利胎儿娩出。

(四)阴道和外生殖器官

阴道是交配、排尿器官,亦是胎儿娩出的通道。猪的阴道长 10～15 cm,它的上方为直肠,下面是膀胱及尿道。在休情期阴道干燥,母猪发情时,阴道内壁充血增厚,并有许多黏液泌出,有利于交配。

母猪的外生殖器官还有尿生殖前庭、阴唇和阴蒂等。

第二节　母猪的发情

一、发情周期和发情持续期

母猪发育到初情期后,生殖器官和整个有机体便发生一系列周期性变化。除妊娠期外,这种变化是周而复始,直至性机能停止活动的年龄为止。通常将从上一次发情的开始至下次发情开始之间的时间间隔,作为一个发情周期,猪的发情周期为 17～27 天,平均21天。

一般而言，经产母猪发情周期较长，初产或产次较少的母猪发情期较短。一个发情周期又分为发情持续期和休情期2个阶段。

发情持续期：指从发情开始至发情结束所持续的时间，猪的发情持续期为2～3天。发情持续期的长短，与年龄有关，青年母猪一般为2天，壮龄母猪为3天，老龄母猪为4天。在发情持续期内母猪表现出各种发情征状，其精神、食欲、行为和外生殖器官均出现变化，这些变化表现出由浅到深后才由深到浅直至消退的过程。在实践中可以根据这些变化判断母猪的发情及发情的阶段和配种适期。

休情期：指本次发情结束至下次发情开始之间的一段时间。在休情期内母猪发情征状完全消失，恢复到正常状态。

二、发情征状

母猪发情在精神、行为、食欲以及外生殖器官等方面表现出一系列的变化。

发情开始时，由于生殖激素的作用，母猪表现精神兴奋，不安，在圈内来回行走，爬圈，主动寻找公猪，但此时母猪不接受交配。阴门开始红肿，由于个体间差异，红肿程度有异，少数个体不显红肿。阴户流出分泌物较少，且稀薄。

继后，阴户皱褶消失，肿胀呈核桃形，颜色由潮红变暗红；流出的黏液量增加，黏液变稠，阴户粘草，食欲明显下降，有些个体完全不食。精神极度不安，常起卧、鸣叫、拱地、咬门，排尿频繁。此期出现“静立反射”，即用手压背部，其两耳竖起，神情安静，呆立不动。表现出接受交配之状，此时是母猪发情的高峰期亦是配种适期。

此后，发情进入后期阶段，阴户红肿逐渐消退，黏膜颜色由红变淡。阴户出现皱折，分泌物减少。母猪精神逐渐恢复到平静，拒绝公猪爬跨，食欲逐渐恢复到正常。

少数母猪在发情时，并不全部表现上述征状，或仅比平常有一些细微变化，也有的个体表现为发情持续期特别长。这些状况在引入的培育品种和杂交母猪中表现极多，尤其是洋杂种母猪的征状更不明显。

三、发情鉴定

母猪发情一般有较明显的发情征状表现，可以直接根据这些征状进行发情鉴定。但是，发情鉴定的目的在于预测母猪的排卵时间，以便较准确地确定配种的时间。发情前、中、后期的主要特征可参见表 5-1。

表 5-1　母猪发情期主要征状变化

发情征状	前　期	中　期	后　期
行为变化	出现兴奋不安，喜接近公猪，但不接受交配	极度不安，起卧不定，爬跨、鸣叫、食欲大减或不食，出现“静立反射”，接受交配，在发情后16～48小时，为排卵时间	接受交配或拒配，行为逐渐安静，食欲逐渐恢复正常
外阴变化	阴户开始肿大并逐渐加深，阴户皱褶逐渐消失颜色桃红	阴户肿胀成核桃形，皱折消失，颜色加深为暗红，阴户粘草	阴户开始缩小，皱折渐消，颜色变淡到完全退色
黏液状态	阴户流出黏液，量少，稀薄，透明	黏液量增加，变浓稠黏物，用手沾其黏液可牵丝，呈乳白色，不透明	黏液逐渐减少到消失

对发情不明显、无特殊征状表现出的个体，应在母猪日常的饲养和管理过程中注意观察，多做比较，可以从其行为和生理上的细微变化中，了解到一些蛛丝马迹，从而判断其发情。另外，还可以用公猪试情进行发情鉴定。具体方法是：用体质健壮、性欲旺盛的公猪（或结扎输精管的公猪）对母猪试情，如果母猪接近试情公猪或接受试情公猪爬跨，表示母猪已发情，根据母猪试情中所表现性

欲的程度，判断其发情的阶段，确定配种时间。

四、产后发情、异常发情和乏情

产后发情是指母猪在分娩后的第一次发情，母猪一般产后的3～6天内出现发情，但这次发情征状不规则，亦不排卵。仔猪断奶后的1周左右，母猪再次出现发情，这次为正常发情，可以配种受孕。在因母猪所哺育的仔猪死亡，或寄养给其它母猪哺育而提前断奶、或实行“提前(早期)”断奶法使母猪早断奶等，母猪均可在断奶后的数天内正常发情。

异常发情多见的为“隐性发情”和孕后发情，隐性发情的个体卵巢上有正常的卵泡发育，并能正常排卵，但却无明显的发情征状或发情征状表现不规则。如“发情鉴定”一节所述，对这种个体须注意日常观察，不要错过配种机会。孕后发情指母猪在妊娠后的相当于一个发情周期内又发情。这种发情的征状不规则，亦不排卵，故又称“假发情”。假发情母猪一般不接受交配，在生产中如果对不接受交配的假发情母猪强行配种，可能成造成早期流产，给生产造成损失，须避免发生。

乏性是指后备母猪已过初情期而长期不发情和经产母猪产仔断奶后久不发情的现象。对乏情后备母猪应根据不同情况分别处理：对已达8月龄仍无发情表现的后备母猪，因其繁殖性能已受不良有影响，予以淘汰。对表现乏情而时间又不太久的后备母猪小群饲养，放入成年公猪在运动场内追逐，或将乏情母猪赶到公猪旁接受刺激，用以诱导其发情。另外亦可用性激素催情，注射孕马血清促性腺激素和绒毛膜促性激素有良好的效果。经产母猪乏性的原因很多，但大多是饲养管理不当，母猪营养不良而体质瘦弱，或生殖器官有疾病以及其它疾病造成。对体质瘦弱而乏情的母猪，可以实行“短期优饲”，增加日饲喂饲料量，以提高其营养水平，使其迅速复膘，促使其发情。对由生殖器官疾病或其它疾病造成的乏情，则须查明原因。对症治疗或及时淘汰。

五、促进母猪发情排卵的措施

在配种前加强母猪的饲养管理，使其保持七八成膘度；对断奶后瘦弱的母猪进行“短期优饲”，提高饲粮中粗蛋白质水平，供给充足的维生素、钙、磷和其它矿物质，使其体况迅速恢复，这是促进母猪正常发情基本措施。为使母猪达到多胎高产或使不发情的母猪和屡配不孕的母猪正常发情，还可以采用以下措施催情。

（一）仔猪提前断奶

在生产中，仔猪一般在 60 日龄断奶，如果采取提前断奶的措施，可使母猪在断奶后 1 周左右出现正常发情，使母猪早配种，缩短繁殖周期，当前，在我国农户养猪，可以改 60 日龄断奶为 40～50 日龄断奶。在规模化养猪场，可提前为 21～35 日龄断奶。

（二）并窝和控制哺乳时间

并窝是将产仔少的母猪并为一窝，让一头哺育力强的母猪哺育，其余不哺育仔猪的母猪可以提前发情配种。控制哺乳时间的方法是在仔猪开食后，采取母仔隔离措施，控制哺乳次数，可使母猪提前发情。例如，四川安岳县农家养猪，在仔猪 30～40 日龄时，就与母猪隔离，仔猪单圈补饲，一般不再让仔猪吮乳，在母仔隔离条件下，母猪可以提前发情配种。

（三）诱情

对于不发情母猪，用试情公猪同关一圈内，或用试情公猪追逐不发情母猪，在公猪的刺激作用下，可以诱发母猪发情。

（四）激素催情

对不发情母猪，可以用孕马血清、绒毛膜促性腺激素等催情。①孕马血清：5 mL 皮下注射，一般注射后的 4～5 天母猪就可以发情；②绒毛膜促性腺激素：体况良好的中型母猪（体重 75～100 kg）肌肉注射 1 000 IU。

(五)同期发情

目的在于改变母猪的性周期，使大量母猪在比较集中的时间内发情配种，集中产仔，便于工厂化养猪，可以成批地生产商品仔猪。

同期发情的方法，分为 2 种：一是对一群经产母猪在同一时间内断奶，造成天然的同期发情；二是在使一群母猪在同期断奶后，同时给每头母猪注射孕马血清 750～1 500 IU，可以提高效果。如在注射孕马血清的同时或 3～4 天以后，再注射绒毛促膜促性腺激素 500 IU，效果更佳。另外，仔猪在 5～7 周断奶，当天对母猪肌肉注射孕马血清 1 200～2 000 IU，3～5 天内发情率为 90.8%。

第三节 猪的配种

一、性成熟和初配年龄

公猪发育到一定年龄，睾丸内能产生成熟的精子和雄激素，具有性行为，配种能使母猪受孕，此时称性成熟。

母猪发育到卵巢能产生成熟的卵子和雌激素，有发情表现和交配欲，开始具有繁殖能力的阶段，称性成熟。

性成熟的时间，受品种、气候、饲养管理条件等因素的影响。一般来说，我国北方地区年平均气温低，猪性成熟较迟，而南方温和，性成熟较之为早。早熟品种比晚熟品种早，我国地区品种比引入品种早。公猪达性成熟的时间，我国南方品种为 4～5 月龄，北方品种为 5～6 月龄，培育品种为 6～8 月龄。母猪达性成熟的时间，我国南方品种为 3～5 月龄，北方品种为 5～6 月龄，培育品种为 5～8 月龄。

达到性成熟的公、母猪，其身体尚在发育，过早参加繁配种，会影响身体发育，缩短种猪使用年限。所以，达到性成熟的公、母猪，还不能用于繁殖配种。

初配年龄是指种公、母猪参与第一次配种时年龄,初配宜在身体发育基本成熟时。公猪的初配年龄:小型早熟品种在8～10月龄,体重达60～70 kg时;大、中型品种宜在10～12月龄,体重达90～120 kg时。母猪的初配年龄:我国地方品种在6～8月龄,体重达60～80 kg时;培育品种及杂种母猪8～10月龄、体重90～110 kg时。如果已达配种年龄而体重尚未达者,则应以体重为主,适宜的初体重应是成年体重的50%以上。

二、配种适期

掌握配种适期,是提高受胎率和产仔数的关键。配种适期可以从以下几方面确定。

根据发情时间确定:母猪排卵一般在发情开始的24～36小时,持续10～15小时;卵子在输卵管内仅在8～12小时内有受精能力。交配后,精子在母猪生殖道内运行需经2～3小时才能达到受精地点;精子在母猪生殖道内能成活10～20小时。据此推算,配种宜在母猪排卵前2～3小时,即在母猪发情后的19～30小时,配种过早或过晚,均会降低受胎率和产仔数。

根据外部表现确定:当母猪的发情征状由盛转弱,出现性欲渐降,阴部充血肿胀逐渐消退,阴门变成淡红微皱,间或有变成紫红色的,阴门较干,流出的黏液黏稠,常粘有垫草,表情迟滞,喜欢静卧,按压背腰部出现"静立反射"等特征时为配种适期。

另外,根据个体的年龄差异和品种的不同,我国劳动人民总结出"老配早、小配晚、不老不小配中间",以及培育品种早配、本地品种晚配、杂种猪居中间的配种经验。在这里所谓的早,是指常规的配种时间提前,而晚则是时间后推。母猪适配期还有:"阴户粘草,配种正好,神情发呆,配种受胎,站立不动,正好配种,黏液变稠,正是火候"的经验总结。

三、配种方式和配种方法

(一)配种方式

按照母猪在一个情期内的配种次数,配种方式分为以下几种。

单次交配:在性期内只用一头公猪(或精液)给母猪配种一次,称为单次交配。具体做法是在母猪发情32～36小时时给母猪一次性配种。由于这种配种方式往往因配种适期掌握不好配不上种,降低性期受孕率和产仔数。

重复配:在情期内用同一头公猪(或精液)先后2次给母猪配种。具体做法是在母猪发情开始后的20～30小时时配种1次,间隔8～12小时后,再配1次。生产上具体操作是:若早晨做压背试验,母猪出现"静立反射"于当日下午配种1次,次日早晨再配1次,下午出现"静立反射"于次日晨配种1次,下午再配1次。这种方式由于进行了2次配种,对配种适期掌握不准的问题做了弥补,因而能提高情期受孕率和每窝产仔数。同时,配种所用的是同一头种公猪(或精液),因而不会混淆血统关系,育种场和商品场都可以采用这种配种方式。尤其是隐性发情个体采用重复配可以提高受胎率。

双重配:在一个情期内用2个品种的2头公猪(或精液),或同一品种的2头公猪(或精液)先后间隔5～10分钟给母猪各配种1次。双重配的情期受胎率和产仔率均高于单次配种;但是,双重配种混淆了血统关系,无法分辨仔猪血统,在商品猪场可以采用,而育种场则不能采用这种方式配种。

(二)配种方法

配种方法分为自然交配和人工授精两大类。

自然交配:又称本交,它是让公猪直接完成交配,自然交配又分为自由交配和人工辅助交配两种。自由交配的方法是让公猪和发情的母猪同关在一圈内,让其自由交配,自由交配的方法省事,但不能控制交配的次数，不能充分利用优秀公猪个体，同时很容易传播生殖道疾病，本法不宜推广使用。人工辅助交配是在人工辅助下，让公猪完成交配，方法是选择远离公猪舍，安静、平坦的场地为交配场；先将母猪赶入场地，然后赶入指定的与配公猪，当公猪爬上母猪后，将母猪尾巴拉向一侧，便于公猪阴茎插入阴道，必要时还可人工助其插入，如果公母猪体格大小相差较大，为防止意外事故，交配场地可选择一斜坡，若母猪体格大，公猪站在高处，母猪体格小，让公猪站低处。在公猪爬跨上母猪时，必要时辅以人工扶持，以防止公猪压伤母猪。

公猪交配地时间应在饲喂前或饲喂后 2 小时进行。交配完毕，忌让公猪立即下水洗澡或卧在阴湿地方，遇风雨天交配宜在室内进行，夏天宜在早晚凉爽时进行。

(三)公猪的配种强度

公猪能担负的配种任务量，应根据公猪的年龄、体质状况等条件合理安排，如果配种任务过重，会降低公猪的配种能力和使用年限。一般 1～2 岁的青年公猪，每周配种 2～3 次，壮年公猪，每天可配 1～2 次，配种 2 次者须早、晚各 1 次，时间间隔为 8～10 小时，连续配种 4～6 天应休息 1 天，5 岁以上公猪每隔 1～2 天连用 2 次，如果公猪在长时间内未用于配种，在再次使用该公猪配种时，须重复配。

一般一头公猪在采用本交配种时，能担负 20～30 头母猪的配种任务。

第四节　猪的妊娠和分娩

一、猪的妊娠期及预产期的推算

妊娠期是指从受精开始至胎儿出生这段时间。猪的妊娠期平均114天(110～117天),为了便于记忆,用“三个三”来表示,即母猪妊娠期为3个月3周零3天。根据妊娠期,可以推算预产期,以便搞好日常饲养管理和在母猪临产前做好接助产准备,避免在母猪分娩时忙乱而发生意外的损失。

预产期可以按配种月份加4,日期减6,再减大月数,过2月加2天的方法推算。

例如,某母猪10月27日配种,月份加4是14月,扣减1年12个月为2月。日期减6是21,再减3个大月(从当年10月至次年2月,经10月、12月和次年1月3个大月),过2月加2天,即只减1天。因此,这母头猪的预产期是次年2月20日。

又如,某母猪1月3日配种,月份加4是5;日期减6不够减,需借1,月份变为4月;日期是33日(借1个月按30天计算),减6是27。从1月到4月经过2个大月(1月和3月),需减2,过2月需加2,即不增不减。所以这头母猪的预产期是当年的4月27日。

利用速查表(表5-2)可以直接查出预产期。例如,某母猪5月3日配种,经查表可知,其预产期为8月25日。

表5-2 母猪预产期推算表

日	月											
	1	2	3	4	5	6	7	8	9	10	11	12
	Ⅳ	Ⅴ	Ⅵ	Ⅶ	Ⅷ	Ⅸ	Ⅹ	Ⅺ	Ⅻ	Ⅰ	Ⅱ	Ⅲ
1	25	26	23	24	23	23	23	23	24	23	23	25
2	26	27	24	25	24	24	24	24	25	24	24	26
3	27	28	25	26	25	25	25	25	26	25	25	27
4	28	29	26	27	26	26	26	26	27	26	26	28
5	29	30	27	28	27	27	27	27	28	27	27	29
6	30	31	28	29	28	28	28	28	29	28	28	30
7	1/5	1/6	29	30	29	29	29	29	30	29	1/3	31
8	2	2	30	31	30	30	30	30	31	30	2	1/4
9	3	3	1/7	1/8	31	1/10	31	1/12	1/1	31	3	2
10	4	4	2	2	1/9	2	1/11	2	2	1/2	4	3

续表 5-2

日	月											
	1 Ⅳ	2 Ⅴ	3 Ⅵ	4 Ⅶ	5 Ⅷ	6 Ⅸ	7 Ⅹ	8 Ⅺ	9 Ⅻ	10 Ⅰ	11 Ⅱ	12 Ⅲ
11	5	5	3	3	2	3	2	3	3	2	5	4
12	6	6	4	4	3	4	3	4	4	3	6	5
13	7	7	5	5	4	5	4	5	5	4	7	6
14	8	8	6	6	5	6	5	6	6	5	8	7
15	9	9	7	7	6	7	6	7	7	6	9	8
16	10	10	8	8	7	8	7	8	8	7	10	9
17	11	11	9	9	8	9	8	9	9	8	11	10
18	12	12	10	10	9	10	9	10	10	9	12	11
19	13	13	11	11	10	11	10	11	11	10	13	12
20	14	14	12	12	11	12	11	12	12	11	14	13
21	15	15	13	13	12	13	12	13	13	12	15	14
22	16	16	14	14	13	14	13	14	14	13	16	15
23	17	17	15	15	14	15	14	15	15	14	17	16
24	18	18	16	16	15	16	15	16	16	15	18	17
25	19	19	17	17	16	17	16	17	17	16	19	18
26	20	20	18	18	17	18	17	18	18	17	20	19
27	21	21	19	19	18	19	18	19	19	18	21	20
28	22	22	20	20	19	20	19	20	20	19	22	21
29	23	—	21	21	20	21	20	21	21	20	23	22
30	24	—	22	22	21	22	21	22	22	21	24	23
31	25	—	23	—	22	—	22	23	—	22	—	24

注：上行月份为配种月份，左侧第一行为配种日期；

下行月份为预产期月份，从左侧第 2～12 行的数字为预产日期。

例如，5 月 3 日配种，经查表后可知，预产日期为 8 月 25 日。

二、妊娠检查

妊娠检查可以掌握母猪是否怀孕，以便对未孕母猪抓住下一个情期再次配种，以求全配满怀，对已孕母猪在日常饲养管理中做到合理饲养，以保证胎儿正常发育。妊娠检查尤以早期的确诊最为重要。

猪的早期妊娠检查比较困难,主要根据其发情周期的表现做出判断。在母猪配种后的20多天里,如果没有再次发情现象出现,可以判断该母猪已怀孕。但有少数母猪在已孕后出现“假发情”现象,其特点是发情征状不甚明显,持续时间短,采食后安静。另一重要特征是假发情母猪不接受交配,出现“拒配”现象。另外,已孕母猪在精神和体态上也相继出现变化。已孕母猪表现出疲乏,贪睡,食欲增加,容易上膘,皮毛变得光亮顺贴,性情逐渐变得温驯,行动稳重。外阴部比较干燥,阴户皱纹收缩明显,阴户下联合向上弯曲。随妊娠期的增进,母猪腹围增大,腹部下垂,乳房膨大。

三、分娩征兆和分娩过程

(一)分娩征兆

随着胎儿逐渐发育成熟和接近临产期,母猪生理上发生一系列变化。根据这些变化,可以预测母猪分娩时间,做好接产准备。

在分娩前3周,母猪腹部急剧膨大而下垂,乳房亦迅速发育,从后至前依次逐渐膨胀。至产前3天左右,乳房潮红加深,两侧乳头膨胀而外张。乳房基部与腹部之间出现明显界限,到产前1周左右,乳房膨胀更加厉害,两排前乳头膨胀向外开张,形成“八”字形,乳房红色发亮。经产母猪比初产母猪更明显。猪乳房动、静脉分布多,产前3天左右,用手挤压,可以在中部两对乳头挤出少量清亮液体;产前1天,可以挤出1～2滴初乳;产前半天,可以从前部乳头挤出1～2滴初乳。如果能从后部乳头挤出1～2滴初乳,而能在中、前部乳头挤出更多的初乳,则表示在6小时左右即将分娩。

分娩前3～5天,母猪外阴部开始发生变化,其阴唇逐渐柔软、肿胀、增大,皱褶逐渐消失,阴户充血而发红,与此同时,骨盆韧带松弛变软，有的母猪尾根两侧塌陷。临产前，子宫栓塞软化，从阴道流出。在行为上母猪表现出不安静，时起时卧，在圈内来回走动，但其行动缓慢谨慎，待到出现衔草做窝、起卧频繁、频频排尿等行为时，分娩即将在数小时内发生。如母猪躺卧，四肢伸直，每隔1小时左右发生阵痛一次，且间隔时间越来越短，全身用力努责，阴户流出羊水，则很快就产出第一头仔猪。

(二)分娩过程

分娩是借助子宫和腹壁肌肉的收缩，将胎儿和胎衣排出的过程。在分娩过程中，子宫的收缩称为“阵缩”，腹壁肌的收缩称为“努责”。分娩过程分为三期，一般在一二期之间没有明显的界限。在助产之中，重要的应该掌握住在正常分娩情况下，第一和第二期母猪的表现和两期各所需要的时间，以便确认是否发生难产。一般来说，在分娩未超过正常所需时间之前，不需人工帮助，但在超过正常分娩所需时间之后，则需采取助产措施，帮助母猪将胎儿排出。

第一期，开口期。本期从子宫开始收缩起，至子宫颈完全张开。此时，子宫颈与阴道的界限消失，胎儿开始楔入产道。母猪行为变化为喜在安静处时起时卧，稍有不安，尾根举起常作排尿状，衔草做窝。

在开口期母猪子宫开始出现阵缩，初期阵缩持续时间短，间歇时间长，一般间隔15分钟左右出现一次，每次持续约30秒钟。随着开口期的移后，阵缩的间歇期缩短，持续期延长，而且阵缩的力量加强，至最后间隔数分钟出现一次阵缩。子宫的收缩呈波浪式进行，由子宫经尖端逐渐向子宫体移动。阵缩力压迫胎膜胎水，迫使其移向子宫颈内口；随着胎衣胎水不断流入子宫颈管，迫使子宫颈管逐渐张开，直至与阴道界限消失。穿过子宫颈管的胎水压迫胎膜，造成胎膜破裂，一部分胎水流出。

开口期所需时间为3～4小时。

第二期，胎儿娩出期。本期从子宫颈完全张开至胎儿全部娩出。在本期母猪表现起卧不安，前蹄刨地，低声呻吟，回顾腹部，呼吸、脉搏加快。最后侧卧，四肢伸直，强烈努责，迫使胎儿通过产道排出。

在开口期间，子宫继续收缩，力量比前期加强，次数增加，持续期延长，间歇期缩短，同时腹壁发生收缩。阵缩和努责迫使胎儿从产道娩出。当第一个胎儿娩出后，阵缩和努责暂停，一般间隔5～10分钟后，阵缩和努责再次开始，迫使第二个胎儿娩出。如此反复，直至最后一个胎儿的娩出为止。

胎儿娩出期的时间为1～4小时。

第三期，胎衣排出期。本期指从胎儿完全排出至胎衣完全排出。当母猪产仔完毕后，表现为安静，阵缩和努责停止。休息片刻之后，母猪开始闻嗅仔猪。不久阵缩、努责又起，但力量较前期减弱，间歇期延长。最后排出胎衣，母猪恢复安静。

胎衣排出期的时间为0.5～1小时。

四、正常分娩的接助产

(一)产前准备

结合母猪的预产期和临产征状综合预测产期，在产前3～5天做好准备工作。首先准备好产房，将待产母猪移入产房内待产。农家养猪，可以利用母猪原圈做产房。产房要求宽敞，清洁干燥，光线充足，冬暖夏凉，安静无噪声。产房内温度以22～25℃为宜，相对湿度在65%～75%。产房打扫干净后，用3%～5%的石炭酸、2%～5%的来苏儿或3%的火碱水消毒，围墙用20%石灰乳粉刷。地面铺以垫草。在寒冷地区，冬季和早春做好防风保暖工作。

产房内准备好接生时所需药品、器械及用品，如来苏儿、酒精、碘酊、肥皂、毛巾、面盆、剪刀、秤、耳号钳，以及灯、仔猪保姆箱(窝)、火炉等。

母猪进入产房前，将其腹部、乳房及阴户附近的泥污清洗干净，再用2%～5%来苏儿溶液消毒，然后清洗干净，进入产房待产。

产房内昼夜均应有专人值班，防止意外事故发生。

(二)接助产方法

母猪一般是侧卧分娩，少数为伏卧或站立分娩。母猪躺卧的位置，应在产房内宽敞明亮之处，这样有利于接助产工作的进行。如果母猪躺卧在墙角或后躯紧贴墙壁，这样不利于胎儿娩出和接产操作，还可能造成新生仔猪窒息。当出现这种情况时，接产人员轻轻赶起母猪，帮助它在宽敞处重新躺卧。有些初产猪不会卧下产仔，可以反复抚摸母猪腹部和乳房，让其躺卧，以便助产。

仔猪娩出时，正生和倒生均属正常，一般无需帮助，让其自然娩出。当仔猪娩出时，接产人员用一只手捉住仔猪肩部，另一只手迅速将仔猪口鼻腔内的黏液掏出，并用毛巾擦净，以免仔猪呼吸时，黏液阻塞呼吸道或进入气管和肺，引起病变。再用毛巾将仔猪全身黏液擦净，然后在距离仔猪腹部4 cm处用手指掐断脐带，或用剪刀剪断，在脐带断端用5%碘酊消毒。如果断脐后流血较多，可以用手指捏住断端，直至不流血为止，或用线结扎断端。当做完上述处理后，将新生仔猪放入保姆窝内。每产一仔，重复上述处理，直至产仔结束。如遇个别仔猪在产出时，羊膜尚未破裂，应立即用手撕破，放出羊水，以免仔猪窒息死亡。为了安定分娩母猪的情绪，并让仔猪尽早地吃上初乳，应有秩序地轮回拎取1～2头仔猪送到母猪腹部吸乳。有时仔猪在护仔箱内相互啃吮脐带而引起死亡，须防止。当母猪产仔时间过长，阵缩减弱或疲劳时，可用酒精棉球堵塞一侧鼻孔头提神。在母猪产仔结束时，体力耗损很大，这时可以用麦麸、米糠之类粉状饲料用温热水调制成稀薄粥状料，内加少许食盐，喂给母猪，可以帮助母猪恢复体力。

母猪产仔完毕休息一段时间后，阵缩和努责又起，预示胎衣将排出。当胎衣排出时，立即拿开，不能让母猪吃掉胎衣，否则在以后的胎次中，养成母猪吃仔猪的恶癖。对排出的胎衣进行检查，如果胎衣完整，胎衣上残留的脐带数与仔猪数相符，表明胎衣全部排出，否则胎衣未完全排出，应及时处理。检查后的胎衣可以洗净后煮熟喂给母猪，既补充了蛋白质，又有催乳作用。

(三)难产和假死仔猪的处理

母猪较少发生难产。但是，母猪因瘦弱、孕期运动不足，过于肥胖而产道狭窄或因胎儿过大，或有死胎堵塞产道，或胎儿畸形，也可导致难产。若产仔猪时间超过 10 小时，或羊水排出数小时后仍不见仔猪娩出，则难产发生，须进行人工助产。助产者用双手托住母猪的后腹部，随着母猪的努责，向臀部方向用力推送，促使胎儿娩出。若不见效，助产者可以在剪去指甲，磨光，消毒后，涂上灭菌凡士林润滑，五指并拢成锥形，慢慢伸入阴道，再深入子宫。当触摸到胎儿时，即随着母猪腹部收缩的节奏，缓缓将胎儿拉出产道。当该头仔猪拉出而母猪转入正产时，可停止掏拉。为防止母猪产道损伤、感染，应在分娩结束时，用 40 万～80 万 U 青霉素埋入产道。如果是仔猪头或肢体露出母猪阴门，露出部位时进时出而久不产出者，可以抓住仔猪露出部分轻轻地拉出。另外，在难产发生后，也可以肌肉注射催产素 3～5 mg，用以催产。

在上述方法皆无效时，须请兽医行剖腹产术。

假死仔猪指新生仔猪中已停止呼吸，但仍有心跳的个体。对假死仔猪施以急救措施，可以恢复其生命，减少损失。

急救可以采取以下措施：

①用手捉住假死猪两后肢，将其倒提起来，用手掌拍打假死猪背部，直至恢复呼吸为止。

②用酒精刺激假死猪鼻部或针刺其人中穴，或向假死仔猪鼻端吹气等方法，促使呼吸恢复。

③人工呼吸。接产人员左、右分别托住假死仔猪肩部和臀部，将其腹部朝上。然后两手向腹中心方向回折，并迅速复位(即使假

死仔猪身躯一伸一屈),反复进行,手指同时按压胸肋。一般经过几个来回,可以听到仔猪猛然发出声音,表示肺脏开始呼吸。再徐徐重做,直至呼吸正常为止。

④在紧急情况时,可以注射尼可刹米或用0.1%肾上腺素1 mL,直接注入假死仔猪心脏急救。

(四)仔猪称重、编号和登记

在新生仔猪第一次哺乳之前,按个体称重,所得重量为仔猪初生重,全窝仔猪初生重的总和为初生窝重。

对初生仔猪编号,便于记载和鉴定。猪的编号一般采用耳号法,即在左、右两侧耳朵的不同部位打缺,每一个缺代表一个数字,见图5-1。将几个数字相加,即为该猪的耳号。编号时,公猪编单号,即:1、3、5、7、9……;母猪编双号,即:2、4、6、8、10……。例如,编213号,即由:200+10+3=213号。

图5-1 仔猪剪耳号示意图

将称得的初生重、初生窝重以及仔猪个体特征及其它需要记载的内容,登记入册,作为资料妥善保存。

(五)产后第一次哺乳

母猪分娩后3天内的乳,称为初乳。初乳营养丰富,其蛋白质、维生素、矿物质元素均超过常乳,同时还含有抗体、酶类和激素等物质，对提高仔猪抗力，促进生长发育均有良好作用。初乳中还含有较多的镁盐，可以软化胎粪，促进胎粪的排出。所以，尽早第一次哺乳在新生仔猪养育中很有意义。在母猪产仔结束时，即可哺乳，对产期过长(2 小时以上)的母猪，可以在分娩结束之前，让先出生的仔猪吮乳。

哺乳之前，先用湿热毛巾将母猪乳房、乳头擦拭干净，挤掉乳头前面几滴初乳，即可将初生仔猪放在母猪身旁哺乳。

从第一次哺乳开始，就须做“固定乳头”训练。

五、母猪产后的护理

母猪在分娩过程中和产后的一段时期内，机体消耗很大，抵抗力降低，而且生殖器官须经 2～8 天才能恢复正常，在 3～8 天内阴道内排出恶露，容易因饲养管理不当招至疾病。产后对母猪精心护理，可使母猪尽快恢复正常。

在母猪分娩结束时，结合第一次哺乳，对母猪乳房、后躯和外阴清洗，尤其是尾根和外阴周围应清洗干净，防止蚊、蝇在其上飞落。圈内勤打扫，做到清洁卫生，舍内通风良好，冷暖适宜、安静，无干扰。在饲养和日粮结构上，给予适当照顾，逐步过渡到哺乳期的饲养。

母猪产后可能出现胎衣不下、子宫或阴道脱出、产道感染、缺乳少乳、瘫痪、乳房炎等病变。因此，在产后头几天的日常管理中，注意观察母猪状况，一旦出现异常，应立即采取相应措施加以解决。

六、母猪产后不食、瘫痪的处理

母猪产后不吃食一般多发生于初产母猪。发生的原因在于母猪平常营养失调，青饲料量不足引起便秘，产后加料过早过多引起拒食，产道感染造成体温升高等。防止的办法是在母猪的日常饲养中注意营养平衡。根据母猪产前体况,调节青粗饲料量,防止便秘的发生。产后1周,适当控制母猪喂料量和营养水平,逐渐过渡到正常水平。搞好产房消毒和母猪个体卫生,防止产道感染。对已发生不食者,喂青绿多汁饲料;对完全不食者,需请兽医对症治疗。

母猪产后瘫痪的主要原因是饲粮配合不合理。长期喂给单一饲料,导致钙、磷不足或比例失调。另外,猪舍阴暗潮湿,缺乏阳光照射以及一些疾病等,也会造成母猪产后瘫痪。防止的办法是:做到饲料搭配,要求日粮营养平衡(尤其是钙、磷平衡),在妊娠母猪和哺乳母猪饲粮中适当添加骨粉和含钙磷饲料,日常中注意保持圈舍干燥适风、光线充足,有条件的可将母猪放出圈外活动,适当运动等对预防产后瘫痪有良好作用。对已经瘫痪的母猪,可采用静脉注射维丁胶性钙或葡萄糖酸钙或口服多维钙片等补钙措施。饲养上及时改变饲料结构,补充钙,磷,使之营养全面。同时注意防寒保温、适当户外运动等。

第五节 猪的人工授精

一、人工授精的优越性

人工授精是指用人工方法,将公猪精液采出后,经过严格的检查处理,再用器械将精液输入母猪生殖器官的一种方法,人工授精有以下优点:

①可以充分利用种公猪,减少公猪的饲养量,降低养猪生产成本。例如,一头公猪在合理利用的前提下,能担负起20～30头母猪的配种任务。如果实行人工授精,公猪的一次采精量可为5～15头母猪配种,用其精液全年可担负起200～400头母猪的配种。

②可以提高母猪情期受胎率和产仔数。因为人工授精所用精注液都经过严格检查,保证质量,配种可以掌握适时。

③可以防止传染病传播，克服公、母猪体格差异造成的困难。人工授精公、母猪并不接触，既减少疾病传播机会，又克服了本交的困难。

④通过精液的运输，使配种不受地区限制，尤其在边远山区，可以送精上门，为农户所养母猪配种，方便了群众。

由于人工授精有以上优点，在我国养猪生产中，已得到广泛的应用。

二、采精

(一)采精场和假台猪

采精场地的选择以便于公猪建立起巩固条件反射和防止精液污染为原则。室外采精场要求宽敞、清洁而无尘土飞扬；室内采精场宜与人工授精室和猪舍相连，要求通风明亮，若能配备喷雾消毒或紫外线灭菌设备更佳，室内采精场的面积 20～30 m^2 即可。采精场内设假台猪，供采精时公猪爬跨。

(二)公猪的采精调教

用假台猪采精的公猪，必须进行采精训练调教，方法如下：

①在假台猪的后部涂抹发情母猪的阴道黏液或尿液，其气味可以引起公猪性兴奋而爬跨假台猪，经过几次采精后调教即可成功。

②在假台猪旁边拴系一头发情母猪，在引起公猪性兴奋而爬跨母猪之时，立即将公猪拉下不让其交配；再让公猪爬跨母猪然后再拉下公猪，反复多次待公猪性冲动达到高峰时，迅速拉走母猪，引诱公猪爬跨假台猪。

③将待调教的公猪拴系在假台猪附近，让其目睹另一头已调教成功的公猪爬跨假台猪采精，然后诱其爬跨假台猪。

④利用曾经多次使用过的假台猪或在假台猪上涂抹其它公猪的尿液，然后让待调教公猪接触假台猪，从而引起爬坡跨反射。

用上述方法调教公猪均能成功，但在调教中需反复多次训练，耐心诱导，切勿用强迫等粗暴手段对待公猪，以免给调教造成困难。

（三）采精器械清洁和消毒

采精所用器械应该清洁、无菌，无残留消毒液。采精器械使用前必须清洁，严格消毒，使用后亦必须清洁干净，保管于器械柜内。

各种器械用肥皂或20%碳酸氢钠溶液洗刷去污，再用温水冲洗数遍至无皂液残留。玻璃类和橡胶类器械，毛巾、纱布等应分别洗刷，过滤精液所用的纱布要单独清洗，置于室内无尘处晾干。

玻璃、金属器械、毛巾、纱布等在清洁后采用蒸汽30分钟消毒；金属、玻璃器械亦可用75%酒精擦拭消毒，但擦拭后必须用生理盐水或蒸馏水反复冲洗至无残留酒精。假阴道内胎用96%酒精棉球擦试消毒，再用生理盐水或蒸馏水冲洗至无酒精残留。

凡经清洗消毒过的器械单独摆放，勿使其与未经清洗消毒的物品混放，以免再被污染。

（四）采精技术

1. 假阴道采精　假阴道是模仿母猪阴道环境条件（温度、压力、滑度）制造的人工阴道，它由硬质橡胶外壳、软质橡胶内胎、玻璃集精瓶、双连球、气阀及其它附件组成。

假阴道安装的方法如下：首先检查假阴道的外壳，内胎是否完好，有无沙眼漏气漏水。将内胎套放入外壳内展伸。内胎在外壳两端所留长度相等，然后翻转内胎，套于外壳上。将内胎调整平整无皱褶，两端用橡皮圈固定。用长柄镊夹75%的酒精棉球消毒内胎，待酒精挥发完或用生理盐水冲洗至无酒精残留，于假阴道一端安装上集精瓶。从进气孔向阴道内外胎之间注入40～50℃温水，使其在采精操作时水温维持在38～40℃，用以保证假阴道内温度的条件。注水量为假阴道容积的2/3。在进气孔上安装气阀和双连球，用双连球向假阴道内外胎之间打气，使内胎膨胀于假阴道入口端呈“Y”或“X”形即可，用以保证假阴道压力的要求。用玻璃棒蘸取消毒凡士林，涂抹于内胎上 1/3 处，用以满足假阴道内滑度的条件。安装完毕的假阴道放置于方盘内，上覆以纱布待用。在北方冬季气温低，为防止射精时温度变化对精子造成危害，集精瓶应保持 34～35℃条件，可以在集精瓶外包裹温热湿毛巾或纱布。

采精操作：当公猪爬跛跨上假台猪时，采精员右手握假阴道，蹲于公猪右后侧，视公猪阴茎伸出时，用左手将阴茎导入假阴道，注意假阴道的方向应与阴茎伸出方向保持一致。此时可见公猪阴茎在假阴道内抽动，采精员可以通过双连球有节奏地向假阴道内施加压力，用以增加快感。当公猪表现安静，尾自由摆动，肛门有节律地收缩时，表示公猪开始射精，此时停止施压，调整假阴道的角度，防止精液倒流，当公猪阴茎出现再次抽动时，表示第一次射精完毕。这时再有节律地向假阴道施加压力，公猪再次安静时，表示开始第二次射精，如此经 2～3 次射精，完成采精。公猪射精所需要时间 5～7 分钟，采精结束，立即将假阴道竖立(入口端向上)，卸下集精瓶送人工授精室进行品质检查。将假阴道拆卸立即清洗消毒。

采精完毕后，勿喂公猪冷水，让其自由运动 15～30 分钟后再令其休息。

2. 手握采精

(1)用具　集精瓶、玻璃漏斗、纱布(40 cm×40 cm)、集精瓶外套(用布料制作，套于集精瓶外，作冬季采精时保温用)。

(2)采精前准备　将上述用具清洗干净，煮沸消毒 15 分钟，再用灭菌 1％氯化钠溶液或稀释液冲洗，将纱布拧干，折叠成 4 层，铺垫于漏斗内，再将漏斗插入集精瓶上，覆以纱布备用。采精员洗净双手，消毒后用温水冲洗数次，亦可带上软橡胶手套。在冬季、早春天气寒冷，手的温度低，可以双手摩擦生温，对公猪包皮及周围清洗消毒。

(3)采精操作 采精员蹲于假台猪一侧，待公猪爬跨上假台猪后，用手抓住包皮，按摩龟头贮藏处。当阴茎伸出时，立即捉住，顺势将阴茎向外牵引(忌猛拉)。采精员握住阴茎前端，有节奏地向阴茎加压。握住的松紧以不使阴茎滑脱为宜，但也不能死死紧握，同时用手来回摩擦龟头，当公猪阴茎在采精员手内转动几次，同时感到公猪阴茎发硬，公猪安静，表示公猪开始射精。这时仍需握住阴茎停止加压和摩擦龟头，让前稀薄精液射出后，另一手拿上集精瓶接取精液，公猪一般经过2～4次射精，方能达到射精量。当公猪又出现抽动时，表示第一次射精完毕，这时采精员应继续加压，摩擦龟头，直至公猪安静，第二次射精，再接取精液，如此反复数次，直至公猪射精完毕为止。

3. 筒握法采精 是将假阴道采精和手握法采精相结合的一种采精技术，它具有以上两种方法的优点。

筒握法是将假阴道改短，在其一端套接上一个橡皮漏斗。操作时采精员以右手握住漏斗部呈拳握状，紧靠假台猪后部。当公猪阴茎伸出时，将阴茎导入假阴道，当阴茎伸达漏斗拳握部时，将其握住，按手握法方法采取精液。

三、精液品质检查

精液品质检查是判断公猪优劣的重要方法，同时，从精液品质的变化可以发现种公猪饲养管理和利用上的问题，以便及时采取措施加以纠正。公猪精液品质亦不是恒定不变的，在确定精液品质的基础上，才是确定采出的精液是否可用，稀释的倍数和输精量，从而提高配种效果。

(一)精液的一般检查

一般检查包括以下项目：

1. 射精量 指在一次采精中公猪所射出的精液的总量。检查的方法是将采出的精液过滤去胶状物质后，用有刻度的集精瓶或量杯量数。

猪正常的一次精量，我国地方品种猪为150～300 mL，外国引入品种250～400 mL。检查时，射精量过多，可能混入水分，或由于副性腺分泌过多或混入尿液等。如果射精量过少，说明公猪利用过度，或饲养管理不当，应立即采取措施，以求在短期内恢复正常的射精量。

2. *颜色* 公猪精液的颜色为乳白色或淡灰白色。若为其它颜色或带有血液，均为不正常的颜色，也说明公猪生殖道有炎症或有损伤。如果精液呈淡绿色，是混有浓汁；呈粉红色，是混有血液；呈黄色，是混有尿液。以上颜色异常的精液，均应弃之不用。

3. *气味* 正常的精液一般无味或略带腥味。如果腥味很浓，或有臭味，均为不正常气味，这种精液不能用于输精。

4. *pH值* 猪的新鲜精液呈弱碱性，pH值为7.5(7.3～7.9)。pH值偏低的精液品质较好，而pH值偏高的精液，其精子的活力、受胎率及保存效果均显著降低。pH值检查的方法是用pH值试纸蘸取精液，可见试纸变色，再与比色板比色，测出pH值。

(二)精子的活力

精子的活力指精子的运动能力，用目测视野中呈直线前进运动精子占观察精子总数的百分比表示。采用0～10级评分，分为10个等级。如视野中全部精子都作直线前进运动，评为1.0分；有90%的精子直线前进运动，评为0.9分，其余类推。

检查方法分为两种：一是平板压片法，用一块清洁载玻片，在载玻片标本中央滴一小滴精液，用盖玻片沿精液边缘压盖在液面上，制作成压片标本。注意在压片时勿产生气泡，以免影响观察。二是悬滴标本检查方法，即在盖玻片上滴一小滴精液，然后将盖玻片翻转覆盖在凹玻片凹窝上制作成悬滴标本。将制作好的标本置37～38℃保温箱内，在显微镜下放大200～400倍检查，观察记数精子活动状况，并按十级制评分。

对采出的新鲜精液，稀释前、后的精液，以及冻精解冻后，均应进行活力检查。为保证获得较高的受胎率，用于输精的精液，精子活力不得低于 0.6，冻精解冻后的精子活力不低于 0.3。

(三)精子密度

精子密度指 1 mL 精液内所含有的精子总数目，它是确定精液稀释倍数的依据。一般用估测方法检查。其方法是：取清洁载玻片 1 片，滴 1 滴原精液于载玻片之上，覆以盖片，置显微镜下放大 400～600 倍观察。根据视野中精子分布和稠密程度，评出等级。精子密度分为密、中、稀三等级，见图 5-2。

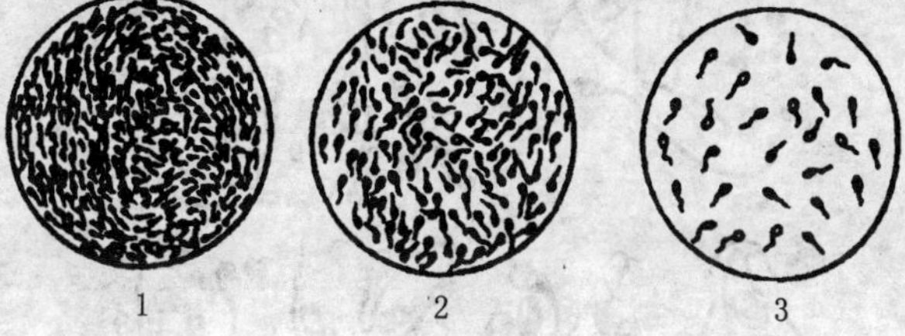

1. 密 2. 中 3. 稀

图 5-2 精子密度示意图

1. 密 整个视野中布满精子，精子之间的空隙小于一个精子头长，看不清单个精子的活动情况。这种精液每毫升含精子 10 亿以上。

2. 中 视野中精子比较分散，可见单个精子活动，精子之间的空隙相当于 1～2 个精子头长，这种精液每毫升含精子 2 亿～8 亿。

3. 稀 视野中只见少数分散的精子，精子之间的空隙大于 2 个精子头长。这种精液每毫升含有精子 1 亿～2 亿。

此外，若视野中见不到精子，可用“无”表示。

必要时还可以进行精子计数(即每毫升原精液内精子的个数)检查。

(四)精子的畸形率

畸形率精子即精子的形态反常,又称变态精子(图 5-3)。精液内畸形精子的比例大,其精液的品质低。

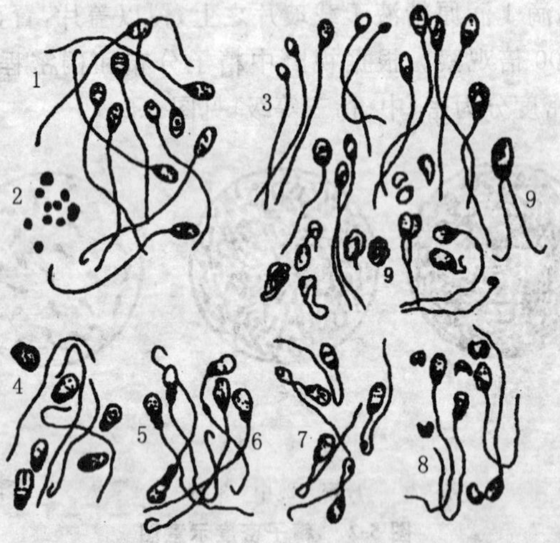

1. 正常精子 2. 游离原生质滴 3. 各种畸形精子 4. 头部脱落
5. 附有原生质滴 6. 附有远侧原生质滴 7. 尾部扭曲
8. 顶端脱落 9. 双头、双尾

图 5-3 畸形精子形态图

检查方法是:取清洁载玻片两片,用玻璃棒蘸取精液,滴 1 小滴于一片载玻片的一端,然后用另一片载玻片的顶端与精液接触,轻轻一推,使精液均匀地涂抹在载玻片上。将抹片放置桌面干燥,然后用 95%酒精或蚁醛溶液固定 1～2 分钟,用水冲洗后让其自然干燥。再用一品红或其它染料染色 3 分钟，再用清水冲洗掉残留染液，在空中干燥后镜检。将抹片置显微镜下，放大 400～600 倍观察数个视野，并计数每个视野中正常和畸形精子的数目，计数精子数不少于 300～500 个，将数得的正常精子数和畸形精子数代入下式，计算畸形精子率。

畸形精子畸形率＝畸形精子数÷(正常精子数＋畸形精子数)×100％

畸形精子率大于 14％的精液，不能用做输精。

此外，根据需要还可以进行精子顶体异常率、精子成活时间、精子抗力等检查。猪精液用于输精的各项最低指标见表 5-3。

表 5-3　猪精液适于输精的各项最低指标

射精量(mL)	1 mL 精液内精子数(亿)	一次射精量的精子总数(亿)	精子活力	精子的抗力	畸形精子最高百分数(％)	未成熟精子最高百分数(％)
150	1	150	0.6	500	14～18	10

四、精液的稀释和分装

精液稀释的目的，是给离体的精子创造适宜的环境条件，减少不良因素对精子的危害，从而延长精子在体外存活时间，有利于精液的保存和运输。同时，精液经稀释后，可以增加精液量，扩大配种头数，充分利用种公猪。

(一)稀释液的基本条件

精子生命脆弱，要达到对精子无害，延长存活时间，稀释液必须具备以下条件：

①稀释液必须与精子有相等的渗透压，精子只能在等渗环境中才能维持正常活力。精子对低渗很敏感，在低渗环境中，水分通过细胞膜进入精子，使尾部膨胀，卷曲成环状或半圆状，很快死亡。

在高渗条件下，精子失水而皱缩，尾部呈现出锯齿状弯曲，很快死亡。

②稀释液应对精子必须适合于精子的生存。精子最适宜于中性环境，在碱性环境中活力较强，但存活时间相应缩短，在弱酸性环境下，精子活力被抵制，能耗减少，可以延长其存活时间。

③稀释液应对精子无刺激、侵害作用，精子对化学药物、水和其它异物都敏感，而受到伤害，抗生素、磺胺类药物对精子无害，加入稀释液内可以抑制其它微生物生长。

④稀释液能供给精子一定的营养。精子的代谢作用不断地消耗精液内的营养，稀释液内溶入一定量的营养物质，可以补充精子能耗，延长存活时间。

⑤配制方法简单，原料易得，价格便宜而效果良好。

(二)猪精液稀释液和配制

①葡萄糖-柠檬酸稀释液　葡萄糖 5 g，柠檬酸钠 0.5 g，加蒸馏水至 100 mL，煮沸消毒，冷却。使用前加磺胺 0.3 g 或青、链霉素各 5 万 IU。

②牛乳稀释液　鲜牛乳若干，用 3～4 层纱布过滤，煮沸消毒，除去奶皮。使用前每 100 mL 加青、链霉素各 5 万 IU。

③葡萄糖稀释液　葡萄糖 5.5 g，加蒸馏水 100 mL，煮沸消毒，过滤，冷却。用前加磺胺粉 0.3 g 或青、链霉素各 5 万 IU。

④葡萄糖-卵黄稀释液　葡萄糖 2 g 加蒸馏水至 100 mL，煮沸消毒，冷却。用时取上液 97 mL 加入新鲜卵黄(鸡蛋)3 mL，青、链霉素各 5 万 IU。充分混合使用。

⑤葡萄糖-氯化钠稀释液　葡萄糖 3 g，精制氯化钠 0.45 g，加蒸馏水至 100 mL，过滤，煮沸消毒，冷却。用前加青、链霉素各 5 万 IU。

⑥葡萄糖-柠檬酸钠-卵黄稀释液　葡萄糖 5 g，柠檬酸钠 0.5 g，加蒸馏水至 100 mL，过滤，煮沸消毒，冷却后取 97 mL，加鲜卵

黄 3 mL,青、链霉素各 5 万 IU,充分混合后使用。

⑦葡萄糖-柠檬酸乙二胺四乙酸二钠稀释液 葡萄糖 5 g,柠檬酸钠 0.3 g,乙二胺四乙酸二钠 0.1 g,加蒸馏水至 100 mL,过滤,冷却后加青、链霉素各 20 万 IU。

(三)配制稀释液的注意事项

①稀释液应该现配现用。所用器械都要严格消毒,使用前用稀释液冲洗,蒸馏水必须新鲜,所用药品必须纯净,称量准确,混合均匀。

②卵黄取自然鲜鸡蛋。先将鸡蛋洗净,再用 75%酒精消毒蛋壳,待酒精挥发后破壳,用注射器刺破卵黄膜,吸取卵黄,注意勿吸入蛋清。

③稀释液在煮沸过程中蒸发损失的水分,用灭菌蒸馏水补充,以保持原有的浓度。

④释液根据用途配制,不能一液多用。

⑤抗生素必须在稀释液消毒冷却后加入,否则无效。

(四)精液的稀释方法

稀释之前需确定稀释的倍数。稀释液倍数是根据精液内精子的密度和稀释后每毫升精液应含精子数来决定。经稀释后,要求每毫升内有效精子数不少于 1 亿。我国地方品种猪精液内精子密度小,一般作 0.5～1 倍稀释;外国引入品种精子密度大,可用 1～3 倍稀释。

稀释方法是,在采精之前配制好所需稀释液,并将稀释液温度调整到与猪精液温度相一致。精液采取后,进行活力检查,尽早稀释。按采出的精液量和稀释倍数,量取所需稀释液,装入清洁烧杯内,将精液顺着烧杯壁缓缓加入稀释液内,加入时切勿太快,最后用玻璃棒轻轻搅拌,使精液与稀释液均匀混合。

(五)精液的分装

稀释后的精液应尽早的分装保存。分装量按一次输精量决定,液态精液一次输精量为30～40 mL。

分装方法是先将贮精瓶用稀释液冲洗1～2次,然后用注射器按要求吸取稀释液,缓缓注入贮精瓶内。需作保存的精液,在精液液面上加0.1～0.2 cm厚的一层灭菌中性石蜡油,盖上瓶塞,用蜡加封瓶口,贴上标签,注明公猪号、采精日期、精液批号等,便可以贮存。

五、精液保存

精液的保存目的是为了延长精子存活时间,扩大精液的作用范围,便于长途运输。

(一)常温保存

在15～25℃室温条件下保存精液,称常温保存。在室温条件下,稀释液的弱酸环境可以抑制精子的活动,减少能耗,稀释液中的抗生素类药物可以抑制微生物繁衍,减少对精子的危害,精液得以保存。在常温条件下,精液可保存3天左右,适用于农村无低温设备下的精液保存。

保存方法是,将分装后的贮精瓶塞紧瓶塞,放于广口保温瓶内,置室内保存。也可将贮精瓶直接放置于室内、地窖或自来水中保存。在保存过程中,要防止温度上升,同时注意避开热源、避光照、防止震动,以免对精造成损害。

(二)低温保存

将精液置0～5℃条件下保存,称低温保存。低温和隔绝空气条件,精子活力被抑制,降低其代谢水平,减少能耗,精子的成活时间得以延长。同时,低温亦不适宜微生物的生长,防止微生物对精子的伤害。在低温保存中,0～10℃温度范围对精子是一个危险的温度范围区,如果精液从常温状态迅速降低至0℃,精子就会发生不可逆的冷休克现象。相反,缓慢降温对精子无不良影响,所以,精液在低温保存之前,需经预冷平衡。具体做法是精液温度从

30℃降至0～5℃时，按每分钟降温0.2℃，用1～2小时完成降温全过程。此外，在稀释液内添加卵黄、奶类物质可以提高精子的抗冷能力。

保存方法是，将分装后的精液于液面上加入少许消毒液态石蜡油封闭液面，塞紧瓶塞，瓶外包裹数层纱布，将其预冷（即缓慢降温处理）后，放入冰箱低温层内保存，或在广口保温瓶内装入冰块，冰块上覆盖一层纱布，再将包扎好的贮精瓶放入，再于贮精瓶上覆以冰块，盖上瓶盖。保存中非取用精液，不要随便开瓶；每天应倾去瓶内融化的冰水一次，并根据瓶内冰块融化的情况，添加冰块，以保持瓶内温度恒定。

在农村无冰源条件下，可以采用以下方法制造冷源。

①将食盐40 g溶于1 500 mL冷水中，加入氯化铵400 g，配合好后将其装入广口保温瓶内，其温度可以降低至2℃左右。如果想长期维持低温，每隔2天重新添加一次氯化铵。用过的氯化铵、食盐溶液，可以蒸发干燥后再用。

②将尿素60 g溶于100 mL冷水中，可降低温度至5℃，如果将其溶于冰水中，可降低温度至－5℃。

③将贮精瓶包裹结扎，盛于塑料袋内，扎好袋口，将贮精塑料袋放于穿孔的竹筒或竹篮等容器中，再将容器吊沉于井底保存。

六、精液的运输

精液的运输过程中，要做到：低温、防震、避光。

1. 短途运输　先将贮精瓶装在小塑料袋内，瓶口向上，扎紧袋口。再用一大塑料袋，内装冰块，将小袋放入，扎好大袋口。袋子包裹干毛巾，放入背袋内，即可乘坐各种交通工具运送。途中防止震动，到达目的地后，立即将贮精瓶取出，放在冰箱内保存。若运送精液时气温较低，而运送时间不超过1小时，精液可以不经上述处理直接运送。

2. 长途运输　贮精瓶的处理方法与短途运输相同，不同之处是将大袋放入小木箱内，在大袋与木箱之间的空隙内填塞稻草、纸屑、棉花或刨屑等。木箱盖严锁好，贴上标签，即可交付运输。

经运输的精液，使用前必须升温后进行活力检查，在检查合格后，才能用于输精。

七、输精技术

1. 输精器械　猪的输精器由医用玻璃注射器和一条软质橡胶导管组成。注射器容量为 30～50 mL，前端连接一条长 50 cm 的橡胶导管，导管末端呈圆锥形，输精前输精器须严格清洗消毒，并用 1%氯化钠溶液或稀释液冲洗 2 次。

2. 输精量　猪的一次输精量，鲜精液为 30～40 mL，冻精为 20～30 mL。

3. 输精前的准备　首先对发情母猪进行发情状况检查，确定好适时输精时间后，清洗母猪外阴及肛门；其次检查所用精液活力，合格者才用于输精。若为低温保存的精液，升温至 35℃左右，活力不低于 0.6 级；冻精升温解冻后，活力不低于 0.3 级。输精人员清洗消毒双手、擦干，穿上工作服准备操作。

4. 输精操作　母猪可以不予保定。将精液吸入输精器，在橡胶导管上涂抹一薄层凡士林，用以润滑导管。输精员站（或蹲）于母猪后侧，左手将母猪尾捉住，压在母猪荐腹部，或由助手将尾压在母猪腰荐部，以免输精操作时尾部摆动影响操作。输精员右手持输精器，用拇指和食指握住输精器橡胶导管，将其插入母猪阴道，再高向上向前稍稍旋转缓缓推进，通过子宫颈到达子宫体 25～30 cm 深处。在插入输精管过程中如遇母猪左右摆动或向前走动，不必抽出输精管，可叫助手按压母猪腰荐部，输精员亦可手握定输精器，跟随母猪走动的方向移动，当确定输精导管已插入子宫体时，轻轻推动输精器械活塞，将精液缓缓注入子宫内。在输入精液时，如果有精液倒流现象，应立即停止注入精液，让助手重压母猪腰荐部，并轻轻转动或稍抽送输精导管，然后继续注入精液。输精完毕，小心抽出输精导管，压迫母猪腰荐部。

5. 细颈塑料软瓶低精量输精操作　细颈塑料软瓶低精量输精是我国推广应用的一项猪用人工授精新技术；这项技术是将盛贮精液的塑料软瓶直接接上输精导管输精，一次输精量为 10 mL。操作方法：将输精导管洗净晾干备用。冬季将盛贮精液的塑料软瓶置温水内预热升温。输精时，让母猪自然站立，将输精导管插入母猪阴道，再缓缓向前推进 25～30 cm，将盛贮精液的塑料软瓶的“接头棱”削去，手握软瓶颈，将其套在输精导管上，软瓶的位置高于母猪阴户 10～15 cm，然后缓缓压入精液。当精液输至 1/2 时，取下塑料软瓶(输精导管不动)，竖立，吸进空气后再套在输精导管上继续输精。输精完毕，取下塑料软瓶，再次套上输精导管，挤压塑料软瓶几次，以免输精导管内残留精液。然后缓慢抽出输精导管，用手挤压母猪腰荐部。

输精完毕，立即清洗输精器械，晾干留待下次备用。

第六章　种猪的饲养管理

第一节　后备猪的饲养管理

一、后备猪的饲养

对于后备猪的饲养要求是能正常生长发育，保持不肥不瘦的种用体况。适当的营养水平是后备猪生长发育的基本保证，过高、过低都会造成不良影响。后备猪正处于骨骼和肌肉生长迅速时期，因此，饲粮中应特别注意蛋白质和矿物质中钙、磷的供给，切忌用大量的能量饲料喂猪，从而形成过于肥胖、四肢较弱的早熟型个体。决不能将后备猪等同于成年猪或育肥猪饲养。后备猪在3～5月龄或体重35 kg以前，精料比例可高些，青粗饲料宜少。当体重达到35 kg以后，则应逐渐增加青粗饲料的喂量。特别是在5～6月龄以后，后备猪就有大量贮积体脂肪的倾向，这时如不减少含能量高的精饲料，增加青粗饲料的比例，就会使后备猪过肥，种用价值降低。青粗饲料既能给幼猪提供营养，又能使消化器官得到应有的锻炼，提高耐粗能力。所以，利用青绿多汁饲料和粗饲料，适当搭配精料是养好后备猪的基本保证。但后备公猪饲粮中的青粗饲料比例，应少于后备母猪，以免形成草腹大肚，影响以后配种。

可以根据后备猪的粪便状态判断青粗饲料喂量是否适当及有无过肥倾向。如果粪便比较粗大，则是青粗饲料喂量合适的表现，消化器官已得到充分发育，体内无过多的脂肪沉积，今后体格发育长大。相反，如粪便细小则说明青粗饲料喂得不够，或者猪过肥，将来体格发育较短小。后备猪的日粮配合可参照表 6-1 和表 6-2。后备母猪的饲粮日喂量如表 6-3 所示。

表 6-1　后备猪日粮结构示例　%

饲　料		自由采食		限制饲养	
		一	二	一	二
玉米、高粱		30	30	67.5	10
麦类		30	30	10	10
薯类		—	—	—	40
苜蓿干草		30	25	5	20
豆饼、棉饼		10	15	17.5	20
营养价值	消化能(MJ/kg)	10.88	10.88	14.01	12.73
	粗蛋白质(%)	14.00	14.00	16.00	14.21
	粗纤维(%)	12.80	12.80	5.00	9.27

注:另适量添加矿物质和维生素。

表 6-2　后备猪饲粮配合示例

饲　料	玉米	高粱	麸皮	蚕豆	豆饼	三七糠
配合比率(%)	40.1	15	15	8	5	5
饲料	菜籽饼	青绿饲料	碳酸钙	食盐	微量元素	
配合比率(%)	5	5	1	0.4	0.5	
营养指标	可消化能(MJ/kg)	粗蛋白(%)	粗纤维(%)	钙(%)	磷(%)	
营养含量	12.55	13.93	5.73	0.60	0.44	

注:青绿饲料折算成鲜量按 1∶6,即 5 kg 折为 30 kg 鲜量。

表 6-3　北京黑猪后备母猪饲粮日喂量

体重(kg)	日增重(g)	日喂量(kg)	
		混合精料	青饲料
10～20	300～400	0.80～1.10	0.15～0.25
21～30	400～450	1.10～1.40	0.25～0.40
31～40	450～500	1.40～1.50	0.50～0.75
41～50	450～500	1.65～1.80	1.25～1.50

续表 6-3

体重(kg)	日增重(g)	日喂量(kg)	
		混合精料	青饲料
51～60	500～600	1.95～2.00	2.00～2.50
61～70	550～600	2.00～2.40	2.50～3.00
71～80	550～650	2.30～2.50	3.00～3.50

后备猪的生长发育有阶段性，一般 6～8 月龄以前较快，以后则逐渐减慢。2～4 月龄阶段的生长发育对后期发育影响很大。如果前期生长发育受阻，后期生长发育就会受到严重影响。因此，养好断奶后头 2 个月的幼猪，是培育后备猪的关键。如果地方品种 4 月龄体重能达到 20～25 kg，培育品种 4 月龄体重达到或超过 35～40 kg，以后的发育就会正常。2～4 月龄阶段发育不好，以后就很难正常发育。

对青年母猪在配种前 7～10 天，进行短期优饲，即在原饲料基础上适当增加精料喂量，可增加母猪的排卵数，从而提高产仔数。配种结束后则应恢复到原来的饲养水平，去掉增喂的精料。

二、后备猪的管理

后备猪应按性别、体重、强弱分群饲养，群内个体间体重相差在 2～4 kg 以内，以免形成“落脚猪”。初期阶段，每栏可养 4～6 头，后期应减到每栏 3～4 头。可实行分栏饲养，合群运动。分群初期日喂 4 次，以后改喂 3 次；保持圈舍干燥、清洁，切忌潮湿拥挤，防止拉稀和患皮肤病。饲养人员应做到态度温和，多接近后备猪，使之性情温顺，有利于以后公猪配种采精及初产母猪人工接产。在后备猪日常管理中应注意观察初情期和发情周期是否正常。若后备母猪久不发情或发情周期不正常，应查明原因，尽早确定是否留作种用。

后备猪的运动是很重要的。运动可以锻炼体质，增强代谢机能，促进肌肉、骨骼的发育，并可防止过肥及肢蹄病。因此，有条件猪场可每天给予后备猪 1～2 小时的放牧运动。或让其在运动场自由运动，必要时可实行驱赶运动。

对于后备公猪的管理比后备母猪难度大，特别是一些性成熟早的品种，达到性成熟以后会烦躁不安，经常相互爬跨，食欲降低，因而生长迟缓。为了克服这种现象，应在后备公猪达到有性欲要求的月龄以后，实行分栏饲养，合群运动，多放牧，多运动，加大运动量，减少圈内停留的时间，这样不仅增进食欲，增强体质，而且还能避免造成自淫的恶癖。

第二节　种公猪的饲养管理

一、种公猪的饲养

种公猪在某种意义上可以说是制造精液和精子的机器。种公猪对整个猪群的作用很大，自然交配时每头公猪可负担 20～30 头母猪的配种任务，一年繁殖仔猪 400～600 头；人工授精时每头公猪一年可繁殖仔猪万头左右。种公猪对其所产后代均要发生遗传影响，农谚中说："母猪好管一窝，公猪好管一坡"，充分表明种公猪在猪群中的重要作用。因此，加强种公猪的饲养管理，提高公猪的配种效率，对增加仔猪数量，改进猪群品质，都是十分重要的。要提高种公猪的配种效率，必须经常保持营养、运动和配种利用三者之间的平衡。营养是保证公猪健康和生产优良精液的物质基础；运动是增强公猪体质、提高繁殖机能的有效措施；而配种利用即是决定营养和运动需要量的依据。例如，在配种繁殖季节，则应加强营养，减少运动量；而在非配种季节，则可适当降低营养，增加运动量，以免公猪肥胖或者消瘦而影响公猪的性欲和配种效果。

(一)种公猪的营养需要

公猪的射精量在各种畜禽中是最高的,一次射精量200～300 mL,含有精子约250亿个。其中水分占97%,粗蛋白质占1.2%～2%,脂肪占0.2%,灰分占0.9%。为了保证种公猪具有健壮的体质和旺盛的性欲,提高射精量和精液品质,就要从各方面保证公猪的营养需要。种公猪营养需要的特点,要求供给足够的蛋白质、矿物质和维生素。饲粮中蛋白质的品质和数量对维持种公猪良好的种用体况和繁殖能力,均有重要作用。供给充足优质的蛋白质,可以保持公猪旺盛的性欲,增加射精量,提高精液品质和延长精子的存活时间。因此,在配制公猪饲粮时,要有一定比例的动物性蛋白质饲料(如鱼粉、血粉、肉骨粉等)与植物性蛋白质饲料(如豆类及饼粕类饲料)。在以禾本科籽实为主的饲料条件下,应补充赖氨酸、蛋氨酸等合成氨基酸,对维持种公猪生殖机能有良好的作用。种公猪饲粮中能量水平不宜过高,控制在中等偏上(每千克饲粮含消化能10.46～12.56 MJ)水平即可。长期喂给高能量饲料,公猪不能保持结实的种用体况,因体内脂肪沉积而肥胖,造成性欲和精液品质下降;相反能量水平过低,公猪消瘦,精液量减少,性机能减弱。

矿物质对公猪的精液品质和健康有显著影响。饲粮中钙不足或缺乏时,精子发育不全,活力降低或死精子增加;缺磷引起生殖机能衰退;缺锰会产生异常精子;缺锌使睾丸发育不良,精子生成停止;缺硒引起贫血,精液品质下降,睾丸萎缩。公猪饲粮多为精料型,一般含磷多钙少,故需注意钙的补充。食盐在公猪日粮中也不可缺少。在集约化养猪条件下,更需注意补充上述微量元素,以满足其营养需要。

维生素A、维生素D和维生素E对精液品质亦有很大影响。长期缺乏维生素A时,会使公猪睾丸肿胀或萎缩,不能产生精子,失去繁殖能力。缺乏维生素E时,亦会引起睾丸机能退化,精液品质下降。公猪可从青绿饲料中获得维生素 A 和维生素 E，在缺乏青饲料的条件下，应注意补充多维。维生素 D 影响钙、磷代谢，间接影响精液品质，让公猪每天晒一会儿太阳，就能保证维生素 D 的需要。

(二)饲粮配合和饲喂技术

公猪饲养应随时注意营养状况，使其终年保持健康结实，不肥不瘦，性欲旺盛，精力充沛的体质。过肥的公猪整天贪睡，性欲减弱，甚至不能配种，即使勉强配种，也往往由于睾丸发生脂肪变性，精子不健全而受胎效果不佳。这种情况多是由于饲粮内营养不全面，能量水平较高，蛋白质、矿物质和维生素不足，加之缺乏运动所引起。当发现种公猪过肥时，则应减少能量饲料喂量，增喂青饲料和加强运动来纠正。如果公猪过瘦，则说明营养不足或配种过度，则应及时调整饲粮和控制配种次数。

在常年分散产仔的猪场，公猪配种任务比较均匀，因此，全年各月都要维持公猪配种期所需要的营养水平。采用季节集中产仔时，则需要在配种开始前 1～1.5 个月逐渐增加营养，做好配种前的准备，待配种季节结束以后，再逐渐适当降低营养水平。配种期间每天可加喂 2～4 枚鸡蛋或小鱼、小虾等动物性蛋白质饲料，以保证良好的精液品质。冬季寒冷时，饲粮的营养水平应比饲养标准提高 10%～20%。种公猪应用精料型日粮。配制种公猪饲粮，每千克含消化能 12.55 MJ，粗蛋白质 12%～14%，钙 0.66%，磷 0.53%，食盐 0.35%。公猪饲粮体积不宜过大，以免形成垂腹影响配种。表 6-4 为公猪饲粮配方示例。

表 6-4　公猪饲粮配方示例

饲料	非配种期	配种期
玉米	64.5	64
豆饼	15.0	28.3
麦麸	15.0	—
大麦	—	4.2

续表 6-4

	饲料	非配种期	配种期
	草粉	3.0	—
	鱼粉	—	1.0
	骨粉	2.0	2.0
	食盐	0.5	0.5
	合计	100	100
营养价值	消化能(MJ/kg)	13.02	13.73
	粗蛋白质(%)	14.06	18.96
	钙(%)	0.71	0.76
	磷(%)	0.65	0.59

注:上述配方另加维生素和微量元素添加剂(用量按说明书)。饲喂种公猪应定时定量,冬季可日喂 2 次,夏季可日喂 3 次,每次不宜喂得过饱,日粮一般占体重的 2.5%~3%。按上述饲粮配方,体重 90 kg 以下的小公猪日喂量 1.4 kg,体重 90~150 kg的公猪日喂量 1.9 kg,体重 150 kg 以上的公猪日喂量 2.3 kg,即可满足需要。同时供给公猪充足清洁的饮水。

二、种公猪的管理

(一)单圈饲养

种公猪应单圈饲养,并与母猪圈舍相距较远,使其安静,不受外界干扰。同时避免相互间爬跨和造成自淫的恶习。

(二)建立日常管理制度

要根据不同季节为种公猪制定一套饲喂、运动、洗刷、采精和休息等日常管理制度,使公猪养成良好的习惯,形成条件反射,有利于公猪的健康和利用。种公猪的饲养管理制度一经制定,就必须严格执行,不可随便更动。

(三)保持圈舍和猪体的清洁卫生

公猪圈舍应天天坚持打扫,保持清洁、干燥,每天用刷子刷拭 1~2 次皮毛,保持猪体清洁,防止皮肤病和体外寄生虫病的发生。通过刷拭,还可以促进血液循环,加强新陈代谢。炎热夏天还可洗浴1～2次。要特别注意保持公猪阴囊和包皮的清洁卫生。

(四)合理运动

合理运动能促进食欲,增强体质,提高繁殖能力。运动不足,使脂肪沉积,四肢无力,甚至造成睾丸脂肪变性,严重影响配种效果。种公猪一般每天要坚持运动2次,上、下午各1次,每次运动1小时,行程2～3 km,有条件时可对公猪进行放牧,这也可代替运动。夏季宜早晚运动,冬季中午运动。公猪运动后不要立即洗浴或饲喂。并注意防止公猪因运动量过大而造成疲劳。配种旺期应适当减少运动,非配种期和配种准备期应适当增加运动。

(五)定期称重

公猪应定期称重,根据体重变化情况检查饲料是否适当,以便及时调整日粮。对正在生长的幼龄公猪,要求体重逐月增加,但不宜过肥。成年公猪体重应无太大变化,但需要经常保持中上等膘况。

(六)定期检查精液品质

配种季节应重视精液品质的检查,最好7～10天检查1次。根据精液品质好坏,调整营养、运动和配种次数,这是保证公猪健壮和提高受胎率的重要措施之一。对种公猪还应合理利用,利用不当会影响后期生产性能。

第三节　配种准备期母猪的饲养管理

配种准备期是指后备母猪配种前10天左右和经产母猪从仔猪断奶到发情配种期间。此阶段习惯上又称为母猪的空怀期。配种准备期母猪的饲养任务是保持正常的种用体况(不肥不瘦),能正常发情、排卵,并能及时配上种。

在营养需要上,此期应特别重视蛋白质的供给,不但要保证数量,而且还要注意质量。一般要求日粮中粗蛋白质占12%。如果蛋白质供应不足会影响卵子的正常发育,并使排卵数减少。蛋白质品质差也会使受胎率降低,甚至不孕。在矿物质营养上,对钙的供给不足也极为敏感,会造成不易受胎或不孕,产仔数减少或产弱仔多。母猪一般很少感到缺磷。在日粮中应供给钙 15 g、磷 10 g、食盐 15 g。维生素 A、维生素 D、维生素 E 对母猪的繁殖意义很大。日粮中维生素 A 不足,会降低性机能的活动,还会影响卵泡成熟,使受精卵难以着床,引起不孕,使断奶后母猪发情延迟。倘若伴随维生素 D 缺乏,则使上述不良后果加剧。维生素 E 缺乏会造成不育。维生素 B_1、胆碱等对母猪的繁殖性能也有影响。在母猪不缺乏青绿饲料时,一般不易缺乏维生素,但在冬季和早春缺乏青饲料时,需添加"复合维生素"予以补充。特别是在集约化养猪生产中更应注意补充。在日粮中维生素按每千克日粮中供给维生素 A 4 000 IU,维生素 D 280 IU,维生素 E 11 mg。

根据母猪配种准备期的营养需要特点,在日粮中供给大量的青绿饲料和多汁饲料是很适宜的,这类饲料富含蛋白质、矿物质和维生素,对排卵数量、卵子质量、排卵的一致性和受精都有益处。每天每头应饲喂 4～5 kg 多汁饲料或 5～10 kg 青饲料,1.9～2.4 kg 混合精料。

对断奶后瘦弱的经产母猪如果不能正常发情,可以采取"短期优饲"的措施,即在短期内(5～7 天)提高日粮能量水平,在维持基础上提高 50%～100%,增加精料喂量,使其尽快恢复体况,并能较早地发情排卵、配种。

在管理上,要注意保持圈舍清洁卫生、干燥、空气流通,采光良好,以及温度适宜。一般而言,大多数母猪在断奶 5～7 天即可发情。对于不发情的母猪应检查原因,及时采取相应的措施。如果是营养不足造成的,就应改善饲养条件,调整饲粮组成,适当增加精料,特别是动物性蛋白质饲料的喂量,注意补充青料和矿物质饲料。如果是营养过量造成的,就应减少精料喂量,而增加青绿饲料饲喂，并加强运动，可促使其尽快发情。对于久不发情的母猪，可将公猪赶入母猪圈内追逐爬跨母猪，或将公、母猪混养 1 周诱使母猪发情，也可给不发情母猪注射孕马血清 1～2 次，每次肌肉注射 5 mL，或者用绒毛膜促性腺激素，肌肉注射 1 000 IU，其效果均较好。

第四节　妊娠母猪的饲养管理

妊娠母猪饲养管理的好坏直接关系到胚胎的生长发育、产仔数、初生重、仔猪成活率、日增重、母猪的泌乳力和下一个繁殖周期的发情配种。保证妊娠母猪健康，才能保证胎儿发育正常。

一、妊娠母猪的生理特点

随着妊娠期的延长，母猪的体重增加，机体代谢活动增强。

(一)母猪增重与代谢

妊娠增重是动物的一种适应性反应。在喂给妊娠母猪和空怀母猪相同饲粮的条件下，妊娠母猪增重高于空怀母猪 9～16 kg。这种现象称为妊娠合成代谢。因为母猪在妊娠期间，由于孕激素的大量分泌，机体代谢活动加强，在整个妊娠期代谢率增加10%～15%，后期更高，高达 30%～40%。

(二)胎儿、胎盘和子宫增重

在妊娠期间，胎儿的生长发育有一定规律。一般可分为前期、后期 2 个阶段。妊娠开始至 60～70 天，为前期阶段，此时主要形成胚胎的组织器官，胎儿本身绝对增重不大，而母猪自身增加体重较多，妊娠 70 天后至妊娠结束为后期阶段，此阶段胎儿增重加快，初生仔猪重量的 70%～80%是在妊娠后期完成的，并且胎盘、子宫及其内容物也在不断增长。同时，乳腺细胞也是在妊娠最后阶段形成的。

二、妊娠母猪的饲养

(一)妊娠母猪的营养需要

妊娠初期胎儿发育较慢,营养需要不多,但在配种后21天左右,必须加强妊娠母猪的护理并要注意饲料的全价性,否则就会引起胚胎的早期死亡。因为卵子受精后,受精卵沿着输卵管向子宫移动,附植在子宫黏膜上,并在周围形成胎盘,这个过程需时约2周。受精卵在子宫壁附植初期还未形成胎盘前,由于没有保护物,对外界条件的刺激很敏感,这时如果喂给母猪发霉变质或有毒性的饲料,胚胎易中毒死亡。如果母猪日粮中营养不全面,缺乏矿物质、维生素等,也会引起部分胚胎发育中途停止而死亡。由此可见,加强母猪妊娠初期的饲养,是保证胎儿正常发育的第一个关键时期。

妊娠后期,尤其是怀孕后的最后1个月,胎儿的发育很快,日粮中精料的比例应逐渐增加,以保证胎儿对营养的需要,也可让母体积蓄一定的养分,以供产后泌乳的需要。因此,加强妊娠后期的饲养,是保证胎儿正常发育的第二个关键性时期。所谓妊娠母猪"抓两头"就是这个道理。这也是饲养妊娠母猪时,节省饲料,把精料用在"刀刃"上的科学方法。

妊娠母猪的营养需要详见表4-18和表4-19。

(二)妊娠母猪的饲养方式

我国群众在生产实践中,根据妊娠母猪的营养需要、胎儿发育规律以及母猪的不同体况,分别采取以下不同的饲养方式:

1."抓两头带中间"的饲养方式　对断奶后膘况差的经产母猪,从配种前几天开始至怀孕初期阶段加强营养,前后共约1个月加喂适量精料,特别是富含蛋白质饲料。通过加强饲养,使其迅速恢复繁殖体况,待体况恢复后再回到青粗饲料为主饲养,到妊娠80天后,由于胎儿增重速度加快,再次提高营养水平,增加精料喂量，既保证胎儿对营养的要求又使母猪为产后泌乳贮备一定量的营养。

2."步步登高"的饲养方式　对处于生长发育阶段的初产母猪和生产任务重的哺乳期间配种的母猪，整个妊娠期的营养水平及精料使用量，按胎儿体重的增长，随妊娠期的增进而逐步提高。

3."前粗后精"的饲养方式　对配种前膘况好的经产母猪可以采取这种饲养方式。即在妊娠前期胎儿发育慢，母猪膘情又好者可适当降低营养水平，日粮组成以青粗饲料为主，相应减少精料喂量；到妊娠后期胎儿发育加快，需要营养增多，再按标准饲养，以满足胎儿迅速生长的需要。

科技工作者在总结近 20 年来母猪营养需要研究的基础上，确立了对母猪采取"低妊娠，高泌乳"的饲养方式。即对妊娠母猪采取限量饲养，使妊娠期母猪的增重控制在 20 kg 左右，而哺乳期则实行充分饲养，这是利用饲料最经济的饲养方式。过去认为母猪在妊娠期体内的营养贮备有利于哺乳期泌乳，现在则认为妊娠期在体内贮备营养供给产后泌乳，造成营养的二次转化，要多消耗能量，不如哺乳期不限量充分饲养经济。同时，哺乳期的饲料利用率以妊娠期增重较少的母猪为高。如果妊娠期营养过于丰富，体脂贮备过多，则会使哺乳期母猪食欲不良，影响泌乳量，减重多，影响断奶后的发情配种。

据研究，在妊娠期由饲料养分转化为体脂的效率为 78%，而在哺乳期再由体脂转化为猪乳的效率为 63%，这样由于饲料的二次转化双重损失，其饲料利用率实际上只有 49%（78%×63%＝49%）。而哺乳母猪将饲料直接转化为猪乳时，其效率为 67%。"高妊娠，高泌乳"的饲养方式比"低妊娠，高泌乳"饲养方式，养分损失要高出 1/4 以上。所以，近年来国内外普遍推行对妊娠母猪采取限量饲养，哺乳母猪则实行充分饲养的方法。

(三)妊娠母猪的日粮配合

在实际生产中,妊娠母猪的饲粮组成可以有精料型和青粗料型2种类型。精料型饲料由谷实、饼粕、糠麸、草粉、矿物质饲料、微量元素添加剂和复合维生素添加剂等组成。喂量可根据母猪体重、气候条件灵活掌握,以保证母猪具有不肥不瘦的种用体况为准。

根据上述要求,现以北京市农林科学院畜牧兽医研究所对丹麦长白母猪妊娠期饲粮配方为例,做一个介绍,见表6-5。

表6-5 丹麦长白母猪妊娠饲粮配方

饲料种类		高能高蛋白质	中能中蛋白质	低能低蛋白质
玉米(%)		54.0	51.0	45.0
大麦(%)		14.0	16.5	11.0
豆饼(%)		9.0	6.0	2.0
高粱(%)		—	—	5.0
麸皮(%)		10.0	6.5	9.0
草粉(%)		6.5	15.0	25.0
鱼粉(%)		6.0	3.5	2.0
食盐(%)		0.5	0.5	1.0
贝壳粉(%)		—	1.0	—
营养价值	消化能(MJ/kg)	12.80	11.84	10.92
	粗蛋白质(%)	15.83	13.04	10.67
	钙(%)	0.75	0.68	0.62
	磷(%)	0.63	0.50	0.48

如果青饲料、青贮料、糟渣类饲料丰富,再适当搭配精料,按妊娠期母猪的饲养标准配合成青粗饲料型饲粮,饲喂妊娠母猪可以节省精料,降低饲养成本。例如,黑龙江阎家岗农场根据生产经验所制定的日粮,能保证母猪平均窝产仔10~11头,初生重1.2 kg,仔猪体质健壮的营养需要见表6-6。

表 6-6　怀孕母猪典型日粮　kg

期别		豆饼	麸皮	酒糟	糖渣*	豆腐渣*	青料或青贮料	食盐	贝壳粉
怀孕前期	经产	0.375	0.375	3.0	3.0	3.0	3.0～4.5	0.02	0.07
	初产	0.75	0.75	2.0	2.0	2.0	2.0～3.0	0.02	0.05
怀孕后期	经产	0.625	0.625	3.0	3.0	3.0	3.0～4.5	0.02	0.07
	初产	1.00	1.00	2.0	2.0	2.0	2.0～3.0	0.02	0.05

*指糖渣和豆腐渣只用其中一种的用量，若两者并则用量减半。

三、妊娠母猪的管理

妊娠母猪管理好坏直接影响胚胎存活和产仔数。因此，在生产上须注意以下几方面的管理工作。

(一)避免机械损伤

妊娠母猪在妊娠后期宜单圈饲养，防止相互咬架、挤压造成死胎和流产。不可鞭打、追赶和惊吓怀孕母猪，以免造成机械性损伤，引起死胎和流产。

(二)注意环境卫生，预防疾病

凡是引起母猪体温升高的疾病如子宫炎、乳房炎、乙型脑炎、流行性感冒等，都是造成胎儿死亡的重要原因。故要做好圈舍的清洁消毒和疾病预防工作，防止子宫感染和其它疾病的发生。

(三)盛夏酷暑季节，要做好防暑降温工作

降温措施一般有洒水、洗浴、搭凉棚、通风等。冬季要搞好防寒保温工作，防止母猪感冒发烧造成胚胎死亡或流产。

(四)做好妊娠母猪的驱虫、灭虱工作

蛔虫、猪虱最容易传染给仔猪，在母猪配种前应进行一次药物驱虫，并经常做好灭虱工作。

(五)防止突然更换饲料

更换妊娠母猪饲料，一般需要经过5～7天。母猪在产前10～

15天起，即需将饲料种类逐渐更换成产后饲料。更换饲料切忌突然更换，以防止引起母猪便秘、腹泻，甚至流产。

(六)适当增加饲喂次数

母猪妊娠后期应适当增加饲喂次数，每次不能喂得过饱，以免增大腹部容积，压迫胎儿造成死亡。母猪产前减料是防止母猪乳房炎和仔猪下痢的重要环节，必须引起足够重视。

(七)适当运动

妊娠母猪要给予适当的运动。无运动场的猪舍，要赶至圈外运动。在产前5～7天应停止驱赶运动。

第五节　母猪分娩前后的饲养管理

一、母猪分娩前后的饲养

(一)分娩前的饲养

体况良好的母猪，在产前5～7天应逐步减少20%～30%的精料喂量，到产前2～3天进一步减少30%～50%，避免产后最初几天泌乳量过多或乳汁过浓引起仔猪下痢或母猪发生乳房炎。体况一般的母猪不减料，对体况较瘦弱的母猪可适当增加优质蛋白质饲料，以利母猪产后泌乳。临产前母猪的日粮中，可适量增加麦麸等带轻泻性饲料，可调制成粥料饲喂，并保证供给饮水，以防母猪便秘导致难产。产前2～3天不宜将母猪喂得过饱。

(二)分娩当天的饲养

母猪在分娩当天因失水过多，身体虚弱疲乏，此时可补喂2～3次麸皮盐水汤，每次麸皮250 g，食盐25 g，水2 kg左右。

(三)分娩后的饲养

在分娩后2～3天内，由于母体虚弱，消化机能差，不可多喂精料，可喂些稀拌料(如稀麸皮料)，并保证清洁饮水的供应，以后逐渐加料，经 5～7 天后按哺乳母猪标准饲喂。

二、母猪分娩前后的管理

临产前应在圈内铺上清洁干燥的垫草，母猪产仔后立即更换垫草，清除污物，保持垫草和圈舍的干燥清洁。要防止贼风侵袭，避免母猪感冒引起缺奶造成仔猪死亡。保持母猪乳房和乳头的清洁卫生，减少仔猪吃奶时的污染。产后 2～3 天不让母猪到户外活动，产后第 4 天无风时可让母猪到户外活动。让母猪充分休息，尽快恢复体力。哺乳母猪舍要保持安静，有利于母猪哺乳。要注意对产后母猪的观察，如有异常及时请兽医诊治。

第六节　哺乳母猪的饲养管理

一、哺乳母猪的饲养

母乳是仔猪生后 3 周内的主要营养来源，是仔猪生长的物质基础。养好哺乳母猪，保证它有充足的乳汁，才能使仔猪健康成长，提高哺乳仔猪断奶窝重，并保证母猪有良好的体况，仔猪断奶后母猪能及时发情配种，顺利进入下一个繁殖周期。母猪哺乳期失重属于正常现象，一般泌乳力越高的母猪失重越多，但失重多少和哺乳期营养水平和母猪采食量有很大关系。母猪在整个哺乳期的泌乳量为 250～400 kg，每泌乳 1 kg 需消化能 8.37 MJ，以每天泌乳 6 kg 计，仅泌乳每天就需消化能 50.21 MJ，泌乳的高能量消耗，必然导致母猪在哺乳期体重下降。在正常情况下，哺乳期体重的下降，一般为产后体重的 25%左右，哺乳期第 1 个月体重下降约占全期下降的 60%，而第 2 个月约占 40%。这和母猪前期产奶多，后期产奶少的泌乳规律是一致的。如果哺乳期体重下降幅度太大，则会影响断奶后的正常发情配种和下一胎的产仔成绩。因此,无论从保持哺乳母猪的正常体况,还是从提高仔猪断奶窝重,都必须加强哺乳母猪的饲养。

(一)母猪的泌乳规律和乳汁成分

母猪乳房结构的特点是没有乳池;不能贮存乳汁,亦不能随时排乳,每个乳房有2～3个乳腺管,各乳头之间相互没有联系。哺乳时,靠仔猪吮吸刺激下才能放乳,而且每次放乳时时间又很短,因此,一昼夜哺乳次数较多,平均22次,2次哺乳时间间隔仅67分钟。母猪产后头3天乳为初乳,3天后为常乳。初乳中的干物质和蛋白质含量高,并且含有免疫球蛋白,可提高仔猪抗病力,是仔猪不可缺少的免疫抗体。不喂初乳的仔猪很难成活。初乳中的脂肪、乳糖、矿物质则低于常乳,见表6-7。

表6-7 猪的初乳和常乳成分比较 %

名称	水分	干物质	脂肪	蛋白质	乳糖	灰分
初乳	77.79	22.21	6.23	13.33	1.97	0.68
常乳	79.68	20.32	9.97	5.26	4.18	0.91

母猪60天的泌乳量因品种和个体而异,一般为250～400 kg。日泌乳量在分娩后逐渐增加。产后3周达到最高峰,以后则逐渐下降。一般产后30天内泌乳量占全期的60%～70%,为提高母猪的泌乳量,必须抓好产后头1个月的饲养(表6-8)。

表6-8 母猪哺乳期泌乳量比较

项　目	第一旬	第二旬	第三旬	第四旬	第五旬	第六旬	第七旬
各旬产乳量(%)	15.0	20.0	21.0	17.5	13.0	10.0	3.5
每昼夜产乳量(kg)	4.0	4.5	6.0	5.5	4.5	4.0	2～3

母猪乳头的位置不同,产乳量也不一样,一般前胸部乳头比后腹部乳头产乳量高。母猪头胎的产乳量较低,以3～5胎的产乳量最高,6～7胎以后下降。

(二)哺乳母猪的饲养

1. 营养需要和饲料配合　哺乳母猪的营养需要由其本身的维持需要和泌乳需要两部分组成。

哺乳母猪的营养需要量，因品种、体重、带仔数不同而有差异。如体重 90 kg 左右、带仔 10 头的地方品种经产母猪，每日需消化能 47.28 MJ，粗蛋白质 533 g，钙 25 g，磷 16.6 g；而一头体重 120～150 kg、带仔 10 头的外国良种猪，每日需消化能 60.67 MJ，粗蛋白质 700 g，钙 32 g，磷 22.5 g。

哺乳母猪的饲粮配合，要求每千克饲粮含消化能 12.14 MJ，粗蛋白质 14%，钙 0.64%，磷 0.46%，盐 0.4%。哺乳母猪每日营养需要和饲粮配合要求参见表 4-21。

按营养需要配合哺乳母猪饲粮，能保证每日营养供给，才能获得满意的生产效果。例如，北京市北郊农场畜牧实验站，按标准配合妊娠母猪和哺乳母猪饲粮，所配饲粮（表 6-9）妊娠母猪日喂量 2 kg，哺乳母猪日喂量 5 kg，获得了满意的繁殖成绩。

表 6-9　母猪饲粮配方　%

饲料名称	妊娠母猪	哺乳母猪	饲料名称	妊娠母猪	哺乳母猪
玉米	48	58	骨粉	1	1.7
大麦	15	—	食盐	0.5	0.3
麦麸	25	29.5	添加剂	0.5	—
叶粉	8	—	营养价值		
鱼粉	—	1.5	消化能(MJ/kg)	12.43	12.16
豆饼	2	9	粗蛋白	11.35	13.19

在生产实际中，可根据精料的多少选择精料型日粮和混合型日粮，如选用精料型日粮，注意添加维生素添加剂。精料型日粮可参考表 6-10，精、青、粗混合型日粮可参考表 6-11。

表 6-10　哺乳母猪精料型日粮配方

饲料名称	配方 1	配方 2	配方 3
玉米(kg)	3.4	3.2	3.6
豆饼(kg)	0.5	0.4	0.4
菜籽饼(kg)	0.1	0.3	0.2
糠麸(kg)	1.2	1.4	1.0
鱼粉(kg)	0.3	0.2	0.25
贝壳粉(g)	30	30	30
骨粉(g)	30	30	30
食盐(g)	20	20	20

表 6-11　哺乳母猪混合型日粮配方　%

饲料名称	配合比例	饲料名称	配合比例
高粱	10	鱼粉	7
黄玉米	40	骨粉	2
豆饼	12	食盐	0.5
大麦	5	每日每头喂量	6.95
麸皮	8	风干料(kg)	4.5
粉渣	9.5	含消化能(MJ)	60.67
青贮料浆	6	可消化粗蛋白质(g)	573

2. 饲料喂量　哺乳母猪每日饲粮喂量,具体反应了营养水平的高低。喂量多少关系到母猪失重、仔猪增重、断奶至配种间隔天数(表 6-12)。

表 6-12　哺乳期饲养水平与表现

日喂量	哺乳 4 周失重	仔猪日增重(g)			奶至配种
(kg)	(kg)	0～21 日	0～28 日	21～28 日	间隔(天)
1.51	44.5	189.0	169.7	136.2	29.8
2.21	30.8	177.1	171.8	155.6	25.0
2.90	27.4	191.9	189.9	184.0	21.2
3.58	19.6	181.2	187.2	193.2	14.6
4.21	15.8	209.7	205.7	193.5	15.5
4.83	9.0	192.9	192.8	192.7	7.8

表 6-12 说明，母猪失重随日喂量增加而减少，仔猪日增重随日喂量增加面提高，断奶至配种间隔天数随日喂量增加而缩短。

哺乳母猪精料喂量，根据其体重、带仔数及饲料条件决定。在使用青饲料和加工副产物较多的情况下，每日喂精料 3～4 kg，如果青饲料和加工副产物不足或缺乏，应增加精料喂量。整个哺乳期精料分配是，60％～65％集中在产后第 1 个月使用，35％～40％分配在产后第 2 个月。这样既可满足第 1 个月泌乳量高的营养需要，又可避免母猪失重过多。对于初产母猪，由于自身还处于生长发育时期。因此在整个泌乳期都应保持较高的营养水平。

3. 饲养技术　哺乳母猪的饲料配合应多样化，易消化，营养全面，适口性好。同时要求哺乳期饲粮应保持相对稳定，以免母猪不适应造成减食，影响母猪泌乳。为保持母猪良好的食欲和必需的采食量，可采取日喂 3 次。青绿多汁饲料适口性好，容易消化，含维生素丰富，蛋白质品质也优良，并且有催乳作用，可显著地提高母猪泌乳力，可适当多喂些。猪乳中含有 80％的水分，因此，应保证饮水供应，让母猪自由饮水，不喂冰水。切忌饲喂霉烂、腐败和变质饲料，以免引起母猪和仔猪下痢，或诱发其它疾病，严重者还会中毒死亡。

注意催乳与压乳。对泌乳量少的母猪，应分析原因，改进饲养管理，进行人工催乳，如适当增加精料喂量，或增加富含蛋白质的催乳饲料，或用药物催乳。对产后泌乳过多、过浓的母猪，可适当减少精料喂量，以免引起仔猪消化不良、下痢和母猪发生乳房炎。在仔猪断奶前 3～5 天，应逐渐减少母猪日粮中的精料和青绿多汁饲料，以促使回奶。对膘况差的母猪也可不减料。母猪在仔猪断奶后的 2～3 天内，应不急于加料，等母猪乳房的皮肤出现皱褶，说明已经回奶,再适当加料,以促使母猪早发情和多排卵。

二、哺乳母猪的管理

哺乳母猪的正确管理,对保证母仔的健康,提高泌乳量极为重要,应注意做好以下管理内容:

哺乳母猪舍一定要保持清洁干燥和通风良好,冬季要注童防寒保暖。母猪舍肮脏潮湿常是引起母、仔患病的原因,特别是舍内空气湿度过高,常会使仔猪患病和影响增重,应引起足够重视注意运动,多晒太阳。合理运动和让猪多晒太阳是保证母仔健康,促进乳汁分泌的重要条件。产后3～4天开始让母猪带领仔猪到运动场内活动。

保护好哺乳母猪的乳房和乳头。仔猪吸吮对母猪乳房乳头的发育有很大影响。特别是头胎母猪一定要注意让所有乳头都能均匀利用,以免未被利用的乳房发育不好,影响以后的泌乳量。当新生仔猪数少于母猪乳头数时,应训练仔猪吃2个乳头的乳,以防剩余的乳房萎缩。经常检查乳房,如发现乳房因仔猪争乳头而咬伤或被母猪后蹄踏伤时,应及时治疗,冬天还要防止乳头冻伤。腹部下垂的母猪,在躺卧时常会把下面一排乳头压住,造成仔猪吃不上奶,可用稻草捆成长60 cm左右的草把,垫在母猪腹下,使下面的乳头露出来,便于仔猪吮乳。腹部过分下垂的母猪,乳头经常拖在地上,应注意地面的平整;并经常保持地面清洁。注意观察母猪膘况和仔猪生长发育情况。如果仔猪生长健壮,被毛有光泽,个体之间发育均匀,母猪体重虽逐渐减轻但不过瘦,说明饲养管理合适。如果母猪过肥或过瘦,仔猪瘦弱生长不良,说明饲养管理存在问题,应及时查明原因,采取补救措施。

三、生产实践中存在的问题

(一)母猪缺乳或无乳

在哺乳期内,有个别母猪在产后缺乳或无乳,导致仔猪发育不良或饿死。如遇到这种情况,应查明原因,及时采取相应措施加以解决。

1. 无乳的原因

母猪营养不良,过度瘦弱,年老体衰,生理机能衰退;或母猪过肥,乳房被脂肪填充,对仔猪吮吸刺激弱;或配种过早,乳房和乳腺发育不全,或母猪产后患子宫炎、乳房炎、高烧等造成无乳。有时个别母猪个别乳头孔内有乳塞现象,饲养人员可用手用力挤压,挤出乳塞后就能吸出乳。对于乳头孔闭锁(由于褥草中有一种叫文伞梗孢子菌的真菌,它引起乳头顶皮肤发生化脓性坏死炎症,从而使乳房乳头孔结疤而闭锁),仔猪拱乳又无力,不能正常放乳时,饲养员在仔猪拱乳时,用手掌帮助按摩乳房,同时用嘴发出类似仔猪吃乳的"啧啧声",这样可促使母猪正常放乳,吃过几次,当仔猪吃饱体力增强后,自己就能用力拱乳,母猪也能正常放乳了。

2. 催乳方法

(1)先将母猪与仔猪暂时分开,每头母猪用 20 万~30 万 IU 催产素肌肉注射,用药 10 分钟后让仔猪自行吃乳,一般用 1~2 次药即可达到催乳效果。

(2)在煮熟的豆浆中,加入适量的荤油,连喂 2~3 天。

(3)花生仁 500 g,鸡蛋 4 个,加水煮熟,分 2 次喂给,1 天后就可催乳。

(4)海带 250 g 泡涨后切碎,加入荤油 100 g,每天早晚各 1 次,连喂 2~3 天。

(5)白酒 200 g,红糖 200 g,鸡蛋 6 枚。先将鸡蛋打碎加入红糖搅匀,然后倒入白酒,再加少量精料搅拌,一次性喂给哺乳母猪,一般 5 小时左右产乳量大增。

(6)将各种健康家畜的鲜胎衣(母猪自己的也可以),用清水洗净,煮熟剁碎,加入适量的饲料和少许盐,分 3～5 次喂完,可催乳。

(7)将活泥鳅或鲫鱼 1 500 g 加生姜、大蒜适量及通草 5 g,煎水拌料连喂 3～5 天,催乳效果很好。

(8)用王不留行 35 g、通草 20 g、穿山甲 20 g、白术 30 g、白芍 20 g、黄芪 30 g、当归 20 g、党参 30 g,水煎加红糖喂服。或用木通 30 g、茴香 30 g,水煎后拌入少量稀粥,分 2 次喂给。

(二)母猪拒绝哺乳仔猪

拒乳指母猪产后拒绝哺乳仔猪。拒乳有下列几种情况:其一是母猪缺乳或少乳,仔猪总缠着母猪吮吸乳头,使母猪不安,仍至乳头发痛而拒绝哺乳。此种情况需要提高母猪饲料营养水平,添加充足的催乳饲料,母猪乳汁分泌量增加,拒乳现象可以消失。其二是母猪患乳房或乳头擦伤,或因个别仔猪犬齿太长、太尖,哺乳时乳房疼痛而拒乳。此种情况需请兽医及时治疗。其三是初产母猪没有哺乳经验而不哺乳,对仔猪吸吮刺激总是处于兴奋和紧张状态而拒绝哺乳。生产上可采取醉酒法,用 2～4 两白酒拌适量精料一次喂给哺乳母猪,然后把仔猪捉去吃奶,或者肌肉注射盐酸氯丙嗪(冬眠灵),每千克体重 2～4 mg,使母猪睡觉,也可在母猪躺卧时,用手轻轻抚摸母猪腹部和乳房,然后再让仔猪吸乳。经过几次哺乳,母猪习惯后,就不会拒绝哺乳。

(三)母猪吃小猪

生产中个别母猪有吃小猪现象是因为母猪吃过死小猪、生胎衣或泔水中的生骨肉(初生小猪的味道与其相似);母猪产仔后,非常口渴,又得不到及时的饮水,别窝小猪串圈入此圈,母猪闻出气味不对，先咬伤、咬死，后吃掉，或者由于母猪缺乳，造成仔猪争乳而咬伤乳头，母猪因剧痛而咬仔猪，有时咬伤、咬死后吃掉。消除母猪吃小猪的办法是：供给母猪充足营养，适当增加饼类饲料，多喂青绿、多汁饲料，每天喂骨粉和食盐，母猪产仔后，及时处理掉胎衣和死小猪，不喂有生骨肉的泔水，让母猪产前、产后饮足水，不使仔猪串圈等。

第七章　仔猪培育

仔猪阶段是猪一生中生长发育最迅速、物质代谢最旺盛、对营养不全最敏感的阶段。仔猪培育效果的好坏，直接关系到断奶育成率的高低和断奶体重的大小，影响母猪的年生产力和肥猪出栏的时间。因此，仔猪培育是搞好养猪生产的基础，对加速猪群周转，提高养猪经济效益起着十分重要的作用。

根据仔猪不同时期内生长发育的特点及对饲养管理的要求，在生产上通常分为两个阶段，即依靠母乳生活的哺乳仔猪培育阶段和由母乳过渡到独立生活的断奶仔猪阶段。培育仔猪的基本任务是获得最高的成活率和最大的断奶窝重。

第一节　哺乳期仔猪的培育

哺乳期仔猪的主要特点是生长发育快和生理上的不成熟。仔猪出生后，必须根据其生长发育规律及生理特点和营养需要，进行合理管理，以达到获取最高的成活率、最大的断奶窝重和个体重，为培育优良种猪和商品肉猪奠定良好的基础。

一、初生仔猪对环境变化的应激

猪一生中所遭受到的最大的应激是出生，而哺乳仔猪培育效果的好坏，关键取决于出生后初生阶段对这些应激的控制和适应。仔猪出生时的环境变化主要表现在以下 4 个方面：

①仔猪出生前，生活在母体子宫内的羊水中。胚胎发育过程中依靠母子胎盘的血液循环来实现气体交换，获取氧气并排出二

氧化碳，而仔猪出生后必须依靠自己的肺呼吸。否则窒息而死。

②其母猪子宫内环境温度保持在39～39.5℃较恒定的范围内，但仔猪出生后所面临的环境温度却随时变化，尤其是出生时，环境温度与体温至少相差5～6℃或以上。

③母体子宫内是无菌的，而出生后却受到各种微生物的侵袭，甚至生后1～2小时肠道内即有大肠杆菌定居。

④出生前营养物质是通过母子胎盘的血液循环，直接从血液中供给的，出生后即转变为吸吮母猪乳汁由肠道获得营养。

仔猪出生时所发生的这些变化，是对仔猪生命的严峻考验。在仔猪的培育中，应当精心照料，合理安排仔猪的饲养管理，尽量减少其它的应激因素对初生仔猪的影响，从而确保仔猪的正常生长发育。

二、哺乳期仔猪的生理特点及利用

由于初生仔猪生理上的不成熟，因此在其出生后的早期阶段，常因饲养管理不当影响其生长发育，甚至造成死亡。掌握初生仔猪的生理特点，根据这些特点采取相应的措施，可以降低初生仔猪的死亡率。初生阶段是提高仔猪成活力的关键时期。

（一）生长发育快，代谢机能旺盛，利用养分能力强

猪由于胚胎生长期短，同胎仔猪数量又多，使得出生时发育不充足。头的比例大，四肢不健壮，各器官发育不完善，对外界抵抗力低，极易因意外而造成死亡。初生时体重小，不到成年体重的1%，与其他家畜相比是最小的，但出生后生长发育快。仔猪出生后，为了弥补胚胎期内发育不足，生后的前2个月生长发育特别迅速。一般仔猪出生重1 kg左右，30日龄时增长至5～6 kg，60日龄可增长至10～13 kg，高的可达到30倍，这是任何家畜不能比的生长速度。可见，60日龄内仔猪生长强度最大，随着年龄的增长，生长强度减弱。由于生长迅速，需要充足的营养供给，在哺乳

期，特别是在30日龄前，保证充足的母乳供给，就能满足仔猪生长迅速之需。

仔猪迅速生长是以旺盛的物质代谢为基础的。特别是蛋白质代谢和钙、磷代谢要比成年猪高得多。10日龄仔猪的热能代谢高于成年猪7.7倍左右。一般生后20日龄的仔猪，每日每千克体重沉积蛋白质9～14 g，相当于成年猪的30～50倍；对乳蛋白的消化率为99.8%，利用率为70%～90%；每增重1 kg需要代谢净能302.08 MJ，为成年母猪(95.3 MJ)的3倍多；每千克增重中需钙7～9 g，需磷4～5 g。由此可见，仔猪对营养物质的需要，无论在数量上或质量上相对都比成年猪高，对营养不全反应或营养不足也十分敏感。营养物质数量不足，质量差或某些养分的比例失调，轻则影响仔猪生长，重者造成大批死亡。因此，对仔猪应供给全价而充足的平衡日粮，进行科学的饲养管理。

猪体内水分、蛋白质和矿物质的含量是随年龄的增长而降低，而沉积脂肪的能力则随年龄的增长而提高。形成蛋白质所需要的能量比形成脂肪所需要的能量约要少40%(形成1 kg蛋白质只要242 67.2 kJ净能，而形成1 kg脂肪则要393 29.6 MJ净能)。所以小猪要比大猪长得快，能更有效地利用饲料，这是其它家畜不可比拟的。故在哺乳期除有效利用母乳外，应特别注意进行合理补料，加强培育，以便充分发挥它最大的生长潜力。这对以后提高饲料利用率、缩短育肥期，增加胴体瘦肉率和提高经济效益都有特殊的重要意义。

(二)消化器官的重量和容积小，消化机能不完善

猪的消化器官在胚胎期虽已形成，但出生时其相对重量和容积小。如初生仔猪胃的重量为5～8 g，是体重的0.44%，容纳乳汁20～50 g；出生后消化器官迅速生长发育，20日龄时胃重达35 g左右，容积扩大3～4倍；至成年时胃重占体重的0.57%。大、小肠与胃一样，在哺乳期表现出强烈的生长，2月龄时长度增加5

倍，容积增加 50 倍左右。消化器官这种快速的生长一直保持到 6～8 月龄以后才开始降低。因此，在哺乳阶段，仔猪的胃肠容积小，排空速度快，所以初生仔猪哺乳次数多。

由于仔猪消化器官晚熟，导致消化腺分泌不足和消化机能不完善。初生仔猪胃内仅含有凝乳酶，胃蛋白酶很少，仅为成年猪的 1/4～1/3，而且胃底腺不发达，不能制造盐酸，由于缺乏游离盐酸，胃蛋白酶没有活性，不能很好地消化蛋白质，特别是植物性蛋白质。这时只有肠腺和胰腺的发育比较完善，胰蛋白酶和乳糖酶的活性较高，食物主要是在小肠内消化。因此初生仔猪只能吃奶而不能利用植物性饲料。

由于消化器官发育晚熟性，导致消化腺分泌及消化机能不完善。主要表现为消化液及消化酶的分泌极具年龄性，对营养物质的消化能力有选择性。

在胃液组成上，初生仔猪最大特点是缺乏游离盐酸，一般 20 日龄才有少量盐酸出现，2 月龄左右达到成年猪水平，胃中 pH 值达到 2～3.5。研究结果表明，由于胃内 pH 值影响胃蛋白酶活性的发挥，而 pH 2～3.5 的范围是胃蛋白酶活性的最佳范围，当胃 pH＞4 时，就会影响乳蛋白消化；当 pH＜2 时，就会严重影响豆粕或鱼粉的消化，导致腹泻的发生。另外，胃液的杀菌性取决于胃内游离盐酸的浓度，但只有 40～45 日龄仔猪胃内的游离盐酸量才能达到杀菌浓度。因此，必须特别注意饲料、饮水的卫生和食槽、猪舍的消毒，减少病从口入。

胃中消化蛋白质的酶主要是胃蛋白酶，其活性的高低决定猪对饲料蛋白质的消化能力。1 日龄仔猪胃液中就含有胃蛋白酶原，且其浓度随年龄的增长而增加。在胃液分泌上，由于仔猪胃和神经系统之间的联系还没有完全建立，缺乏条件反射性的胃液分泌，仔猪的胃液只能当饲料直接刺激胃壁时才能分泌，但量也很少。随着年龄的增长和食物对胃壁的刺激，盐酸的分泌量增加，到

35～40 日龄时，胃蛋白酶才表现出消化能力，仔猪才能利用乳汁以外的其它饲料进入“旺食”阶段。

初生仔猪胃内消化能力差，对营养物质的消化主要是由肠道消化酶来完成的。从消化碳水化合物的酶来源，初生仔猪肠道内乳糖酶的活性就很高，3 周龄左右达到高峰，但 5 周龄左右其活性急剧降低。因此，初生仔猪可以很好地利用乳汁中的乳糖来提供能量。但是其它消化碳水化合物的酶如麦芽糖酶、果糖酶、蔗糖酶以及淀粉酶的活性都很低，这些酶的活性一般在 2 周龄以上才逐步增高，胰淀粉酶的活性甚至要到 4 周龄以后才较高。所以 1 周龄以内的仔猪是不能饲喂蔗糖的，否则会导致顽固性腹泻而死亡。在配制人工乳时，只能添加葡萄糖，乳猪料中的谷物也最好经过加工(如膨化、炒熟或制粒)，以提高饲料的消化利用率。乳以及开食料中的蛋白质，绝大多数是由胰蛋白酶消化的。胰脂肪酶的活性也较高，能很好地消化乳汁中的脂肪。但由于初生仔猪胆囊小，胆汁分泌量少，不能对饲料添加的外源脂肪很好地乳化，所以对外源脂肪的消化能力有限。

哺乳仔猪消化机能不完善的又一表现是食物通过消化道的速度太快。食物进入胃内的排空时间，15 日龄为 1.5 小时，30 日龄为 3～5 小时，60 日龄为 16～19 小时。由于哺乳仔猪消化器官不发达和消化机能不完善，因此仔猪消化腺分泌和消化酶发育的年龄变化，是配制仔猪日粮的重要依据，因而猪对饲料的质量、饲喂方法和次数都有特殊的要求。仔猪的饲料应选用营养丰富而易于消化的优质饲料，并进行合理的加工调制，以弥补仔猪年龄性机能不完善，提高饲料利用率。

(三)体温调节机能不完善，对寒冷的应激能力差

初生仔猪，皮下脂肪少，脂肪含量仅为体重的 1%，且多为细胞膜的成分，不能起到保温的作用；仔猪大脑皮层调节器温中枢发育不完善，调节体温的适应能力差，不能进行正常的化学调节，即在寒冷的刺激下，不能利用血液中的碳水化合物转化为热能来维持体温。同时，由于中枢对血糖的依赖程度相当大，如果环境温度低于适中区，即使调节血液循环也很难维持热平衡。维持体温的热量来源是血中的葡萄糖和肝脏中的肝糖原。但初生仔猪体内的能源贮存是很有限的，每 100 mL 血液中的血糖含量只有 100 mg，如吃不到初乳，2 天之内可降至 10 mg 甚至更少，即可发生低血糖而昏迷。所以体温是被动地随环境温度的升降而升降。初生仔猪因被毛稀少，表面体积相对较大，即增加了体热的散失。若身上有羊水，则热散更快。据测定，仔猪身上的 10 mL 羊水，若依靠体温使其完全蒸发，则需耗能 20.9 MJ 以上，这对初生仔猪是极大的浪费。因此，对仔猪保温是养好仔猪的特殊护理要求。

据资料，初生仔猪的临界温度是 35℃，如果初生仔猪处在 13～24℃间，在生后的第 1 个小时，体温可下降 1.7～7℃。如果初生仔猪裸露在 1℃的环境中，2 小时可冻昏、冻僵，甚至冻死。仔猪体温调节机能 6 日龄还很差，9 日龄才得到改善，20 日龄时接近完善。根据仔猪这一特点，在寒冷的冬季与早春产仔时，要特别注意搞好防寒保温工作。

(四)缺乏先天性免疫力，容易患病

免疫抗体是一种大分子 γ-球蛋白，由于母猪血管与胎儿脐带血管之间被 6～7 层组织隔开(人 3 层，牛、羊 5 层)，限制了母猪抗体通过血液向胎儿转移，所以母体这种免疫抗体不能通过母体血管直接输送给胎儿，故使仔猪出生时缺乏先天免疫力。只有吃到初乳以后，靠初乳把母猪的抗体传递给仔猪，并过渡到自体产生抗体获得免疫力。仔猪出生后通过吸吮母猪的初乳而获得免疫的这种免疫方式称为被动免疫或后天免疫。

母猪的初乳中乳蛋白含量高达 7%，占干物质的 34%，其中绝大部分是免疫球蛋白。每 100 mL 初乳中含总蛋白 15 000 μg，其中60%～70%是运载抗体（免疫球蛋白）的γ-球蛋白，但维持时间很短，3天后即降至500 mg以下。仔猪出生后的24小时内，肠道上皮细胞处于原始状态，具有很大的渗透性。仔猪吸食初乳后，可以不经转化即能直接被吸收到血液中，使仔猪血清中γ-球蛋白很快升高，免疫力迅速增加。随着仔猪肠道的发育，上皮的渗透性发生改变，对大分子γ-球蛋白（抗体）的吸收能力也随着改变。有人测定过，在生后0～3小时内，肠道上皮对抗体的吸收能力为100%，9～12小时后即下降为5%～10%。如果初生仔猪不能尽早地吃足初乳，初乳中的免疫球蛋白就不能透过肠壁进入仔猪血液中。为此，在24～36小时内初生仔猪吃足初奶，是防止仔猪患病，提高仔猪成活率的关键。

在仔猪初生期环境温度亦影响免疫球蛋白的吸收程度。其原因有二：一是寒冷使仔猪变得不活跃，食欲减退，不愿去吃初乳而减弱被动免疫能力；二是寒冷使肠道上皮的通透性发生改变，不能接受或少量接受母乳中的抗体，而使仔猪免疫能力下降，导致疾病发生。因此，加强保温，尽早吃上充足的初乳是提高仔猪免疫力，减少发病的有效措施。

仔猪由初乳中获取的抗体，在体内降低的速度很快。半衰期最长的只有2周龄左右，而自身抗体的产生约在10日龄以后，30～35日龄前数量很少，35～42日龄才达到成年猪的水平。因此，3周龄是抗体的青黄不接阶段，最易患下痢。此时仔猪已开始吃食，胃液中又缺乏游离盐酸，对随饲料和饮水进入胃内的病原微生物没有抑制作用。这是仔猪多病的又一重要原因。

三、养育仔猪的关键措施

在仔猪哺乳期内，为提高仔猪成活率和断奶窝重，养育中应采取以下措施：

(一)抓好初生关,提高仔猪成活率

让仔猪出生后获得充足的母乳,是保证仔猪发育健壮的关键,做好防寒、防压、防病工作是提高成活率的基本措施。

1. 固定乳头,吃足初乳　母猪产后3天内分泌的乳汁,称为初乳。初乳中含有丰富的蛋白质、维生素和免疫抗体、镁盐等;初乳酸度高,有利于消化活动。初乳中的各种养分,在小肠内几乎能全部吸收。初乳对仔猪有特殊的生理作用,能增强仔猪的抗病能力、增进健康,提高抗寒能力,促进胎便排泄。仔猪出生后,即应放在母猪身边吃初乳。如果初生仔猪吃不到初乳,则很难成活,所以初乳对仔猪是不可缺少和替代的。

仔猪在生后前几天,进行固定乳头的训练,乳头一旦固定下来,一般到断奶很少更换。实行固定乳头的措施,既能保证每头仔猪吃足初乳,同时又能提高全窝仔猪的均匀度。初生仔猪开始吃乳时,往往互相争夺乳头,强壮的仔猪占据前边的乳头,而弱小的往往吃不上或造成争夺咬伤母猪乳头或仔猪颊部,引起母猪烦躁不安,影响母猪正常放乳或拒绝哺乳,最后强壮的仔猪强占出乳多的乳头,甚至一头仔猪强占2个乳头,弱小仔猪只能吸吮出乳少的乳头,结果就会形成一窝仔猪中强的愈强,弱的愈弱,到断乳时体重相差悬殊,严重的甚至会造成弱小仔猪死亡。

为使全窝仔猪生长均匀健壮,提高成活率,应在仔猪出生后2～3天内,进行人工辅助,固定乳头,让仔猪吃好初乳。即母猪分娩后,第一次哺乳时,先用湿毛巾擦净母猪腹部和乳房、乳头,挤掉乳头内前几滴乳,再将仔猪放在母猪身边,让仔猪自寻乳头,待多数仔猪找到乳头后,对个别弱小或强壮争夺乳头的仔猪再适当调整。将发育较差、初生重小的仔猪放在前边乳头上吮乳,使其多吃初乳,以弥补其先天不足,体大强壮的仔猪固定在后边乳汁较少的奶头上。饲养员监视吮乳仔猪,不许打乱次序,每次哺乳都坚持既定顺序,经过几天的调教,仔猪就能按固定的顺序吮乳。这样不仅可以减少弱小仔猪死亡，而且还可使全窝仔猪发育匀称。对于初产母猪，此法可促使其后部乳房的发育，对提高其以后几胎的泌乳量和带仔数有重要作用。

人工固定乳头，一般采用"抓两头顾中间"的办法比较省事。就是把一窝中最强的、最弱的和最爱抢奶的控制住，强制其吃指定的乳头。至于一般的仔猪则可以让其自由选择乳头。在固定奶头时，最好先固定下边的一排，然后再固定上边的一排，这样既省事也容易固定好。此外，在乳头未固定前，让母猪朝一个方向躺卧，以利于仔猪识别自己吸吮的乳头。

给仔猪固定乳头是一项细致的工作，特别是开始阶段，一定要细心照顾，必要时，可用各种颜色在仔猪身上打记号，便于辨认每头仔猪，以缩短固定乳头的时间。

2. 防压防踩　仔猪生后 1 周内，压死、踩死数占总死亡数的绝大部分。这是由于初生仔猪体质较弱，行动不灵活，不会吸乳以及对复杂的外界环境不适应，特别是寒冷季节，喜挤在一起，好钻草堆或钻入母猪腹底部取暖，稍有不慎，就有可能被母猪压死、踩死；但在分娩后的第 1 天，由于母猪过分疲劳而不愿意活动，故很少压死仔猪，母猪压死仔猪的现象一般是在母猪排粪的时候。据观察，母猪通常一昼夜排粪 6～7 次，其中白天 4～5 次，平均 4 次，夜晚 2 次，即半夜及快天亮时各排 1 次。因此，初生仔猪的管理中，一定要掌握母猪的排粪习性，加强管理，防止仔猪受压被踩。尤其是大型母猪或过肥的母猪，体格笨重，腹大下垂，起卧时更易踩死、压死仔猪。此外，初生仔猪个体小，生活生活力弱或患病，也易造成压死。

防止母猪踩、压死仔猪，可以采取以下措施：

(1)保持母猪安静，减少母猪压死仔猪的机会　仔猪出生后如让其自由哺乳，容易发生仔猪争夺乳头咬架，造成母猪烦躁不安，时起时卧，易压死、踩死仔猪。故应在第一次哺乳时就需人工辅助固定乳头哺乳,是防止仔猪争夺乳头的有效措施。

(2)剪掉仔猪獠牙　仔猪吸乳时,往往由于尖锐的獠牙咬痛母猪的乳头或仔猪面颊,造成母猪起卧不安,容易压死、踩死仔猪。故仔猪出生后,应及时用剪子或钳子剪掉仔猪獠牙,但要注意断面的整齐。

(3)保持环境安静　防止突然声响,避免母猪受惊,踩压仔猪。

(4)设置护仔间或护仔栏　在规模化养猪场,都有专用产房,产房内设有铝合金材料或镀锌管弯接焊合成的分娩栏,每头母猪都安置在分娩栏内,从而大大降低了踩死、压死仔猪的可能性。在不采用分娩栏产仔的猪舍,除应保持圈舍的安静,注意提高产房的温度,地面平整,防止垫草过长、过厚外,可在栏圈内设置护仔间(以后可供补饲用),定时放出喂奶,这是保温和防止仔猪被压、被踩的有效办法。如果没有护仔间,也可在头 5 天内采用护仔筐,将母仔分开,每隔 60～90 分钟哺乳一次。还可在猪床靠墙的一面或三面用钢管、圆木或毛竹(直径 5～10 cm)在离墙和地面各 25～30 cm外装设护仔栏,以防母猪靠墙卧时,将仔猪挤压到墙边或身下致死。如发现母猪压住仔猪,可拍打母猪耳根,或提起母猪尾巴,令其站起,救出仔猪。

3. 防寒保暖　初生仔猪大脑皮层不发达,皮下脂肪层薄,被毛稀疏,调节体温适应环境的应激能力差,怕冷。其体温比成年猪高1℃以上,维持体温的单位代谢体重所需能量为成年猪的 3 倍。利用热源基质能力差,出生 24 小时基本不能利用乳脂肪和乳蛋白质氧化供热,主要热源是靠分解体内贮存备的糖原和母乳的乳糖。在气温较高的条件下,仔猪 24 小时后氧化脂肪供热的能力才加强;而在低温环境下(5℃),仔猪需经 60 小时后,才能有效地利用乳脂氧化供热。因此,初生仔猪保温差,需热多,产热少,很怕冷,尤其最初几天最为严重。仔猪的最适宜温度是:1～7 日龄为 28～32℃,8～30 日龄时为 25～28℃,31～60 日龄时为 23～25℃。

仔猪的保温措施很多,可根据条件因地制宜。一般农家多通过调节仔猪的产仔季节,采用春秋季节适宜月份产仔。如全年产仔,应设产房,堵塞风洞,加铺垫草,保持舍内干燥。在仔猪躺卧处加铺厚垫草,天冷时,可在仔猪窝的上面悬吊一束干草,让仔猪钻在下面取暖,这种方法既简便,效果又好。在有条件的地区,可在产圈内设置红外线保温箱或红外线保温室。红外线保温箱可用木制,容量约 1 m^3,固定于产圈的一角,留一个仔猪出入口,内悬挂一个 250 W 的红外线灯泡。如用红外线保温室,即在两个相邻的产圈中间用砖或水泥修建,宽 90 cm、高 80 cm 的保温小室,靠产圈一侧留一个宽 20 cm、高 30 cm 的仔猪出入口。上面用板盖上,地面铺厚草,内挂一个 250 W 的红外线灯泡。仔猪躺卧处的温度,用随时调节红外线灯泡的高度来控制。仔猪出生后经几次训练,就会习惯自由出入。吃完乳后进去休息,需要吃乳时出来。这样,仔猪既不会被冻死,又可避免压死、踩死;同时还可用做补料间,一物多用,效果较好。

4. 寄养并窝　一头母猪所能哺乳的仔猪数受其有效乳头数的限制,同时也受到营养状态的限制。当分娩仔猪数超过母猪的有效乳头数,或因母猪分娩后死亡、缺乳等可以采取寄养或并窝的措施,以提高仔猪的成活率。

并窝就是将母猪产仔数较少的 2~3 窝仔猪合并起来,给其中一头产乳性能好的母猪哺育,让其它母猪提早发情。而寄养则是将一头或数头母猪所产的多余的仔猪,另找一头母猪哺养,或者将全窝仔猪分别由其它几头母猪哺养。

在出现下列情况时,应该实行寄养并窝。

(1)母猪无乳　母猪丧让失泌乳能力,产后因病不能养育仔猪和母猪死亡等情况,均需要给仔猪寻找代哺母猪,实施寄养。

(2)母猪寡产或产仔过多　老母猪产仔少或者母猪产仔过多超过了母猪的有效乳头数,则需要将多余的仔猪寄养给其它代哺母猪。

(3)仔猪弱小　种猪场或母猪专业户，在分娩母猪多而且集中的情况下，将初生日龄相近的仔猪，让其吃足初乳后，按体质强弱由一头母猪哺养，就可以避免因弱小仔猪抢不着乳头，形成“乳僵”猪或因吸不到母乳而饿死。

为使寄养或并窝获得成功，所寄养或并窝的仔猪，其产期应接近。由于母猪多余的乳头在3天内会丧失泌乳能力，因此，仔猪寄养或并窝时，母猪的产仔日期应尽量接近，最好不超过3～4天。否则会出现以大欺小、以强凌弱的现象，或者大的仔猪霸占2个以上乳头，致使弱小仔猪抢不到乳头变成“乳僵猪”或被饿死。同时，过继的仔猪一定要吃到初乳。若是将没吃到初乳的仔猪寄养给3天以后的母猪身边，这些仔猪将不能成活。另外，所选择的代哺母猪必须要母性强，性情温顺，泌乳量高。不宜选择性情粗暴的母猪作代哺母猪，否则寄养并窝将难以成功。

仔猪并窝寄养的方法是，并窝寄养时，可能发生被寄养的仔猪不认代哺乳母猪而拒绝吃乳，一般多发生于先产的仔猪往后产的窝里寄养时。其解决办法是，把寄养的仔猪暂停止哺乳2～3小时，待仔猪感到饥饿时，就会自己寻找代哺乳母猪的多余乳头吃乳；如果个别仔猪再继续拒绝吃乳，可人工辅助把乳头放入其仔猪口中，强制挤奶哺乳，这样强化2～3次，寄养可获得成功。

另外，也可能发生代哺乳母猪不认寄养仔猪而拒绝哺乳并追咬仔猪。母猪主要是靠嗅觉来辨别自己的仔猪和别的仔猪。因此，在寄养时可先将母猪隔开，然后把寄养的和原有的仔猪放在一起0.5～1小时，使两窝仔猪的气味一致后，而且这时母猪的乳房已膨胀，仔猪已有饥饿感，再将其放出哺乳，即易寄养成功。或将寄养的仔猪与原有仔猪同放一窝内，向窝内喷洒少量的酒，混淆仔猪间的气味，然后再让代哺母猪哺乳。

在母猪产仔多而又无寄养并窝条件时，可采用以下办法：

轮流哺乳方法是把仔猪分为两组，其中一组与母猪乳头数相等，两组轮流哺乳，必要时加喂牛乳或羊乳，并进行早期断乳。这种方法较费劳力，工作繁重，夜间尚需值班人员照顾仔猪。

对于超过了母猪的有效乳头数的多产仔猪或因疾病等母猪死亡的初生仔猪，在无寄养条件时，在24小时以内送到初生仔猪交易市场进行交易。对于产仔少于母猪有效乳头数的，则需要购买同期出生的仔猪进行代哺乳，以提高母猪的年生产力和仔猪的育成率。重庆市荣昌县是优良地方品种猪——荣昌猪的保种基地县，农民历来都有饲养母猪的习惯，饲养1～2头母猪的居多。至20世纪90年代初开始，农民就自发地在荣昌县石河镇形成了一个初生仔猪交易市场，经过几年发展，此法至今已在全县范围内得到广泛推广。初生仔猪交易市场的形成和发展，调节了农户初生仔猪的余缺，不仅提高了荣昌县仔猪的育成率，而且对增加农户的经济效益和提高养猪效益都具有重要作用。此法值得在有饲养母猪多的地区推广。

为了避免血统混杂，寄养时需要给仔猪打耳号，以便识别。

5. 人工乳哺育　对于母猪产仔后，泌乳不足或无乳，在仔猪无寄养条件时，需配制人工乳才能使其正常生长发育，以提高仔猪的成活率和育成率。近年来在养猪生产中，为了提高母猪的利用率，对仔猪普及早期断奶或超早期断奶(出生2周内断奶)技术，人工乳的研制与应用，也受到了重视。

人工乳的适口性应好，消化率高，配制的营养成分与浓度应与猪乳相似。人工乳主要是由动物蛋白质、动物脂肪、矿物质、维生素和抗生素等组成，具有促进发育和预防疾病的作用。

(二)抓好补饲关，提高仔猪断奶重

提前诱饲，早期补饲是提高哺乳仔猪断奶重的关键措施。

1. 仔猪早期补饲的重要性　仔猪是生长最快，饲料用率高和单位增重耗料低的关键时期。随着仔猪日龄的增加，其体重及营养需要每日俱增。从母猪的泌乳规律来看，母猪的泌乳量在20天左右达到泌乳高峰，以后又逐渐下降，此时仔猪生长发育加快，对营养的需要也越来越多，这就出现了仔猪的营养需要与母猪乳汁供应的矛盾。

传统的养猪方法是在仔猪20～30日龄才给仔猪补饲饲料，由于补饲时间迟，在母猪泌乳下降时，仔猪还不能采食饲料，不能从饲料中得到足够的营养补充，因而养营养不足，体重下降，瘦弱，抗病力下降，易发生血痢等疾病。严重影响仔猪发育，甚至形成僵猪或死亡。解决这个矛盾的办法就是“提前诱食，早期补饲”。即在仔猪和生后7～8天开始用诱食料（或称“开口料”），引诱仔猪开口吃饲料，逐渐养成采食饲料的习惯，待母猪泌乳下降时，仔猪已能大量采食饲料，这时通过补饲饲料供给仔猪快速生长的营养所需，以弥补母乳的不足。

2. 哺乳仔猪早期补饲的优点

（1）促进消化器官发育，增强消化功能　据试验，经早期补饲的仔猪胃的容积（680～740 mL）比未补饲的（370～430 mL）大1倍左右，容纳食物的数量多。由于食物进入胃，刺激胃壁，激活胃蛋白酶元，从而促进蛋白质消化。

（2）提高饲料转化率　饲料通过母体转化成奶，再通过仔猪吃乳的消化率仅为20%～30%，而饲料不经过母体，直接由仔猪利用的转化率为50%～60%，提高1倍左右，由此可见，饲料直接由仔猪利用更为经济。

（3）提高断奶重和成活率　经补饲的仔猪消化器官发育良好，营养物质充足，生长发育快，体质好，抗病力增强。

（4）缩短母猪繁殖周期，提高年产仔数　采用早期补饲，仔猪增重快，可提前10～20天断奶，母猪哺乳期掉膘不严重，体质好，断奶后可及时配种，从而缩短了繁殖周期。

3. 诱食的方法　仔猪出生后3～5日龄，活动量显著增加，有时离开母猪到圈外啃咬硬物或拱掘地面；7～10 日龄开始长牙，齿龈发痒也正是训练的好机会。诱食一般从 7～10 日龄开始，经过 7～14 天的诱食训练，仔猪就习惯吃料，进入旺食期。在生产实践中，诱食方法有以下几种：

(1)饲喂甜食　仔猪喜食甜食，对 7～10 日龄的仔猪诱食时，应选择香甜、清脆、适口性好的饲料。如带甜味的南瓜，胡萝卜切成小块，或将炒熟的麦粒、谷粒、豌豆、玉米、黄豆、高粱等喷上糖水或糖精水，并裹上一层配合饲料，拌少许青料，于上午 9 时至下午 3 时之间，放在仔猪经常游玩的地方，任其自由采食。

(2)强制诱食　母猪泌乳量高时，仔猪恋乳而不愿提早吃料，必须采取强制性措施。应将配合饲料加糖水调制成糊状，涂抹于仔猪嘴唇上，让其舔食。仔猪经过 2～3 天强制诱食后，便会自行吃料。

(3)喂黄土料　仔猪 7～10 日龄，开始长牙，齿龈发痒，喜欢啃食和拱土，此时可将炒熟的粒状饲料撒在新鲜的红黏土上，让仔猪一边拱土，一边吃食。

(4)以大带小　仔猪有模仿和争食的习性。可以将已学会吃食的仔猪和还没有学会吃料的仔猪放在一起吃料，利用仔猪模仿和争食的习性，能很快地引诱仔猪吃食。

(5)铁片上喂料　把给仔猪诱食的饲料撒在铁片上，或放在金属的浅盘内，利用仔猪喜欢舔食金属的习性，达到诱食的目的。

(6)少喂勤添　仔猪具有“料少则抢，料多则厌”的特性，所以诱食的饲料要少喂勤添，促进仔猪吃料而不浪费饲料。

(7)母仔分开　诱食期间，将母猪和仔猪分开，让仔猪先吃料后吃奶。每次间隔时间为 1～2 小时。

4. 加强补料　由于仔猪阶段消化机能不健全，仔猪对乳汁以外其它营养物质的消化能力受到限制。为了获得满意的断奶重，除保证母猪的泌乳性能外，提高仔猪料的质量是极为重要的。

哺乳仔猪对饲料的反应特别敏感，用于哺乳仔猪的饲料一定要营养全面，易消化，适口性好，并具有一定的抗菌抑菌能力，仔猪采食后不易拉稀等特点。

(1)补饲料的要求

①养分含量　从母乳的营养水平来看，常乳中含19%的干物质，其中含乳蛋白5.5%，乳糖5%，乳脂7.5%，消化能22.2 MJ/kg。乳脂占全乳干物质的40%左右，最符合仔猪的消化特点。因此，仔猪料的营养特点应尽量与母乳相符，体现高能量低蛋白的特性。

②饲料组成　从乳猪料的原料组成来看，如果能选用一部分乳制品（如奶粉或乳清粉），其效果最好。乳清粉中含乳糖70%以上，乳蛋白10%～15%，消化能13.2 MJ/kg左右，具有非常好的适口性（甜味）和消化性。其它原料可选择燕麦（去壳、压偏）、小麦、部分大麦、玉米等作为能量饲料。这些原料最好经过炒熟或膨化加工，效果更好。蛋白质原料除奶粉外，还可选择优质的鱼粉、经过加工的豆粕和经过炒熟的或膨化的全脂大豆。

③适宜的饲料添加剂　适宜pH值胃肠道是发挥消化酶活性和控制有害微生物的重要保证。肠道病原微生物如大肠杆菌、沙门氏菌、葡萄球等细菌最适的pH是6～8，pH 4以下才能失活。所以，可以添加柠檬酸、甲酸钙或富马酸（延胡索酸）以降低胃肠道的pH值，减少病原微生物的感染和痢疾，改善饲料的适口性。

④甜香味　仔猪喜爱甜、香的口味，所以仔猪料中还可以加糖（葡萄糖或蔗糖），并经过制粒等加工工艺，制成粒度大小适宜、口感香甜的乳猪料。

此外，乳猪料中还可以选择使用高铜（120×10^{-6}～200×10^{-6} μg/kg）和杆菌肽锌、硫酸粘菌素等抗生素，也可用生物制剂如乳酸杆菌等，作为哺乳仔猪的添加剂，来提高仔猪增重和降低仔猪下痢的发病率。

(2)补料的方法

①仔猪补料的传统方法　补料的方法一般是少喂勤添，保证饲料新鲜。每日喂料4～6次，饲喂量由少至多，进入旺食期后，夜间可多喂1次。同时，应以幼嫩多汁的青饲料配合饲喂，效果更好。母猪泌乳量高时，所带仔猪往往不易上料，则应有意识地进行“逼料”，即每次喂乳后，把仔猪关进补料间，时间为1～1.5小时，仔猪产生饥饿感后会对补料间的饲料或青料产生一定的兴趣，迫其吃料。但应注意关的时间不宜过长，以免影响母猪的正常泌乳。仔猪35日龄后，生长加快，采食量大增，此时除白天增加补饲次数外，在晚上9～12时增喂1次饲料。

②全价颗粒饲料补饲的方法　目前，在国内市场上均有不同品牌的种类繁多的全价饲料，这类饲料具有价高质好的特点。乳猪料为颗粒状或粉状，每千克含消化能13.26～13.67 MJ，粗蛋白18%～20%，粗纤维3%～4%，粗脂肪3%～5%，钙0.7%～0.9%，磷0.6%～0.8%，同时含有多种维生素和微量元素，是哺乳仔猪理想的补饲料，适用于7～30 kg断奶的哺乳仔猪。使用乳猪全价饲料还具有仔猪生长快，发病少和腹泻少的特点。但在使用该类饲料时，应注意以下几方面：第一，全价颗粒料直接饲喂哺乳仔猪，不要用水拌湿，严禁蒸煮。第二，撒在地面或食槽内的饲料，要防止母猪或其它畜禽偷食。撒饲地面应选择平坦、清洁、干燥、无杂物场地，否则会浪费饲料。第三，因为该类饲料是完全饲料，不必再添加其它饲料和任何添加剂。第四，实行少喂勤添，让每头仔吃饱为止。第五，供给仔猪清洁饮水，并保持昼夜不断。

③预混料的补饲方法　猪用预混料是含有哺乳仔猪必需的各种矿物元素、生长促进剂和保健药物的科技产品，适用于农村家庭使用，对于粗放饲养的猪只，效果更为明显。具有能防止多种肠道疾病和营养不良引起的生长停滞等代谢性疾病，促进动物细胞分裂及蛋白质合成，使猪只快速生长和提高饲料利用率。其方法

是将选用的添加剂预混料按要求的配合比例，用自产的饲料与之均匀混合，配制成补饲料待用。补饲时，按需补饲的饲料量称取粉状料，用少量水分将其发湿，调制成湿粉料，将其撒于饲槽内，任仔猪自由采食。补饲时，仍须做到少喂勤添，以仔猪吃饱为止。在使用该类饲料时应注意：第一，不能多种添加剂预料混合使用。第二，仔猪饲料尽量多样化搭配，让仔猪吃饱。第三，不可将其放入40℃以上的饲料中饲喂，更不能放入锅中煮沸。第四，将其置于阴凉干燥处保存，每次使用后应及时封上口袋，防止受潮。

5. 加强补铁，预防仔猪缺铁性贫血 铁是形成血红蛋白和肌红蛋白所必需的微量元素。仔猪缺铁时，血红蛋白便不能正常生成，影响血液运输氧和二氧化碳的功能而发生贫血。新生仔猪体内贮存 40～50 mg 铁，仔猪生后 1 周内，母猪从乳中每天能供给 1～1.3 mg 左右的铁（每 100 g 母乳含铁 0.2 mg，小猪每天能吃到 500～650 g 乳），就是仔猪出生 2 周的母乳，每天也只能供给 2.3 mg铁。然而，哺乳仔猪每天需铁 7～11 mg，这就发生了供求矛盾，如不及时补铁，7 天后仔猪表现出缺铁，因此新生仔猪（3～4 日龄）必须补铁。

生产中常采用口服和肌肉注射含铁制剂补铁。上海郊区及其他地方，有用红壤补铁的习惯，具体做法是：取 10 cm 以下的深层土，在铁锅中焙炒，加少量盐后，散放在仔猪补饲间内。经仔猪舔食后，补充其所需要的铁。此外，还可用 1 000 mL 水加上 2.5 g 硫酸亚铁和 1 g 硫酸铜配制成铁铜溶液。每日每头 10 mL，可涂于母猪乳头上也可用奶瓶灌服。但在大群生产中此法不易坚持，因此效果不佳。

在大群生产中常推荐用肌肉注射的方法。注射的铁剂有氨基酸螯合铁或右旋糖酐铁（即市售“牲血素”或“血宝”），仔猪出生后 3～4 天，在颈部肌肉处注射，补充量为 100 mg。若补铁后仍有贫血现象，应再补充 100～250 mg。目前，我国各地正广泛使用“右旋糖酐铁钴注射液”给仔猪补铁。其用法与用量：一般要求注射 2 次，新生仔猪 3 日龄肌肉注射 1～2 mL，10 日龄注射 2 mL；也有 3 日龄一次肌内注射 3～4 mL，以后不再注射。各地猪场反映：该注射液不仅能有效地预防仔猪贫血，而且还能预防仔猪白痢。因为贫血仔猪体弱、抗病力下降，最容易发生仔猪白痢。据试验，投入 1 元钱的注射液，能净增效益 54～60 元。

6. 补充硒　在我国东北等广大地区，土壤中硒的含量相当稀少，在这些地区生长的农作物及其籽实中(用做饲料)硒的含量极微。硒作为谷胱甘肽过氧化物酶的成分，能防止细胞线粒体脂类过氧化，与维生素 E 一起，对保护细胞膜的正常功能起重要作用。当饲料中缺硒时，仔猪突然发病。猪病多为营养状况中上等或生长快的。病猪表现出体温正常偏低，叫声嘶哑，行走摇摆，进而后肢瘫痪。有的病猪排出灰绿色或灰黄色稀便，皮肤和可视黏膜苍白，眼睑水肿。病猪食欲减退，增重缓慢，严重者死亡。对缺硒的仔猪应及早补硒。一般仔猪生后 3～5 天肌肉注射 0.1 %亚硒酸钠生理盐水 0.5 mL，断奶时再注射 1 mL。

7. 补充水　水是猪所需要的主要养分之一。缺水会导致食欲下降，消化作用减缓，损害仔猪健康。由于仔猪代谢旺盛，需水分较多，5～8 周龄仔猪需水量为其体重的 1/5。同时，母猪乳中含脂率高，仔猪常感口渴，因此需水量较大。若不及时补水，仔猪便会饮用圈内不清洁的水或尿液而易发生下痢。因此，在仔猪 3～5 日龄起，就应在补料间内设置饮水槽，保证清洁饮水的供给。提早补充饮水，不仅能帮助仔猪消化，防止下痢，而且还能使仔猪精神活泼，皮毛光亮。

另外，由于哺乳仔猪缺乏盐酸，20 日龄前可用含 0.8%盐酸水喂饮仔猪，能起到活化胃蛋白酶的作用。据试验，仔猪 60 日龄重可提高 13%。

(三)疾病预防

仔猪腹泻是养猪生产中的一个重要问题,对提高仔猪育成率和断奶窝生威胁很大,是仔猪多活快长在大敌。据调查,仔猪因腹泻而死亡数,占整个哺乳期仔猪死亡总数的30%。

哺乳仔猪有2个时期容易发生腹泻。第一个时期是生后3～5日龄,多为黄痢;第二个时期是在2～3周龄前后发生,多为白痢和奶痢。生产初中实践经验表明,仔猪腹泻多发生于产后20天以前,多为白痢。对仔猪腹泻的防止必须贯彻"预防为主"的方针,采取综合措施。对已发生腹泻的个体,应及时治疗,以减少损失。

为防止传染病发生的危害,在仔猪40日龄时,对仔猪进行猪瘟、猪丹毒、猪肺疫和仔猪副伤寒等主要传染病进行预防注射。

(四)仔猪适时去势,加速生长

凡不留种用的仔猪,均应早期去势。去势时间一般为:公猪20～30日龄,母猪30～40日龄,仔猪5～10 kg。早期去势不仅伤口愈合快,手术简便,对仔猪造成的损伤较小,而且去势后能加速仔猪生长。

第二节　断奶仔猪的培育

断奶仔猪是指仔猪从断奶至70日龄左右的仔猪。断奶是仔猪出生后遭受的第二次大的应激。断奶后的仔猪,其营养来源由全部或部分依赖母猪液状的母乳变为全部依赖固态的饲料。同时,在哺乳仔猪阶段其肠道的消化酶均为分解乳蛋白、乳糖与乳脂的酶,而缺乏分解玉米、豆粕、鱼粉等一般原料的酶,造成刚断奶的仔猪营养吸收不足。如饲养管理不当,会引起仔猪烦躁不安,食欲不振,容易造成仔猪下痢或生长停滞,形成僵猪,甚至患病或死亡。因此,维持哺乳期内的生活环境和饲料条件,做好饲料、环境、管理制度的过渡,是养好断奶仔猪的关键。

一、断奶日龄及方法

(一)断奶日龄

猪的自然断奶发生在8～12周龄期间,此时母猪的产奶量降至低谷,而仔猪采食固体饲料的能力较强。因此,自然断奶对母猪和仔猪都没有太大的不良影响。传统管理都采用8周龄断奶,而现代商品猪生产,断奶时间大多提前到21～35日龄。早期断奶能够提高母猪的年产窝数和仔猪头数,从理论上推算断奶时间每提前7天,母猪年产断奶仔猪数会增加1头左右。但是仔猪哺乳期其越短,仔猪越不成熟,免疫系统越不发达,对营养和环境条件的要求越苛刻。早期断奶仔猪需要高度专业化的饲料和培育设施,也需要高水平的管理和高素质的饲养员。仔猪早期断奶会增加饲养成本,并在一定程度上抵消了母猪增产的利润。另外,仔猪早期断奶如果早于21天,母猪的断奶至受孕时间的间隔也会拖长,下一次的受胎率和产仔数都会降低,给母猪生产力带来不良影响。最适宜的断奶日龄应该是每头仔猪生产成本最低,因猪场具体生产条件而异。一般生产条件下采用35～45天断奶比较合适,条件好的工厂化猪场,断奶日龄可在21～28。21天后母猪子宫恢复已经结束,创造了最可靠的重新配种条件,有利于提高下胎繁殖成绩。若提早开食训练,仔猪也能很好地采食饲料,有利于仔猪的生长发育。

(二)断奶方法

仔猪断奶可采用一次断奶法、分期断奶法和逐渐断奶法。

1. *一次断奶法* 当仔猪达到预定断奶日龄时,将母猪隔出,仔猪留原圈饲养。此法由于断奶突然,易因食物及环境突然改变而引起仔猪消化不良,又易使母猪乳房胀痛,烦躁不安,或发生乳房炎,对母猪和仔猪均不利。但方法简便,适宜工厂化养猪使用,并应注意对母猪和仔猪的护理,断奶前3天要减少母猪精料和青料量以减少乳汁分泌。

2. 分批断奶法　具体做法是在母猪断奶前数日先从窝中取走一部分个体大的仔猪，剩下的个体小的仔猪数日后再行断奶，以断奶前7天左右取走窝中的一半仔猪，留下的仔猪不得少于5～6头以维持对母猪的吮乳刺激，防止母猪在断奶前发情。

3. 逐渐断奶法　在断奶前4～6天开始控制哺乳次数，第一天哺乳4～5次，以后逐渐减少哺乳次数，使母猪和仔猪都有一个适应过程，最后到断奶日期再把母猪隔离出去。逐渐断奶法能够缩短母猪从断奶到发情的时间间隔。

(三)隔离式早期断奶

1. 概念　隔离式早期断奶法(SEW)是美国养猪界在1993年开始试行的一种新的养猪方法，这种方法使养猪生产很大程度提高。其实质内容是，母猪在分娩前按常规程序进行有关疾病的免疫注射，仔猪出生后保证吃到初乳，按常规免疫程序进行疫苗预防接种后，在10～21日龄断奶，然后把仔猪在隔离条件下保育饲养。保育仔猪舍与母猪舍及生产猪舍分离开，隔离距离在250～1 000 m，根据隔离条件不同而不同。这种方法称为隔离式早期断奶法。

2. SEW法的主要特点

(1)母猪在妊娠期免疫后，对一些特定的疾病产生的抗体可以垂直传给胎儿，仔猪在胎儿期间就获得一定程度的免疫。

(2)初生仔猪必须吃到初乳，从初乳中获得必要的抗生素体。

(3)仔猪按常规免疫，产生并增强自身免疫力。

(4)仔猪22日龄以前，即特定疾病的抗体在仔猪体内消失以前，就将断奶仔猪转移到洁净、具备良好隔离条件的保育舍养育。保育舍要严格执行全进全出制度。

(5)配制早期断奶仔猪饲粮，要保证饲料具有良好的适口性，易消化吸收且营养全面。

(6)断奶后保证母猪及时配种和妊娠。

(7)由于仔猪本身健康无病，不受病原体干扰，免疫系统没有激活，从而减少了抗生素病消耗，加上科学配制的仔猪饲料，仔猪生长很快，到10周龄时体重可达30～35 kg，比常规饲养的仔猪提高增重10 kg左右。

3. SEW法断奶猪的饲养管理

(1)断奶日龄的确定　断奶日龄主要是根据所需消灭的疾病及养猪场的技术水平而定，一般16～18日龄断奶较好。

(2)饲料的配制原则　用于SEW法的饲料要求较高，一般可分为3个阶段配制混合料，第一阶段为诱食料和断奶后1周，第二阶段为断奶后2～3周，第三阶段为4～6周。第一阶段饲料的粗蛋白可在20%～22%，赖氨酸1.38%，消化能15.40 MJ/ kg；第二阶段为粗蛋白质20%，赖氨酸1.35%，消化能15.02 MJ/ kg；第三阶段粗蛋白质与第二阶段相同，消化能为14.56 MJ/ kg。3个阶段饲粮的主要差异是蛋白质原料的不同，美国研究人员建议，第一阶段必须用血清粉、血浆粉和乳清粉，第二阶段不需血清粉，第三阶段只需乳清粉。

(3)饲养管理原则　仔猪采用全进全出的方式饲养，每间猪舍养100头仔猪左右，保证环境适宜，通风良好。保育舍隔离条件及防疫消毒条件一定要良好，仔猪在运输途中，运输车也要有隔离条件。饲料加工成小颗粒为好。

二、断奶仔猪的培育

(一)过渡期管理

仔猪断奶后要继续喂哺乳期饲料，不要突然更换饲料，特别是实行早期断奶的仔猪，一般要在断奶后7天左右，开始换饲料。实行35天断奶的仔猪，也可以在断奶前7天开始换料。更换仔猪饲料要逐渐进行，每天替换20%，5天换完，避免突然换料。

断奶后仔猪由母乳加补料改为独立吃料生活，胃肠不适应，很容易发生消化不良，引起仔猪下痢。所以，对断奶仔猪要精心管理，在断奶后 2～3 天要适当控制给予料量，不要让仔猪吃得过饱，每天可多次投料，防止消化不良而下痢，保证饮水充足、清洁，保持圈舍干燥、卫生。

断奶时把母猪从产栏调出，仔猪保持原圈饲养。不要在断奶同时把几窝仔猪混群饲养，避免仔猪受断奶、咬架和环境变化引起的多重刺激。

(二)网床培育

断奶仔猪实行网床培育，是养猪发达国家 20 世纪 70 年代发展起来的一项科学的仔猪培育技术，目前已推广应用。利用网床培育断奶仔猪的优点，首先是由于粪尿、污水能随时通过漏缝网格漏到网下，减少了仔猪接触污染的机会，床面清洁卫生、干燥，能有效地遏制仔猪腹泻病的发生和传播。其次是仔猪离开地面，减少冬季地面传导散热的损失，提高饲养温度。

断奶仔猪经过在产房内的过渡期管理后，转移到培育舍网上养育，可提高仔猪的生长速度、个体均匀度和饲料转化率，减少疾病发生，为提高养猪生产水平奠定了良好的基础。

(三)饲养管理

断奶仔猪保育栏的面积通常是 240 cm×165 cm，每头仔猪的适宜占栏面积为 0.3～0.4 m^2，按窝转群，每栏一窝仔猪 10～12 头，这种转群方法可以减少仔猪相互咬斗产生的应激。

断奶仔猪转达群也可以不按窝进行，把同一天断奶的仔猪按体重、公母、强弱分群，分群后 2 天内仔猪相互打斗，以后逐渐稳定。这种转群方法能使同栏内仔猪发育整齐，特别是弱小仔猪分在同一栏，便于饲养和管理。

保育舍温度应控制在 22～25℃范围内，保持干燥卫生，经常打扫、消毒，预防传染病发生。定期通风换气，保持舍内空气新鲜，湿度控制在 65%～75%为宜。

对新转群的断奶仔猪要进行定点采食、排粪尿、睡卧的调教管理，这样既可保持栏内卫生，又便于清扫。仔猪保育栏内可分为睡卧区、排泄区和采食区，调教的方法是诱导仔猪到排泄区排便，排泄区内的粪便暂时不清扫，其他区的粪便及时清扫干净。当仔猪活动时，对不到指定地点排泄的仔猪可人为轰赶，一般经过3～5天的训练可形成定位。

断奶仔猪的日粮配制以颗粒为好，饲喂颗粒料可以减少饲喂时的浪费。利用自动食槽时要注意不应装料过多，应该每3～4天就向槽中加入一定新鲜饲料。断奶仔猪可以有效地采用乳头状饮水器，如果仔猪在产房中没有学会使用乳头状饮水器，那么仔猪就需要经过几天的适应期才会饮到足够的水。管理人员必须仔细地观察仔猪的行为，以确保仔猪都能适应这种自动饮水器。仔猪如果饮水不足，采食就不会正常。

（四）减少断奶仔猪腹泻的措施

断奶后仔猪腹泻发生率很高，危害较大，病愈后仔猪往往发育不良，日增重明显下降，因而造成很大的经济损失。断奶仔猪腹泻原发性因素是由于断奶应激造成肠道损伤，使胃肠道内消化酶水平和吸收能力下降，导致食糜以腹泻形式排出。引发断奶应激的因素很多，诸如饲料中不易被消化的蛋白质比例过大或灰分含量过高、粗纤维水平过低或过高、日粮不平衡如氨基酸和维生素缺乏、日粮适口性不好、饲料粉尘大、发霉或生螨虫、鱼粉混有沙门氏菌或含盐量过多等。饲喂技术上，如开食过晚、断奶后采食饲料过多、突然更换饲料、仔猪采食母猪饲料、饲槽不洁净、槽内剩余饲料变质、水供给不足、只喂汤料、水槽污染严重及水温过低等因素都有可能导致仔猪下痢。因此，消除这些应激因素，实现科学的饲养管理，就可减少断奶仔猪腹泻；如果腹泻不能及时控制，可诱发大肠杆菌的大量繁殖，使腹泻加剧。培育断奶仔猪的关键是保持饲料、饲喂和圈舍卫生，减少药物投放。

第八章　猪的肥育

猪的肥育是养猪生产中的最后一个环节。猪肥育的目的是在尽可能短的时间内，以最少的投入，生产出量多质优的猪肉，供应市场，并从中获得经济效益。为此，生产者必须根据猪的生长发育规律，应用猪遗传育种、饲料营养、环境控制等方面的研究成果，采用科学的饲养管理与疫病防治技术，达到猪只增重快、耗料少、胴体品质优、成本低和效益高的目的。

第一节　肥育的意义

就整个养猪生产来看，猪的肥育是极其重要的最后一个生产环节。对于满足人们肉食和外贸出口的需要，具有十分重要的意义。猪的肥育可以检验猪的育种效果，因为猪的肥育性能是评定猪种优劣的主要指标之一，也是衡量猪育种的成果和育种水平的主要依据。猪的肥育在养猪生产中的重要意义，还在于肥育猪的数量大约占养猪总头数的80%以上，因此，养好肥育猪对节约饲料、降低养猪生产成本、增加养猪经济效益、促进养猪生产水平的提高，都有着十分重要的意义。猪的肥育既要重视数量，又要重视质量。适当的数量规模有利于降低单位生产成本，提高经济效益。提高肥育猪的质量，一方面采用先进的科学养猪技术，提高饲养管理水平，提高增重速度和出栏率；另一方面采用先进的生产管理措施来组织肥育猪的周转，降低生产成本，提高经济效益。

提高饲料利用率是降低成本的重要方面。在猪的肥育所需费用中，饲料费占60%～70%或更多。假如由每千克增重消耗4 kg

混合精料降至 3.5 kg，就可以把饲养 7 头肥育猪的饲料用于饲养 8 头肥育猪。又如以相同长短的肥育期将出栏体重由 75 kg 提高到 90 kg，每头出栏体重增加 15 kg，就相当于多养了 20％的肥育猪。又比如肥育猪 20～90 kg 阶段，每千克增重耗料 3.5 kg 计，如果每千克饲料成本降 0.1 元，育肥一头猪可降低成本 24.5 元。重庆啤酒集团利用啤酒糟搭配适量精料饲喂育肥猪，以低饲料成本获得可观的经济效益，又解决了啤酒糟的出路。由此可见猪的肥育意义重大。

第二节　肥育猪的生长发育规律

猪与其它动物一样，整体及其各部分的生长发育有其自身的规律性。以下分别介绍猪出生后到出栏在体重、体躯各组织和猪体化学组成方面的变化规律。

一、猪体重的增长规律

由于品种、营养和饲养环境的差异，不同猪的绝对生长和相对生长不尽相同，但其生长规律是一致的。日增重与时间的关系呈钟形曲线(图 8-1)。

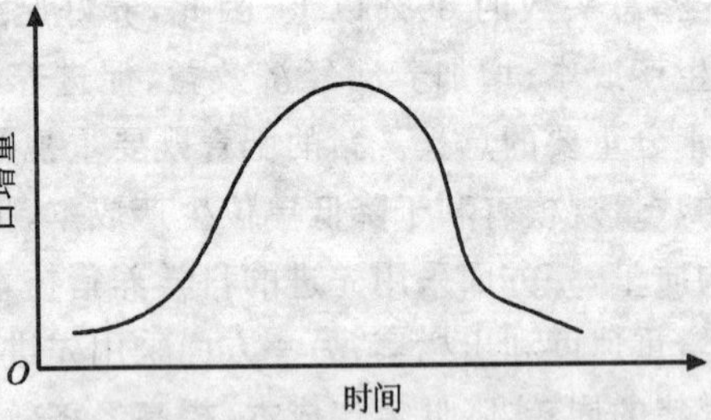

图 8-1　生长肥育猪每天的体重增长

猪的体重虽在成年前随年龄而增长,但日增重在开始时较低,后来增加,并达到一个高峰,然后下降。猪的肥育最好争取在6~8月龄内结束,此时增重最快,每千克增重耗料最少。当然不同品种(系)、杂交组合、性别等在相同饲养管理条件下,日增重表现不同,日增重高峰期也不一样。同一品种(系),同一杂交组合,在不同饲养条件下,日增重也不同。

二、体躯各组织的生长发育规律

猪体中对人类最重要的组织是肌肉和脂肪。与整体生长一样,随体重或年龄的增长而呈现规律性的变化(图8-2)。越是幼龄期,外周骨长得越快(外周骨指头、四肢骨);中龄期中轴骨和肌肉一同生长(中轴骨指脊椎骨和骨盆骨),稍后肌肉生长加快,最后脂肪生长加快。这就是所谓的小猪长骨、中猪长肉、大猪长膘。皮、骨的增长在出生后各阶段的增长量小而缓慢,猪只从20~90 kg体重,皮肤和骨骼日增长量分别从21 g和23 g增至328 g和388 g(经荣斌,1993)。肌肉则是在体重60 kg以前生长加快,后期减慢,但直至体重90 kg以前,都是高速均匀生长。每日沉积由20 kg体重的275 g增至90 kg体重的288 g。脂肪沉积前期很慢,后期很快,体重20~60 kg,每日沉积仅74 g;60~90 kg体重阶段猛增至280 g,后期是前期的4倍(经荣斌,1993)。

猪体各组织生长高峰因品种、类型、营养水平不同而有先后,但规律一致。大型晚熟品种,各组织生长高峰比小型早熟品种延后,同一品种或类型,在高营养水平下,生长高峰期提前,反之延后。瘦肉生长以蛋白质为主要原料,脂肪的沉积则是物质代谢过程中多余能量的积蓄。在生产实践中应充分利用上述规律,在肥育前期加强饲养,增加蛋白质供给,促进肌肉组织沉积。肥育后期,适当减少能量采食,控制脂肪的过多沉积,从而提高瘦肉率,降低生产成本。

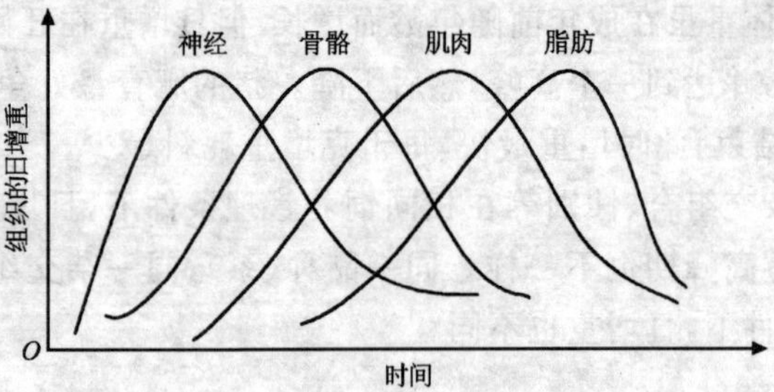

图 8-2 生长肥育猪每天的组织生长率

三、猪体化学成分的变化

猪体的化学成分随年龄和体重的增长呈现规律性变化,水分和蛋白质含量逐渐下降,脂肪含量大幅度增高,灰分下降较缓慢(表 8-1)。

表 8-1 猪体化学成分 %

日龄或重量	水分	脂肪	蛋白质	矿物质	去脂干物质	
					蛋白质	矿物质
初生	79.95	2.45	16.25	4.06	80.01	19.99
25 kg	70.67	9.74	16.56	3.06	84.40	15.60
45 kg	66.76	16.16	14.94	3.12	82.72	17.28
68 kg	56.07	29.08	14.03	2.85	83.12	16.88
90 kg	53.99	28.54	14.48	2.66	84.48	15.52
114 kg	51.28	32.14	13.37	2.75	82.94	17.06
136 kg	42.48	42.64	11.63	2.06	84.95	15.05

引自山西农业大学主编《养猪学》,农业出版社,1982,251。"去脂干物质"栏内数据另行换算而成。

由表 8-1 可知,在体重 45 kg 以后,蛋白质和灰分相对较稳定,水分骤减,脂肪猛增。许振英(1991)应用体蛋白与体脂肪吻合异速方程推算出的猪体成分的动态变化(表 8-2)资料表明:随体重增长,体蛋白基本稳定在 14%左右,体脂肪却猛增。

表 8-2 猪体成分的动态变化

猪体成分	体重(kg)							
	1.5	20	40	60	80	100	120	140
体蛋白(%)	12.94	13.96	14.25	14.41	14.53	14.63	14.71	14.77
体脂肪(%)	2.23	11.11	17.07	21.94	26.62	30.10	33.69	37.07

据测定,体重 34 kg 时猪板油中饱和脂肪酸和不饱和脂肪酸分别占 34.89%和 65.11%;体重 86 kg 时则依次为 37.26%和 62.74%。

第三节 影响猪肥育的因素

在生产实际中,常常会出现用同样的饲料和肥育方法,而产生不同的肥育效果,说明影响肥育的因素很多,而且各因素之间又是互相联系和互相影响的。

一、品种和类型的影响

猪的品种很多,类型各异,对肥育的影响很大。由于猪的品种和类型形成和培育条件的差异,猪品种间的经济特性不同,以及人们对猪的产品需求的不同,在品种和类型之间的肥育性能和胴体品质也有差异。在精料为主的条件下肥育,瘦肉型品种日增重和饲料利用率均高。相反,在青粗饲料为主的条件下肥育我国地方猪种比外国猪增重快,饲料利用率高。不同品种的肥育性能见表 8-3。

表 8-3 不同品种的肥育效果

品种	肥育成绩			品种	肥育成绩		
	达 100 kg 天数	日增重 (g)	料重比		达 100 kg 天数	日增重 (g)	料重比
大白猪	199	631	4.14	约克夏猪	127	558	3.62
北高加索猪	201	628	4.37	巴克夏猪	124	570	3.52
长白猪	195	659	4.05	长白猪	112	635	3.5

品种和类型不同，胴体品质也有差异。如早熟肉用型中约克夏猪，活重 45.5 kg 时已长成满膘，后腿已很发达；晚熟的肉用型大约克夏猪，在同样体重时仍在增加体长，后躯不发达，骨骼比重大。如按肉用型要求，中约克夏猪体重达 90 kg 时已发育过度，过于肥胖；但大约克夏猪在 90 kg 时，体型及肌肉同脂肪的比例均合乎肉用型的要求。又如内江猪、荣昌猪和成华猪等不同品种在胴体的肉脂比例方面也有一定差异（表 8-4）。

表 8-4　不同品种的胴体肌肉和脂肪的比例

品种	饲养水平		
	阶段肥育（75 kg）	精料限量一贯肥育（90 kg）	精料不限量一贯肥育（120 kg）
内江猪	1∶0.8	1∶0.9	
荣昌猪	1∶0.6	1∶1.0	1∶1.5
成华猪	1∶0.8	1∶1.4	1∶0.9

因此，只有了解品种和类型的肥育性能，并采取相应的肥育措施，才能提高肥育效果。

二、经济杂交的影响

猪的品种或品系间进行杂交，利用杂种优势，是提高肥育效果的有效措施之一。通过杂交所得的后代，生活力强，增重快，肥育期缩短，饲料利用率提高，成本降低。但是杂种优势的显现，受许多因素的制约。不同的杂交方式杂交效果不同，不同的杂交组合杂交效果不同，不同的环境条件杂交效果不同，不同个体间杂交效果不同，不同经济性状表现的杂种优势不同。据国外的统计资料，肥育的增重速度和饲料利用率的优势平均为 5%，但变异幅度很大。从我国资料看，增重速度的优势率为 10%～20%，饲料利用率的优势率为 5%～10%。

三、性别的影响

我国养猪生产实践证明，公、母猪经去势后肥育，性情安静，食欲增强，增重速度提高，脂肪沉积增强，肉的品质改善。猪去势后，性机能消失，异化过程减弱，同化过程增强，将所吸收的营养，能更多地利用到增膘长肉上来。据试验表明，公猪去势后，其增重速度比未去势的公猪提高10%；母猪去势后，其脂肪量比未去势的母猪提高7.6%；饲料利用率和屠宰率都比未去势的猪高。有些国家，因猪性成熟晚，肥育时只将公猪去势，母猪不去势；未去势的母猪和去势公猪经肥育，进行屠宰比较，前者肌肉发达，脂肪较少，可获得较瘦的胴体。近年来，随着肥育期的缩短，认为小公猪不经去势进行肥育，在生长速度、饲料利用率和瘦肉率方面，都比去势的公、母猪为优，有利于降低成本。

四、仔猪初生重和断奶重的影响

一般情况下，仔猪初生重大，生活力就强，体质健壮，生长快，断奶重就大，肥育期增重就快(表8-5和表8-6)。从表中可以看出，仔猪初生重、断奶重与肥育效果关系密切，只有重视种猪的选择和饲养管理，加强仔猪培育，提高仔猪初生重和断奶重，才能为肥育打下良好的基础。

表8-5 初生重大小与哺乳期增重 kg

初生重(kg)	仔猪头数	30日龄平均重	30日龄平均增重	60日龄平均重
小于0.75	10	4.00	3.30	10.20
0.75～0.90	25	4.67	3.85	11.20
0.90～1.05	40	5.08	4.10	12.85
1.05～1.20	46	5.32	4.19	13.00
1.20～1.35	50	5.66	4.38	14.00
1.35～1.50	36	6.17	4.74	15.55
大于1.50	5	6.85	5.25	16.55

表 8-6 1 月龄体重与肥育期增重

1 月龄体重(kg)	仔猪头数	208 日龄平均重(kg)	以 5.0 kg 以下作为 100	肥育期间死亡率(%)
小于 5.0	967	73.4	100	12.2
5.1～7.5	1 396	83.6	114	1.8
7.5～8.0	312	89.2	122	0.5

五、营养和饲料的影响

营养水平对肥育影响极大,一般说来,肥育猪摄取能量越多,日增重越快,饲料利用率越高,屠宰率也越高,胴体脂肪含量也越多,膘越肥(表 8-7)。

表 8-7 蛋白质水平对肥育猪增重的影响

项 目	可消化粗蛋白(%)					
	15.5	17.7	20.2	22.3	25.3	27.3
日增重(g)	651.0	721.0	723.0	739.0	699.0	689.0
瘦肉率(%)	44.7	46.9	46.8	47.7	49.0	50.0
脂肪率(%)	26.6	25.1	23.8	23.3	21.6	20.5

蛋白质对肥育亦有影响,蛋白质不足,不仅影响肌肉的生长,同时也影响肥育猪的增重。在一定范围内,随日粮蛋白质水平的提高,增重速度加快。一般认为当蛋白质含量超过 18%时对增重无效,但对改善肉质,提高胴体瘦肉率有用。表 8-8 是 20～90 kg 的肥育猪,在能量相同、蛋白质不同的情况下的肥育结果。

表 8-8 能量水平对肥育的影响期 g

项 目		低能量水平		高能量水平	
		低(共 34 kg)	高(共 43 kg)	低(共 34 kg)	高(共 45 kg)
粗蛋白质含量(%)		13.4	18.0	13.4	18.0
体重(kg)	20～55	483	564	548	610
	55～90	808	780	828	945
	20～90	616	664	652	735
C 点背膘厚(cm)		1.75	1.50	1.90	1.65

注:C 点背膘厚指腰荐结合部膘厚。

不仅蛋白质数量对肥育有重要影响,蛋白质品质对其也有重要影响。猪需要 10 种必需氨基酸,日粮中任何一种必需氨基酸的缺乏,都会影响增重。此外,矿物质、维生素对肥育效果也有很大影响(表 8-9)。

表 8-9　常量元素、微量元素、维生素对肥育的影响

日　粮	平均日增重(g)	饲料利用率(%)
平衡的玉米+大豆日粮	774	2.75
不添加微量元素	738	2.70
不添加维生素	680	2.95
不添加钙和磷	576	3.30

饲料是猪营养物质的直接来源,由于各种饲料所含的营养物质不同,因此,应由多种饲料配合才能组成营养全面的日粮。饲料对胴体肉脂品质的影响也很大,特别是对脂肪品质的影响,由于有一部分饲料中的碳水化合物和脂肪是以原有的形式直接转移到体脂中,因而使猪体脂具有和食入饲料的脂肪相似的性状。

如猪食入含饱和脂肪酸多的大麦、小麦、甘薯等淀粉类饲料,则体脂具有洁白、坚硬的性状。相反猪食含不饱和脂肪酸多的米糠、玉米、豆饼、鱼粉、蚕蛹等饲料,则体脂较软,出现黄膘肉或异味。

六、温度、湿度、圈养密度和光照对肥育的影响

(一)温、湿度的影响

肥育猪需要适宜的温度(15～23℃),过冷过热都会影响肥育效果,降低增重速度,影响饲料利用率。高温条件下,猪食欲下降、采食量减少;低温条件下,采食量增加、热量散失大。温度对增重的影响见表 8-10。

表 8-10 温度对增重的影响

平均活重(kg)	气温(℃)(相对湿度 50%)							
	4	10	16	21	27	32	38	42
45	—	0.62	0.72	0.91	0.89	0.64	0.18	−0.60
70	0.58	0.67	0.79	0.98	0.83	0.52	−0.09	−1.18
90	0.54	0.71	0.87	1.01	0.76	0.40	−0.35	—
115	0.50	0.76	0.94	0.97	0.68	0.28	−0.62	—
135	0.46	0.80	1.02	0.93	0.62	0.16	−0.88	—
160	0.43	0.85	1.09	0.90	0.55	0.05	−1.15	—

由表 8-10 可见，对肥育猪而言，高温比低温危害更大。湿度对肥育的影响是随环境温度而产生作用的。高温下高湿度造成的影响最大，肥育猪增重会显著降低。如温度适当，湿度大小对肥育猪的增重不起直接作用。

(二)圈养密度对肥育的影响

圈养密度过大，使圈内小环境温度上升，气流降低，使猪的采食量减少，饲料利用率和日增重下降。一般以每栏饲养 10～20 头，每头占栏面积 0.8～1.0 m^2为宜。

(三)光照的影响

光照时间长短对肥育猪增重和饲料利用率无明显的影响，但若光照过于强烈，将易引起猪只兴奋不安，影响猪只休息，从而影响增重。因此，肥育猪舍的光照亮度以便于饲养管理操作为宜。

第四节 猪的肥育方法

我国猪的肥育，应立足国内，兼顾外销。我国目前常用的肥育方法有阶段肥育法、一贯肥育法和淘汰的成年种猪肥育法等。

一、阶段肥育法

阶段肥育法即吊架子肥育法，是我国劳动人民根据猪的骨、肉、脂生长发育规律，从我国广大农村以青粗饲料为主养猪的实际出发，把猪的整个肥育期划分为几个阶段，分别以不同的营养水平，把精料重点用在小猪和催肥阶段，在中间阶段主要利用青粗饲料，尽量少用精料的肥育方法。

(一)肥育阶段的划分

由于各地猪种早熟性、肥育期长短以及体重要求不同，阶段划分不太一致，一般将整个肥育期大体划分为3个阶段。

1. 小猪阶段　从断奶到体重25 kg左右，饲养期约为2个月。这个阶段小猪生长速度相对较快，要求营养较多，日粮中精料多些，以免小猪生长发育受阻。此阶段要求日增重达200～250 g。

2. 架子猪阶段　体重25～50 kg，饲养期为4～5个月，主要饲喂青粗饲料，要求骨骼和肌肉得到充分发育，长大架子。此阶段日增重较低，为150～200 g。

3. 催肥阶段　体重50 kg左右到出栏。饲养期一般2个月左右，是脂肪大量沉积阶段，日粮中精料比重要大，使之加快肥育。日增重500 g以上。

(二)饲养管理技术

阶段肥育在饲养上采取“三阶段”、“两过渡”的方法，即在小猪阶段和催肥阶段要集中使用精料，在架子猪阶段基本上以青粗饲料为主，搭配少量精料。为防止因突然增减精、粗饲料而引起食欲下降、消化道疾患和影响增重，故在小猪阶段进入架子猪阶段和架子猪进入催肥阶段都要有一个较短时间的过渡。

小猪阶段的特点是：消化器官容积小，消化机能较差，生长发育快。又由于去势、驱虫和防疫注射以及断奶的刺激，小猪抵抗力差，必须加强饲养管理。日粮中要有足量的蛋白质、维生素、矿物质，以保证仔猪正常的生长发育。应在仔猪断奶后经过1周左右的过渡，按体重大小、吃食快慢、食量多少、体质强弱和性情好坏等进行分群，加强调教，耐心管理。随仔猪日龄的增长，逐渐增加青粗料喂量，减少精料喂量和饲喂次数，为过渡到架子期做好准备。架子猪的消化器官已较充分发育，消化机能较强，骨骼、肌肉生长迅速，应在日粮中逐步增加青粗饲料，少用高能量饲料，以免过早沉积脂肪。在架子猪的后期，要逐步增加精料的喂量，为过渡到催肥期做好准备。催肥阶段，猪的食欲旺盛，饲料利用率高，增重快，应增加含能量丰富的饲料，力求多样搭配，尤其在肥育后期，采食量有所减少，食欲下降，更应注意日粮搭配，适当增加饲喂次数，供给充足饮水，保持环境安静。

(三)日粮组成

现将四川省内江地区阶段肥育代表性的营养水平、日粮结构、对内江猪进行阶段肥育试验及其增重效果和饲料利用率列表介绍(表8-11和表8-12)。

表8-11 内江猪阶段肥育的日粮组成

项目			饲养阶段		
			前期(小猪阶段)	中期(架子猪阶段)	后期(催肥阶段)
体重(kg)	始末		12.6～25.6	25.6～51.1	51.1～75.97
	代表		19.010	38.330	63.570
日粮组成	精料(kg)	粮食	0.241	0.134	0.594
		非粮食	0.095	0.094	0.287
	青料(kg)		2.852	7.960	19.350
	粗料(kg)		0.143	0.288	0.267
	矿物质(g)	食盐	10.780	15.000	23.300
		骨粉、碳酸钙	13.880	—	—
	精料：青料：粗料		1：8.5：0.4	1：39.9：1.3	1：29.9：0.3
日粮内含	风干物质(kg)		0.701	1.272	2.336
	消化能(MJ)		8.050	12.230	25.130
	可消化粗蛋白(g)		107.000	125.600	313.100
	钙(g)		10.000	15.800	22.000
	磷(g)		4.500	6.500	12.900

表 8-12　内江猪阶段肥育的增重和饲料利用

项　目		饲养阶段			全期
		前期(小猪阶段)	中期(架子猪阶段)	后期(催肥阶段)	
饲养头数		6	6	6	6
饲养天数		30	130	55	275
始末体重(kg)		12.6～25.6	25.6～51.1	51.1～75.97	12.6～75.97
每头增重(kg)		13.00	25.50	24.87	63.37
平均日增重(g)		144.40	196.20	452.40	230.40
每头消耗(kg)	精料	30.29	29.70	48.50	108.49
	粮食	21.70	17.44	32.68	71.28
	青料	256.70	1 070.00	1 064.60	2 381.30
	粗料	12.85	37.57	14.68	65.10
每千克增重需消化能(MJ)		55.75	62.57	64.79	62.04

二、一贯肥育法

一贯肥育法又叫一条龙肥育法或直线肥育法。从仔猪断奶到肉猪出栏，根据肉猪生长发育各阶段营养需要特点，供给充足营养，促进猪体各组织充分生长，以达到快速肥育的目的。

(一)肥育技术

一贯肥育法要求肥育期短，日增重高、饲料利用率高，为此，必须重视肥育技术。

1. 饲喂方法　饲喂必须以精料为主。采用自动料箱给料，让猪昼夜随意采食；或人工定时投料，以饱为度。在小猪阶段要适当增加饲喂次数，以充分利用小猪生长快、饲料利用率高的特点。随着日龄的增长，可减少日喂次数。精料喂量应随体重增长而增加，并注意青绿饲料的供给。

2. 保证饮水　一贯肥育法，因日粮中精料多，较浓稠，特别是采用干粉料、颗粒料、生拌料饲喂，故应设置饮水器，让猪自由饮水。

3.加强管理　肥育开始时，应做好防疫、防寒或防暑、驱虫等技术管理工作，并做好日常的清洁卫生管理工作。

(二)日粮组成

日粮配合要求多样化，营养全面。一般要求小猪阶段粗蛋白为16%，架子期14%，催肥期13%。为加快脂肪的沉积，在肥育后期增加能量饲料的喂量。重庆市养猪科学研究院曾用荣昌猪全窝快速肥育，从60日龄断奶开始，肥育113天，平均体重达91.99 kg。其日粮配合见表8-13。采用自由采食的方法，3月龄日喂6次，4月龄日喂5次，5月龄日喂4次，6月龄日喂3次，增重和饲料消耗见表8-14。北京地区采用干粉料、湿拌料或稠料自由采食，另给饮水的方法，其日粮组成见表8-15。肥育猪6月龄体重达90 kg，日增重达700 g。世界上养猪业发达国家和我国一些工厂化养猪场，为追求较高的生长速度和较高的瘦肉率，多采用前期(体重60 kg以前)让猪随意采食，后期(体重60 kg至出栏)适当限食。这样，前期让肌肉组织充分生长，尽可能提高增重速度和饲料利用效率，后期适当控制脂肪的过多沉积，以改善胴体瘦度。

表8-13　不同阶段的饲料配合　%

饲料组成	日龄			
	61～75	76～90	91～150	151～180
豌豆	48.40	25.00	19.00	8.00
胡豆	15.30	5.00	5.00	—
黄豆	—	8.00	7.00	5.00
大麦	11.30	9.00	7.00	8.00
饲碎米	—	6.00	10.00	11.00
麦麸	—	9.00	10.00	5.00
玉米	14.00	26.0	26.50	43.75
细米糠	—	—	8.0	7.00
菜籽饼	—	—	—	5.00

续表 8-13

饲料组成(%)	日龄			
	61～75	76～90	91～150	151～180
蚕蛹	10.00	10.00	5.00	5.00
矿物质添加剂	—	0.50	0.50	0.50
碳酸钙	1.00	1.00	1.50	1.50
食盐		0.50	0.50	0.50
每千克混合料含消化能(MJ)	14.51	14.31	13.81	13.60
每千克混合料含可消化粗蛋白(g)	200.40	170.90	141.90	119.20

表 8-14 全期增重和饲料消耗

项目		日龄					
		60	90	120	150	173	全期
头数		11	11	11	11	11	11
饲养天数		—	30	30	30	23	113
总重		179.00	372.65	566.40	796.60	1 011.90	—
每头平均重		16.28	16.28	51.49	72.42	91.99	—
增重(kg)	每头增重	—	17.61	17.61	20.93	19.57	75.71
	平均日增重(g)	—	587.00	587.00	698.00	851.00	670.00
每头消耗(kg)	混合料	—	42.73	53.03	74.43	71.51	241.72
	青料	—	32.11	52.06	80.32	69.35	233.84
	粗料	—	14.43	19.84	28.16	17.72	80.15
每千克增重耗消化能(MJ)		—	37.71	46.0	54.85	54.42	48.76

表 8-15 北京地区肥育猪的日粮配合

体重(kg)	日粮组成(%)									每千克饲料含							
	玉米	豆饼	麦麸	大麦	鱼粉	槐叶	秋白草	骨粉	食盐	干物质(%)	消化能(MJ)	可消化蛋白(g)	粗蛋白质(g)	粗纤维(%)	钙(g)	磷(g)	食盐(g)
16~40	27.7	12.5	8.9	35.7	3.6	1.8	8.9	0.45	0.45	88	12.37	115	15.3	6.2	4.4	5.1	4.5
40~65	27.7	10.7	8.9	41.1	—	1.8	8.9	0.45	0.45	88	12.22	97	13.3	6.4	3.1	4.8	4.5
65~90	28.2	6.4	9.1	46.3	—	—	9.1	0.45	0.45	88	12.20	85	11.7	6.3	3.0	4.8	4.5

三、阶段肥育法与一贯肥育法的比较

(一)两种肥育方法的比较

1. 肥育期　从表 8-16 可以看出,一贯肥育法的肥育期较阶段肥育短,因一贯肥育法的精料用量是随猪的体重而增加,没有特殊的吊架子期,故缩短了肥育期。

表 8-16 不同肥育方法的比较

项目	阶段肥育(至 75 kg)			一贯肥育(精料限量至 90 kg)			一贯肥育(精料不限量至 90 kg)		
	内江猪	荣昌猪	成华猪	内江猪	荣昌猪	成华猪	内江猪	荣昌猪	成华猪
头数	6	6	6	6	6	6	6	6	6
始重(kg)	19.6	19.5	19.6	20.1	20.1	14.0	21.1	21.1	17.6
末重(kg)	75.0	76.3	71.9	90.4	91.4	90.4	90.4	88.3	93.1
饲养天数	233	233	239	187	189	204	124	124	141
平均日增重(g)	238	244	239	376	377	375	559	542	536

续表 8-16

项目		阶段肥育(至 75 kg)			一贯肥育(精料限量至 90 kg)			一贯肥育(精料不限量至 90 kg)		
		内江猪	荣昌猪	成华猪	内江猪	荣昌猪	成华猪	内江猪	荣昌猪	成华猪
每头消耗	混合料(g)	113.7	91.1	113.6	185.2	191.2	226.9	233.0	232.0	255.8
	粗料(g)	133.9	140.0	142.0	10.3	10.3	10.3	27.8	27.0	37.2
	青料(g)	1256	1358	1350	589	596	482	239	236	302
	粉渣(g)	262	258	269	552	534	400	—	—	—
每千克增重消耗	混合料(kg)	2.1	1.7	2.2	2.6	2.7	3.0	3.4	3.5	3.4
	粗料(kg)	2.4	2.5	2.7	0.2	0.1	0.1	0.4	0.4	0.5
	青料(kg)	22.7	23.9	25.8	8.1	8.4	6.3	3.5	3.5	4.0
	粉渣(kg)	4.7	4.5	5.2	7.9	7.5	5.2	—	—	—

2. 日增重　从表 8-16 可见一贯肥育的日增重较阶段肥育高。

3. 饲料消耗　从表 8-16 可见阶段肥育无论是精料消耗的总量，还是每千克增重的耗料量都低于一贯肥育，而青料和粗料均高于一贯肥育。

4. 屠宰成绩　据四川农业大学和山西农业大学的试验，阶段肥育猪的屠宰率、膘厚均低于一贯肥育，而腹部脂肪高于一贯肥育，见表 8-17。

表 8-17 一贯肥育和阶段肥育猪的屠宰比较

项 目	山西农业大学测定结果		四川农业大学测定结果			
	一贯肥育	阶段肥育	一贯肥育		阶段肥育	
活重(kg)	125.25	124.27	100.0	150.0	100.0	150.0
屠宰率(%)	73.77	70.78	71.4	75.1	70.1	74.0
膘厚(cm)	6.13	5.21	5.3	7.3	5.2	5.8
脂肪重(kg)	7.70	8.29	7.2	9.5	9.0	10.0

(二)两种肥育方法的适宜条件

从上述比较可以看出,一贯肥育的猪增重快,肥育期短,周转快,出栏率高,饲料利用率高,屠宰率高,背膘厚,需要精料多,经济效益高;而阶段肥育的猪增重慢,肥育期长,能充分利用青粗饲料,节省精料,但经济效益低。因此,在选用肥育方法时,应根据实际条件,做到因地、因猪而异。

就品种而言,晚熟品种因其骨骼、肌肉、脂肪生长出现的高峰期相距较远,宜采用阶段肥育法;而早熟品种或含有早熟品种血缘较多的杂种猪,骨骼、肌肉、脂肪生长出现的高峰期相距较近,宜采用一贯肥育法。

从饲料来看,在青粗饲料丰富而精料不太充足的地区,宜采用阶段肥育法;在精料比较充足并有大量糟渣类饲料的地区,宜采用一贯肥育。

在交通不便或有放牧条件的地区,为充分利用农副产品资源,采用阶段肥育法,把春产仔猪通过夏秋放牧,入冬催肥,春节上市。而在大城市郊区和交通方便的地区,充分发挥饲料条件好的优势,争取一年出栏两批肥猪,以满足城市对猪肉的大量需求,宜采用一贯肥育法。

四、淘汰种猪的肥育

淘汰种猪多是年老体瘦,可利用价值差。因此,利用淘汰的成年公母猪进行肥育的任务在于改善肉的品质,获得大量的脂肪。

因此，所供给的营养物质，主要是含丰富的碳水化合物饲料。在肥育前应进行去势，既能改善肉的品质，又利于催肥。成年猪经去势后体质较弱，食欲又差，应加强饲养管理，供给容易消化的饲料。催肥阶段应减少大容积饲料的喂量、增加精饲料。

五、中猪肥育

中猪是我国华南地区的食品用猪，经烧烤加工后是上等名菜。中猪是指 105～120 日龄、体重 25～35 kg 的幼猪。对中猪的要求是头小、嘴短、皮薄、膘薄、瘦肉多、背腰直、腹小，以瘦肉型为好。经烤制后的中猪，要求皮薄、鲜红、松脆、皮与膘之间不分离。从仔猪哺乳期至断奶后达到要求体重，均采用强度饲养方式，日粮中能量和蛋白质水平要高，粗纤维的含量要低。华南农业大学饲养中猪的日粮配合是玉米 70%、麦麸 2%、豆饼 10%、花生饼 5%、鱼粉 10%、干草粉 1%、添加剂 2%，每千克混合料含消化能 12.91 MJ，可消化粗蛋白 19.7%，粗纤维 2.6%。

第五节　肥育猪适宜出栏体重

肉猪多大体重出栏为宜是生产者必须考虑的问题，受许多因素的制约。

一、考虑增重与胴体瘦肉率确定出栏体重

在一定的饲养管理条件下，肉猪长到一定体重时，就会达到增重高峰。增重高峰期的早迟，高峰期持续时间长短因品种、经济类型、杂交组合不同而异。通常小型品种或含我国地方猪遗传较多的杂交猪，增重高峰期出现较早，增重高峰持续时间较短，适宜出栏体重相对较小。相反，瘦肉型品种，配套系杂交猪，含我国地方猪遗传较少的杂交猪，增重高峰期出现较迟，高峰期持续时间较

长，出栏体重应相对较大。

此外，随着体重的增长，胴体瘦肉率降低。据研究，体重 60～120 kg 阶段，大致活重每增长 10 kg，瘦肉率下降 0.5%。长白猪×雅南猪的 F_1 肉猪在限食条件下，在体重 60～120 kg 阶段，体重每增长 10 kg，瘦肉率降低 0.48%；雅南猪在任食和限食条件下，分别降低 1.39%和 1.63%。出栏体重越大，胴体越肥，生产成本也越高。因此，应在增重高峰过后及时出栏为宜。

二、针对不同市场需求确定出栏体重

养猪生产是为满足各类市场需要的商品生产，不同市场要求各异。国际市场对胴体组成要求很高。供给中国香港地区及东南亚市场活大猪以体重 90 kg、瘦肉率 58%以上为宜，活中猪体重不应超过 40 kg；供日本及欧美市场，瘦肉率要求 60%以上，体重 110～120 kg 为宜；国内市场情况较为复杂，在大中城市要求瘦肉率较高的胴体，且以本地猪为母本的二三元杂交猪为主，出栏体重 90～100 kg 为宜；农村市场则因广大农民劳动强度大，需要膘稍厚的胴体，出栏体重可更大些。

三、以经济效益为核心确定出栏体重

养猪经济效益的高低主要受 3 个方面因素的制约，即猪种质量、生产成本和产品市场价格。出栏体重越小，单位增重耗料越少，饲养成本越低，但其它成本的分摊额度越高，且售价等级也越低，很不经济。出栏体重越大，单位产品的非饲养成本分摊额度越少，但在后期增重的成分主要是脂肪，而脂肪沉积的能量消耗量大。据研究，沉积 1 kg 脂肪所消耗的能量是生长同量瘦肉耗能量的 2.6 倍以上，饲料利用率下降，饲养成本明显增高，同时由于胴体脂肪多，售价等级低，也不经济。因此，生产者应综合诸因素，根据具体情况灵活确定适宜的出栏体重。阎玉华(1987)用杜长沈三元杂交肉猪为材料研究适宜出栏体重时指出，从生产者利益出发，以销售去骨鲜肉为主，则以体重 105 kg 出栏为宜；销售分割肉和加工肉，则以 120～130 kg 为宜(表 8-18 和表 8-19)。赵俊如等(1995)根据香港市场行情指出，以体重 85～90 kg 的肉猪售价最高，经济效益最好(表 8-20)。

表 8-18　杜长沈肉猪不同出栏体重的生产表现

体重(kg)	饲养时间(天)	日增重(g)	料重比	瘦肉率(%)	板油＋皮下脂肪(kg)	出肉率*(%)
25～90	86.75	751	3.04	59.52	9.81	67.4
25～105	107.90	742	3.11	58.98	11.64	68.3
25～125	127.90	743	3.23	56.25	15.32	69.0
25～135	143.90	747	3.34	54.54	19.20	71.7

* 按[(肉＋脂＋板油)/空体重]×100%计算出肉率。

表 8-19　杜长沈肉猪不同体重阶段的效益比较

效益项目	肉猪体重(kg)			
	90.29	105.50	120.15	132.83
瘦肉生产量(kg)	18.95	22.03	24.53	26.20
瘦肉收入(元)	102.33	118.96	132.40	141.48
皮下脂肪＋板油(kg)	9.81	11. 64	15.32	19.20
胴体收入(元)	126.82	160.59	173.82	193.52
饲料支出(元)	66.20	83.29	102.72	120.43
胴体收入－饲料支出(元)	62.62	67.10	71.70	73.09
活猪收入(元)	153.49	179.35	204.26	225.81
活猪收入－饲料支出(元)	87.29	96.06	101.54	105.58

表 8-20　供港猪体重与收益

体重阶段(kg)	出售体重(kg)	头均售价(港元)	每千克售价(港元)	售价(港元/司担)
60～65	59.70	764	11.410	615
65～70	68.71	654	9.540	572

续表 8-20

体重阶段 (kg)	出售体重 (kg)	头均售价 (港元)	每千克售价 (港元)	售价 (港元/司担)
70～75	72.68	758	10.210	611
75～80	78.20	878	11.250	674
80～85	82.79	966	11.703	703
85～90	87.45	1059	11.654	697
90～95	92.13	1 007	10.960	656
95～100	97.42	965	9.910	595
100～105	102.03	1 021	10.010	601
105～110	107.57	1 046	9.730	583
＞110	118.68	967	8.120	487

注：每司担等于 60 kg。

第六节 胴体品质

胴体品质指肥育猪屠宰后的产品品质。在提高猪产肉能力的同时，应重视提高肉质质量。

一、对肉质的要求

(一)瘦肉

可通过肉的外观色泽、大理石花纹、pH 值、系水力、味道来评定好坏。

肉的颜色因猪的年龄、品种、营养状况、部位不同而不同；理想的瘦肉颜色应为鲜红色，有光泽；劣质肉的颜色为暗红色或苍白色；背最长肌颜色稍淡；长白猪的肉色较其它品种为淡。

大理石花纹是指肌肉中脂肪分布的多少，以肌间脂肪分布适量的肌肉为最好，脂肪分布过多过少都不好。

肌肉 pH 值以 6.1～6.4 为正常，pH＜5.9 或 pH＞6.5 均为

劣质肉。

优质的肌肉应紧密，用手指按压时，凹陷处立即复原，如肌肉松软，则是肉质不好的特征；好的猪肉吸水力强，渗水的肉是肉质不良的特征；品质好的肉具有自然香味，无其它异常气味。

(二)脂肪

胴体脂肪的颜色应为洁白或淡玫瑰色，要求脂肪坚实。不坚实的软脂烹调时易于蒸发，加工后贮藏易产生哈喇味。

二、白肌肉

又称 PSE 肉，是一种异常的猪肉，基本特征是：肉色苍白，肉质松软无弹性，肌肉渗水（切面有水分渗出），pH＜5.9。白肌肉和正常肉的组成成分有明显的不同，上海卫生防疫站分析的结果如表 8-21 所示。

表 8-21　白肌肉和正常肌肉的组成成分　%

样　品	水分	灰分	脂肪	蛋白质
白肌肉 1	71.50	0.914 3	11.75	14.17
白肌肉 2	72.45	0.865 4	11.61	13.61
白肌肉 3	68.50	0.925 6	12.59	16.40
平　均	70.82	0.901 8	11.98	14.73
正常肌肉 1	60.50	1.006 0	13.02	23.78
正常肌肉 2	63.00	0.889 4	12.22	22.02
正常肌肉 3	62.50	0.953 6	13.08	20.98
平　均	62.00	0.949 7	12.77	22.26

从表 8-21 可见，白肌肉的水分含量高于正常肌肉，而蛋白质含量低于正常肌肉，因此，白肌肉风味不佳，降低了猪肉的商品价值和利用价值。

白肌肉产生的原因是由于含有应激敏感基因的猪，在短时间高强度应激条件作用下（如运输、高温、运动、电击晕、屠宰、惊吓、抓捕、咬斗等),引起机体应激反应,交感神经兴奋,肾上腺素大量分泌促使糖原酵解过程加强加速,产生大量的乳酸和磷酸,使肌肉 pH 值迅速下降,水分由血液向肌纤维大量渗出,肌浆蛋白质变性所致。

三、黄膘肉

正常猪的脂肪应为白色,有时见到脂肪呈淡黄色或黄色,这种猪肉称为黄膘肉。脂肪松软,有时有异常的腥味,经济价值极差。

产生黄膘肉的原因,其一可能是黄疸所致(一些疾病引起肝胆病变);其二可能是色素所致(如喂大量的蚕蛹和新鲜的鱼屑易引起脂肪变黄),饲喂霉烂玉米,不仅引起脂肪变黄,严重时引起死亡。

第七节 提高肥育猪胴体瘦肉率的措施

提高商品肉猪胴体瘦肉率,是当前养猪生产面临的重要课题。近年来,国内市场对瘦肉猪的需求增加,加之出口需要,发展瘦肉猪生产,不仅可以提高商品肉猪日增重,降低饲料消耗,而且可以改善肉的品质,减少脂肪含量,增强适口性,同时也是提高经济效益、改善养猪业经营状况的重要途径。

一、选养瘦肉型品种或开展杂种优势利用

外向型猪场以饲养外国引进的长白猪、大约克夏猪、杜洛克、汉普夏猪种进行杜×长大、汉×长大洋三元杂交猪或专门化品系杂优猪如 PIC 猪、斯格猪、迪卡猪等,虽然对饲料条件要求较高,但日增重高,饲料利用率高,胴体瘦肉率 60%以上。产品出口可获得较好的价格和利润。

内销商品肉猪可根据各地实际进行瘦肉型新品种(或品系)的育种工作,培育瘦肉型品种或品系用于商品生产。更多的宜选择瘦肉率高、生长速度快、饲料利用率高和肉质好的外国良种瘦肉型

公猪作父本，以分布广、适应性强、繁殖力高和肉质好的我国地方猪种（或培育品种）作母本，进行二元或三元杂交生产瘦肉型商品猪。这是一种投资少，见效快，适合我国国情的生产瘦肉型杂种商品猪的有效途径。

总结近20年来我国猪杂交试验资料，结果列于表8-22和表8-23。结果表明，与地方品种相比，体重20～90 kg，二元杂交平均日增重、饲料利用率和胴体瘦肉率分别提高24.2%、12.6%和20.8%；三元杂交分别提高25.9%、14.6%和33.7%。与二元杂交相比，三元杂交分别提高1.4%、2.2%和10.7%。

表8-22　二、三元杂交效果比较

猪种类	组合数	试猪数	平均日增重(g)	料重比	胴体瘦肉率(%)
地方猪种	21	194	471±74	4.12±0.75	42.7±4.00
培育品种	16	1 863	581±60	3.64±0.32	53.7±3.00
国外引进良种	25	223	593±64	3.38±0.24	60.5±2.74
二元杂种(外×本)	81	872	585±62	3.6 ±0.36	51.6±4.94
三元杂种(外×外本)	92	1 521	593±76	3.52±0.30	57.1±2.74
二元杂种(外×培)	76	2 153	631±69	3.52±0.24	57.8±3.70
三元杂种(外×外培)	35	1 137	614±60	3.38±0.24	58.7±2.4

表8-23　国家"六五"攻关筛选的商品瘦肉猪杂交组合

父本	母本	平均日增重(g)	每千克增重耗料(kg)	胴体瘦肉率(%)	试验单位
大白	长白×北京黑	625	3.28	58.9	中国农业科学院畜牧所
杜洛克	长白×北京黑	626	3.10	57.6	北京市畜牧所
杜洛克	上海白	618	3.38	57.9	上海市畜牧所
杜洛克	湖北白	611	3.39	62.1	华中农业大学等
杜洛克	浙江中白	594	2.99	61.5	浙江省畜牧所
杜洛克	长白×嘉兴黑	562	3.36	56.4	浙江省畜牧所
杜洛克	长白×太湖	630	3.15	58.0	南京农业大学、苏州牧医站等
杜洛克	三江白	601	3.11	62.3	东北农业大学

解放以来，我国自行培育出了许多新的猪品种，如北京黑猪、上海白猪、湖北白猪、三江白猪、浙江中自猪、四川白猪Ⅰ系、苏太猪等。其生产性能比我国现有地方品种明显提高，平均日增重、饲料利用率和胴体瘦肉率分别提高23.4%、11.7%和25.8%。以国内培育品种（或品系）为母本、国外瘦肉型品种为父本的111个杂交组合试验资料表明，与我国培育品种的性能相比，二元杂交平均日增重、饲料利用率和胴体瘦肉率分别提高8.6%、3.3%和7.6%；三元杂交分别提高5.7%、7.1%和9.3%。

近年来，全国各科研院所、大专院校和生产部门通过配合力测定，已筛选出了适合本地区的优良杂交组合，并在生产中广泛应用，有效地提高了商品肉猪的瘦肉率。

二、适宜的饲养水平

饲养水平不仅影响猪的增重速度和饲料利用率，而且对胴体瘦肉率也有一定的影响。早年McMeekan(1940)的经典试验结果见表8-24。

表8-24 饲养水平与猪体组成

饲养水平		胴体组成(%)				料重比
前期	后期	骨	皮	肌	脂	
高	高	11.0	5.3	40.3	38.3	3.05
高	低	11.2	5.4	44.5	33.4	4.25
低	高	9.7	4.8	36.3	44.1	5.011
低	低	12.4	5.8	49.1	27.5	5.17

从表8-24可见，要获得较高的胴体瘦肉率和较低的料重比，以选择前期自由采食、后期限制采食为宜。

四川农业大学畜牧系养猪教研室用雅南猪和长白×雅南F_1代猪为材料的试验结果见表8-25。

表 8-25　饲养水平与胴体瘦肉率

饲养水平		雅南猪×雅南猪			长白×雅南猪		
前期	后期	日增重(g)	瘦肉量(kg)	瘦肉率(%)	日增重(g)	瘦肉量(kg)	瘦肉率(%)
任食	任食	520	23.8	41.4	591	26.1	46.1
限食	限食	407	25.9	46.6	464	30.6	55.7
差异		+113	−2.1	−5.2	+127	−4.5	−9.6

注:试验结束体重均为 85 kg 左右。

Davis(1978)以 1976 年 AQC 标准为 100,增加 5%,降 10%或 20%喂 20～90 kg 的猪,结果如表 8-26 所示。

表 8-26　饲养水平与生产表现

生产表现	饲养水平(%)			
	105	100	90	80
日增重(kg)	0.84	0.79	0.73	0.65
瘦肉率(%)	54.6	54.7	55.8	57.4

综上所述,饲养水平的高低是影响瘦肉率的重要环境因素。瘦肉率随饲养水平的提高而降低,反之,随着饲养水平的降低瘦肉率也提高。许振英在总结国外有关资料后得出:日采食饲料大致每减少 10%可提高瘦肉率 1%～1.5%。但对于瘦肉型猪也不宜限食过多,以免影响肌肉的生长。

三、环境温度

环境温度对脂肪沉积的影响大于对蛋白质沉积的影响,过高或过低的环境温度对脂肪和蛋白质的沉积都不利。据报道,适于蛋白质沉积的温度是 18～20℃。另有报道,认为氮的沉积以20～25℃时最高。据荷兰资料,在环境温度 10℃与 20℃条件下饲养的肥育猪,前者瘦肉率下降 10.6%,膘厚增加 3.4%。因此,为肥育猪创造适宜的环境温度可提高胴体的瘦肉率。

四、屠宰适期

肥育猪在不同体重屠宰,其胴体瘦肉率不同,控制适宜体重屠宰,可提高商品猪的胴体瘦肉率。屠宰率和瘦肉的绝对重量,随体重的增大而提高,但瘦肉所占的百分数却下降,瘦肉和肥肉中的水分含量随体重的增大而减少(表 8-27)。

表 8-27 肉用型猪不同体重的性能比较

性能	体重(kg)				
	35.4	54.4	80.7	103.0	12.4.3
屠宰率(%)	65.38	74.17	72.47	80.62	77.74
分割瘦肉重量(kg)	16.80	17.80	24.29	29.29	34.2
瘦肉占胴体的比率(%)	40.80	44.10	41.50	37.90	35.40
分割肥肉重量(kg)	5.80	13.25	23.30	35.11	46.08
肥肉占胴体的比率(%)	25.10	32.80	40.00	44.70	47.70
瘦肉含水分(%)	69.56	64.61	62.83	61.70	61.57
肥肉含水分(%)	23.08	15.18	11.43	10.23	10.58

又据山西农业大学用山西黑猪的试验,体重 70 kg 屠宰,肉脂比为 6∶4,料重比为 3.3∶1,80 kg 屠宰,肉脂比 5∶5,料重比 3.85∶1,90 kg 屠宰,肉脂比 4∶6,料肉比 4.3∶1。据辽宁畜牧所的试验,胴体瘦肉率随屠宰体重的提高而降低(表 8-28)。

肥育猪以多大体重屠宰为宜,既要考虑胴体瘦肉率,又要考虑综合经济效益。一般大型猪可在 100 kg 左右屠宰,中小型猪可在 75~85 kg 屠宰。

总之,提高猪胴体瘦肉率是发展养猪生产和改善人民生活所必需的,生产瘦肉量高的肥育猪,必须采取综合措施,如选种,杂交、饲料配合、饲养技术、肥育方式、屠宰适期、环境因素、收购价格和收购标准等方面，应全面考虑，综合分析，并能协调一致。

表 8-28　不同体重屠宰的比较

品种	体重(kg)	头数	日增重(g)	料重比	膘厚(cm)	瘦肉率(%)	每头猪纯收入(元)
苏×民	60	4	603	2.77	2.92	55.09	28.52
苏×民	80	4	654	2.90	3.28	51.09	43.40
苏×民	100	4	669	3.07	4.24	49.97	55.32
苏×民	125	4	668	3.50	5.48	46.34	54.63

第八节　无公害肉猪生产的要求

农业部于 2001 年 9 月 3 日发布，并于 2001 年 10 月 1 日开始实施的《无公害食品的行业标准》，其中 NY/T 5033—2001 对无公害肉猪生产过程中的引种、环境、消毒、饲养、免疫、废弃物处理等涉及到生猪饲养管理的各环节，都提出了严格要求。

一、猪场环境与工艺

(1)猪场应建在地势高燥、排水良好、易于组织防疫的地方，场址用地应符合当地土地利用规划的要求。猪场周围 3 km 无大型化工厂、矿厂、皮革、肉品加工、屠宰场或其它畜牧场污染源。

(2)猪场距离干线公路、铁路、城镇、居民区和公共场所 1 km 以上，猪场周围有围墙或防疫沟，并建立绿化隔离带。

(3)猪场生产区布置在管理区的上风向或侧风向处，污水粪便处理设施和病死猪处理区应在生产区的下风向或侧风向处。

(4)场区净道和污道分开，互不交叉。

(5)推荐实行小单元式饲养，实施“全进全出”制饲养工艺。

(6)猪舍应能保温隔热，地面和墙壁应便于清洗，并能耐酸碱等消毒药液清洗消毒。

(7)猪舍内温度、湿度环境应满足不同生理阶段猪的需求。

(8)猪舍内通风良好，空气中毒有害气体含量应符合 NY/T 388 要求。

(9)饲养区内不得饲养其它畜禽动物。

(10)猪场应设有废弃物储存设施，防止渗漏、溢流、恶臭对周围环境造成污染。

二、引种

(1)需要引进种猪时，应从具有种猪经营许可证的种猪场引进，并按照 GB 16567 进行检疫。

(2)只进行育肥的生产场，引进仔猪时，应首先从达到无公害标准的猪场引进。

(3)引进的种猪，隔离观察 15～30 天，经兽医检查确定为健康合格后，方可供繁殖使用。

(4)不得从疫区引进种猪。

三、饲养条件

(一)饲料和饲料添加剂

(1)饲料原料和添加剂应符合 NY 5032 的要求。

(2)在猪的不同生长时期和生理阶段，根据营养需求，配制不同的配合饲料。营养水平不低于 GB 8471 要求，不应给肥育猪使用高铜、高锌日粮，建议参考使用饲养品种的饲养手册标准。

(3)禁止在饲料中额外添加 β-兴奋剂、镇静剂、激素类、砷制剂。

(4)使用含有抗生素的添加剂时，在商品猪出栏前，按有关准则执行休药期。

(5)不使用变质、霉败、生虫或被污染的饲料。不应使用未经无害处理的泔水、其它畜禽副产品。

(二)饮水

(1)经常保持有充足的饮水、水质符合 NY 5207 的要求。

(2)经常清洗消毒饮水设备,避免细菌滋生。

(三)免疫

(1)猪群的免疫符合 NY 5031 的要求。

(2)免疫用具在免疫前后应彻底消毒。

(3)剩余或废弃的疫苗以及使用过的疫苗瓶要做无害化处理,不得乱扔。

(四)兽药使用

(1)保持良好的饲养管理,尽量减少疾病的发生,减少药物的使用量。

(2)仔猪、生长猪必须治疗时,药物使用要符合 NY 5030 的要求。

(3)育肥后期商品猪,尽量不使用药物,必须治疗时,根据所用药物执行停药期,达不到停药期的不能作为无公害生猪上市。

(4)发生疾病的种公猪、种母猪必须用药治疗时,在治疗期或达不到停药期的不能作为食用淘汰猪出售。

四、卫生消毒

(一)消毒剂

消毒剂要选择对人和猪安全、没有残留毒性、对设备没有破坏、不会在猪体内产生有害积累的消毒剂。选用的消毒剂应符合 NY 5030 的规定。

(二)消毒方法

1. 喷雾消毒　用一定浓度的次氯酸盐、有机碘混合物、过氧乙酸、新洁尔灭等,用喷雾装置进行喷雾消毒,主要用于猪舍清洗完毕后的喷洒消毒、带猪消毒、猪场道路和周围、进入场区的车辆。

2. 浸液消毒　用一定浓度的新洁尔灭、有机碘混合物或煤酚的水溶液,进行洗手、洗工作服或胶靴。

3. 熏蒸消毒　每立方米用福尔马林(40%甲醛溶液)42 mL、高锰酸钾 21 g,21℃以上温度、70%以上相对湿度,封闭熏蒸24 h。甲醛熏蒸猪舍应在进猪前进行。

4. 紫外线消毒　在猪场入口、更衣室,用紫外线灯照射,可以起到杀菌效果。

5. 喷洒消毒　在猪舍周围、入口、产床和培育床下面撒生石灰或火碱可以杀死大量细菌或病毒。

6. 火焰消毒　用酒精、汽油、柴油、液化气喷灯,在猪栏、猪床和猪只经常接触的地方,用火焰依次瞬间喷射、对产房、培育舍使用效果更好。

(三)消毒制度

1. 环境消毒　猪舍周围环境每 2~3 周用 2%火碱消毒或撒生石灰 1 次;场周围及场内污水池、排粪坑、下水道出口,每月用漂白粉消毒 1 次。在大门口、猪舍入口设消毒池,注意定期更换消毒液。

2. 人员消毒　工作人员进入生产区净道和猪舍要经过洗澡、更衣、紫外线消毒。严格控制外来人员,必须进入生产区时,要洗澡、更换场区工作服和工作鞋,并遵守场内防疫制度,按指定路线行走。

3. 猪舍消毒　每批猪只调出后,要彻底清扫干净,用高压水枪冲洗,然后进行喷雾消毒或熏蒸消毒。

4. 用具消毒　定期对保温箱、补料槽、饲料车、料箱、针管等进行消毒。可用 0.1%新洁尔灭或 0.2%~0.5%过氧乙酸消毒,然后在密闭的室内进行熏蒸。

5. 带猪消毒　定期进行带猪消毒,有利于减少环境中的病原微生物。可用于带猪消毒的消毒药有 0.1%新洁尔灭、0.3%过氧乙酸和 0.1%次氯酸钠。

五、饲养管理

(一)人员

(1)饲养员应定期进行健康检查,传染病患者不得从事养猪工作。

(2)场内兽医人员不准对外诊疗猪及其它动物的疾病,猪场配种人员不准对外开展猪的配种工作。

(二)饲喂

(1)饲料每次添加重量适当,少喂勤添,防止饲料污染腐败。

(2)根据饲养工艺进行转群时,按体重大小强弱分群,分别进行饲养,饲养密度要适宜,保证猪只有充足的躺卧空间。

(3)每日打扫猪卫生,保持料槽、水槽用具干净、地面清洁。经常检查饮水设备,观察猪群健康状态。

(三)灭鼠、驱虫

(1)定期投放灭鼠药,及时收集死鼠和残余鼠药,并做无害化处理。

(2)选择高效、安全的抗寄生虫药进行寄生虫控制,控制程序符合 NY 5031 的要求。

六、运输

(1)商品猪上市前,应经兽医卫生检疫部门根据 GB 16549 检疫,并出具检疫证明,合格者方可上市屠宰。

(2)运输车辆在运输前和使用后要用消毒液彻底消毒。

(3)运输途中,不应在疫区、城镇和集市停留、饮水和饲喂。

七、病、死猪处理

(1)需要淘汰、处死的可疑病猪,应采取不会把血液和浸出物散播的方法进行扑杀,传染病猪尸体应按 GB 16548 进行处理。

(2)猪场不得出售病猪、死猪。

(3)有治疗价值的病猪应隔离饲养,由兽医进行诊治。

八、废弃物处理

(1)猪场废弃物处理实行减量化、无害化、资源化原则。

(2)粪便经堆积发酵后应作农业用肥。

(3)猪场污水应经发酵、沉淀后才能作为液体肥使用。

九、资料记录

(1)认真做好日常生产记录,记录内容包括引种、配种、产仔、哺乳、断奶、转群和饲料消耗等。

(2)种猪要有来源、特征、主要生产性能记录。

(3)做好饲料来源、配方及各种添加剂使用情况的记录。

(4)兽医人员应做好免疫、用药、发病和治疗情况记录。

(5)每批出场的猪应有出场猪号、销售地记录,以备查询。

(6)资料应尽可能长期保存,最少保留 2 年。

第九章　猪舍的建筑与设备

第一节　猪对环境的要求

猪的健康和生产性能与环境因素关系甚为密切。了解这些环境因素对猪的影响，就可为猪只创造适宜的环境条件，保证猪只健康，提高生产性能和劳动生产率。

一、温度

适宜的环境温度，是保证猪正常生长发育、产肉、繁殖的前提条件。猪所需要的适宜温度，因年龄、类型和品种的不同而有差异，详见表 9-1。

表 9-1　不同年龄和不同类型猪的适宜温度　℃

日龄或类型	温度	日龄或类型	温度
0～3	28～30	幼猪(40 kg 以下)	18～20
4～7	25	育肥猪(40 kg 以上)	15～17
8～15	24	成年公、母猪	12～13
16～28	22	分娩母猪	18～22
29～56	20		

随着猪体重和日龄的增长，猪所需要的环境温度逐渐降低。试验研究表明：猪生长速度最快所需要的气温与其体重的关系可用以下公式表示：

$$T = -0.06W + 26$$

式中：T—猪生长最快所需要的气温(℃)；W—猪的体重(kg)。

从上式可以推算出：猪每增 10 kg，需要的气温相应下降 0.6℃。在最适宜的气温以下时，每下降 1℃，日增重减少 10～17.3 g。若高于最适气温则日增重下降的更多。如果气温超过 37℃时，体重 45 kg 以上的全都减重。气温对猪日增重的影响见表 9-2。

表 9-2 气温对猪日增重的影响

体重 (kg)	气温(℃)							
	4	10	15	21	26	32	37	43
45	—	0.67	0.71	0.91	0.90	0.64	—0.13	—0.66
68	0.58	0.67	0.80	0.98	0.83	0.52	—0.09	—1.18
90	0.54	0.71	0.87	1.00	0.76	0.40	—0.35	—
113	0.50	0.76	0.95	0.98	0.70	0.28	—0.62	0.62
135	0.46	0.80	1.01	0.95	0.62	0.16	—0.90	—
158	0.42	0.85	1.09	0.90	0.55	0.04	—1.15	—

当猪舍内温度过高时，会降低猪的采食量，因而使增重降低，相反，若猪舍温度过低，猪为了维持其体温，则需将采食的部分饲料转变为热能以抵御寒冷，从而使增重下降，甚至停止生长。

试验和实践证明，当猪获得最好的日增重时，会同时获得最佳的饲料转化率，即生长速度越快，越省饲料。在不同温度条件下饲养的肥育猪(体重 35 kg)，其饲料转化率是不同的(表 9-3)。

表 9-3 猪舍温度与饲料转化率的关系

猪舍温度(℃)	4.4	10	16	20	27	32	37
饲料转化率(%)	5.3	4.1	3.2	2.55	3.1	4.7	7.5

试验还表明：体重 35 kg 左右的猪，在 12℃条件下饲养比在 7℃条件下饲养采食量减少 13%，但增重相同。也就是说，从 12℃

开始，温度每下降 1℃，要获得相同的增重，每天需要多喂 45.5 g 饲料。

二、湿度

猪舍内的湿度常常高于舍外。它的来源有 3 个方面：第一，是随外界空气进入舍内的水分，占舍内空气中水汽总量的 10%～15%；第二，是动物体排出的水分和水汽，约占 75%；第三，是地面、墙壁以及其它物体蒸发的水分占，10%～15%。

湿度对猪只的影响是多方面的。直接的影响是影响猪只的热调节，从而影响健康和生产性能；间接影响是通过植物、病原微生物而引起的。

机体水分的蒸发是散热的一个重要方式，而蒸发的难易又决定于空气中的湿度。当空气潮湿时，猪体的水分蒸发就受到抑制，影响机体散热。相反，空气湿度小，动物体表水分的蒸发就容易，可加速体热的散发。因此，在湿度不高、空气比较干燥的情况下，使温度升高，亦容易忍受。

在低温情况下，如空气中湿度增加，就会增加空气的热容量、导热性以及机体放出的长波辐射，从而加剧了猪体的寒冷感。

此外，试验证明，高湿度能促使致病性真菌、细菌和寄生虫的繁殖滋生，降低猪只的抵抗力，使猪易患疥癣、湿疹等皮肤病。

猪适宜的相对湿度为 60%～75%。猪舍湿度过高，特别是猪床过于潮湿，对幼猪和育肥猪的生长速度影响也很大，会使增重和饲料转化率都降低，如表 9-4 所示。

防止高湿度的措施，可以从以下几方面入手：第一，在修建猪舍前选好场址；第二，对于建成的猪舍应让其充分干燥后方可使用；第三，在饲养管理过程中，尽量减少不必要的用水，尤其是在冬季，并力求及时清除粪尿；第四，保持圈舍通风良好；第五，使用干燥垫草；第六，训练猪只在固定地点排粪尿，防止乱拉乱屙。

表 9-4　温度在 7.5℃ 时猪床湿度对猪的影响

猪床干湿情况	日增重(g)	饲料转化率(%)
潮湿床面	522	3.52
干燥床面	589	3.11

三、气流

气流指空气的流动，它有助于猪体在高温夏季的散热，对猪只的健康生产有良好作用。但在冬季，由于气流增强猪体的散热量，使能量消耗增多，甚至降低增重。一般认为冬季猪舍气流应保持在 0.1～0.2 m/秒为宜，最高不超过 0.25 m/秒。并在严寒冬季堵塞屋顶、天棚、门、窗上的所有缝隙，防止贼风侵袭。

四、空气中的有害气体

猪舍内的空气，由于受家畜呼吸、生产过程及粪尿、垫草有机物的分解等因素的影响，化学成分与大气差异较大，增添了一些大气中没有或很少有的成分，其中主要是氨、硫化氢和甲烷，它们对猪只健康和生产力影响很大。

(一)氨

氨是一种无色、有刺激性臭味，比空气轻的气体，在猪舍里通常是由含氮有机物分解而来。氨对猪只危害是多方面的。氨浓度为 50 mL/m^3 以下时，猪只表现为口腔、鼻腔和泪腺分泌物显著增多；氨浓度在 100 mL/m^3 以上时，更为严重，并影响猪只的日增重和饲料利用率。猪只长期处于含氨量较高的猪舍中就会造成慢性中毒，这往往不易被人发现，但对生产已经造成了损失，饲养管理中必须予以重视。猪舍中氨浓度以低于 26 mL/m^3 为宜。

(二)硫化氢

硫化氢是一种无色、有臭鸡蛋气味,比空气重的气体。猪舍中的硫化氢多由含硫有机物分解而来。当猪只采食富含蛋白质的饲料而且消化机能紊乱时,可由肠道排出大量硫化氢。硫化氢的毒性很强,在高浓度时毒性不亚于氢氰酸。猪只长期处于低浓度环境中,会感觉不适。浓度为 20 mL/m^3 时,猪变得怕光,丧失食欲,神经质;50～200 mL/m^3 会引起呕吐、恶心和腹泻。硫化氢中毒过程很快,在 650～800 mL/m^3 时,猪会突然呕吐,失去知觉,接着因呼吸中枢及血管运动中枢麻痹而死亡。猪舍中硫化氢的含量以不超过 10 mL/m^3 为宜。消除猪舍中的有害气体应采取综合措施。第一,要及时清除粪尿,不让其在舍内有分解的机会。第二,圈舍地面要坚实无缝,不漏水,要有一定坡度,以利于排水,以免粪尿积留后腐败分解。第三,氨和硫化氢都易溶于水,舍内潮湿时,它们就被溶解而吸附在物体上,并渗入其中,当舍内变得干燥或温度上升时,它们就挥发出来,污染空气。可见,防止舍内温度过高是消除有害气体的前提条件。第四,在猪床上铺设垫草,可以吸收一定量的有害气体。第五,注意猪舍通风,将有害气体及时排出舍外。

五、光照

光照对肥育猪的增重和饲料转化率影响不太大,一般认为不宜太长和太强的光照,以便于饲养管理就行了。但光照对性机能影响很大。试验表明光照时间愈长,卵巢的重量愈大,每个卵巢上的卵泡数和新鲜黄体数也随之增多,而发情周期则缩短。

六、饲养密度

饲养密度过大,使猪只没有足够活动和休息的地方,互相争斗频繁,影响猪只采食、休息和睡眠,并会加大应激因素和非生产性能量消耗,这就必然降低猪的增重和饲料利用率。相反,密度过小,对圈舍利用不经济,也不利于猪舍的保温,加快猪体热能的散失,因而对生产也是不利的。

试验研究表明,在限制饲养条件下,育肥猪每栏饲养10～15头,效果最好。每头占栏面积,体重30～50 kg阶段以0.45 m^2/头,51～100 kg阶段0.8 m^2/头为宜。在自由采食条件下,每栏饲养头数可以增加到20头左右。饲养密度与增重和耗料的关系见表9-5。各类猪的圈养头数及每头猪的占栏面积和采食宽度可参考表9-6。

表9-5 饲养密度和增重与耗料的关系

项目	密度		
	密	适度	稀
每栏饲养头数	20.00	13.00	8.00
30～50 kg猪(m^2/头)	0.3～0.37	0.45	0.60
51～100 kg猪(m^2/头)	0.55	0.80	1.10
平均每头日耗料(kg)	2.31	2.48	2.59
平均每头日增重(g)	531.00	622.00	613.00

表9-6 各类猪的圈养头数及每头猪的占栏面积和采食宽度

猪群类别	大栏群养头数	每圈适宜头数	面积(m^2/头)	采食宽度(cm/头)
断奶仔猪	20～30	8～12	0.3～0.4	18～22
后备猪	20～30	4～5	1.0	30～35
空怀母猪	12～15	4～5	2.0～2.5	35～40
妊娠前期母猪	12～15	2～4	2.5～3.0	35～40
妊娠后期母猪	12～15	1～2	3.0～3.5	40～50
设防压架的母猪	—	1	4.0	40～50
泌乳母猪	1～2	1～2	6.0～9.0	40～50
生长肥育猪	10～15	8～12	0.8～1.0	35～40
公猪	1～2	1	6.0～8.0	35～45

第二节　猪场场址的选择和猪舍布局

一、场址的选择

猪场场址的选择既要服从城市发展规划的需要，又要符合环保的要求，不能影响人居环境。具体把握以下几个方面：

（一）地势

地势指地面高低起伏状况而言。由于地势及方位不同，从太阳获得的辐射热量不同，因而小气候也不同，直接影响猪场的温湿状况。因此，要求场地地势高燥、平坦、向阳背风，如为坡地，坡幅以不超过1%～3%为宜。

（二）土壤

选择地下水位较低的沙壤土为好。因为沙壤土排水性强，透气性好，毛细管作用弱，吸湿性和导热性小，质地均匀耐压。而含有碎石的沙地，排水性虽好，但夏季日照反射的热量多，会使舍温温差过大；黏土则排水不良，易积水，使地面泥泞，运动场上不易清除粪尿，如发酵分解会产生有害气体。

（三）水源

应选择水质良好、水量充足的水源，最好用深层地下水。猪的饮水、生产用水、人的生活用水量都很大。如猪场供水不足，既影响猪只健康和生产力的提高，又不能有效地进行生产。每头猪每昼夜用水定额为：公猪和怀孕母猪每头 40 L，哺乳母猪每头 75 L，育成猪每头 30 L，育肥猪每头 25 L。

（四）交通运输

猪场的交通运输，主要是供应饲料、运送肥料及畜产品 3 个方面。因此，猪场应选在交通运输方便的地方，但交通运输频繁的地区，易传染疾病，须注意防疫。一般要求猪场距交通主干线 200 m

以上，距离一般公路100 m以上，如猪场有围墙，此距离可适当减小些。

二、猪舍的布局

猪舍的合理布局对建立良好的小气候环境和提高劳动生产率有着非常重要的作用。在猪舍布局时，应注意下面几点：

(一)猪舍的朝向

朝向的选择，主要从采光、保温防暑和通风几方面来考虑。

1. 采光　猪舍采光的多少和太阳照射到墙面的时间有关，而太阳照射到墙面的时间又和太阳的方位角有关。冬季太阳方位角变化范围小，各朝向墙面上得到的日照时间相差很大，因而舍内所得辐射热量相差亦大。在我国地理位置条件下，北墙得到太阳辐射量较少，南墙得到日照时间长，辐射热量也最多。

2. 保温防暑　南向猪舍在冬季太阳高度角降低，阳光射入舍内深，接受太阳辐射热和紫外线较多，可提高舍温改善舍内卫生条件，夏季由于太阳高度角较高，阳光射入舍内不深，接受太阳辐射热较少，在低纬度地区，夏季阳光还照射不到舍内。南向有利于冬暖夏凉。

3. 通风　我国处在北纬20°～50°，地属亚洲东南季风区，夏季盛行东南风，冬季多东北风或西北风。因此，南向猪舍较为适宜。有利于夏季的自然通风。

但由于各地条件还有差别，应根据具体情况区分主次。一般朝南偏东或偏西15°～30°均较适宜。

(二)猪场各类建筑物平面布局

1. 猪场平面布局的基本要求　生产性建筑区内，各种猪舍安排要符合生产工艺流程顺序，并处于核心位置；各种后勤保障建筑布局应有利于各种物资供应，接近生产区；管理及生活服务设施应远离生产区，如图9-1所示。

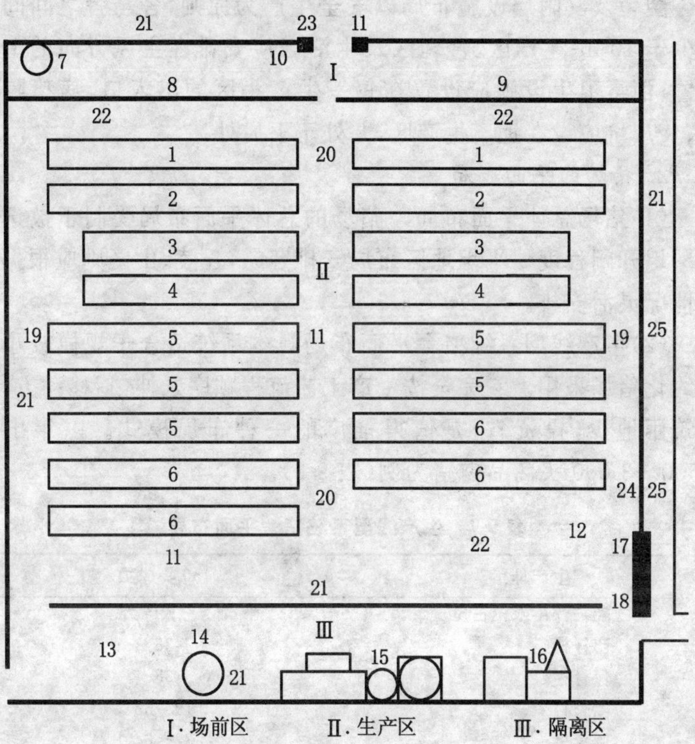

1. 配种舍　2. 妊娠舍　3. 产房　4. 保育舍　5. 生长舍　6. 育肥舍　7. 水泵房　8. 生活、办公用房　9. 生产附属用房　10. 门卫　11. 消毒室　12. 厕所　13. 病猪隔离舍及剖检室　14. 焚尸坑　15. 污水处理设施　16. 粪污处理设施 17. 选猪间　18. 装猪台　19. 污道　20. 净道 21. 围墙　22. 绿化隔离带　23. 场大门　24. 粪污出口　25. 场外污道

图 9-1　550～600 头基础母猪养猪场总平面简图

圈舍及其附属设施布局以安全生产为原则，舍与舍之间间距不少于10 m；生产区、管理区及生活区应安排在主风方向的上风位置；消毒卫生设施应设置在每一生产小区的出入口，病猪隔离舍、焚尸坑应设在远离生产区，并处于下风处。

2. 猪场的平面布局

(1)猪场总体平面布局　猪场的总体平面布局受制于被选场址平坦开阔程度。平坦地区布局安排容易，丘陵、山区则应根据实际情况灵活安排。

(2)生产线型系统猪舍平面布局　本系统适合于规模较小的集约化猪场采用。它完全按生产工艺流程顺序延伸，猪移动方便。建筑用地少，投资省，是值得推广的一种布局模式。以年出栏2 500～3 000头商品肉猪为例(表9-7)。

表9-7　生产线型系统猪舍平面布局

生产母猪	150头(栏)
配种怀孕限位栏	105
产仔栏	38
保育栏	38
生长栏	19～38
肥育栏	32～64
公猪栏	8

生产栏和怀孕栏数目，若一窝一栏分别为38栏和64栏，两窝一栏分别为19栏和32栏。

(3)单位系统猪舍平面布局　本系统每一个单元都具有较大规模的完整生产系统。每个单元自成一条或半条生产线，每条生产线年出栏肉猪1万头。今后要扩大规模，可再建相同规模、模式的一个或多个单元系统即可，但一切都必须事先有周密的计划安排。粪污处理应纳入投资计划，后勤保障设施合理布局。以每单元年出栏肉猪5 000头为例(表9-8)。

表 9-8　单位系统猪舍平面布局

生产母猪	300 头
配种限位栏	63 栏
怀孕限位栏	145 栏
产仔栏	76 栏
保育栏	76 栏
生长栏	38 栏(2 窝/栏)或 76 栏(1 窝/栏)
肥育栏	62 栏(2 窝/栏)或 124 栏(1 窝/栏)
公猪栏	12 栏

(4)H 型(Z 字型)系统猪舍平面布局　本系统整个生产流程的各个环节分为配种与怀孕、产仔与保育和生长肥育 3 个车间。在地形受到限制或生产规模不继续扩大的情况下采用。以年出栏肉猪 3 000 头为例(表 9-9)。

表 9-9　H 型(Z 字型)系统猪舍平面布局

生产母猪	200 头
配种养栏(4 头/栏)	11 栏(如用限位栏需 42 栏)
怀孕栏	98 栏
产仔栏	51 栏
保育栏	51 栏(1 窝/栏)或 26 栏(2 窝/栏)
生长栏	52 栏(1 窝/栏)或 26 栏(2 窝/栏)
肥育栏	82 栏(1 窝/栏)或 41 栏(2 窝/栏)
公猪栏	11～13 栏(1 头/栏,包括后备公猪 3 头/栏)

(三)农户猪舍的位置

农户养猪一般饲养头数都不会太多,为便于管理,往往把猪圈建在住宅的附近。因此,在修建猪舍时,应考虑住宅的卫生,避免臭气朝家里吹。为此,应将猪圈建在住宅的下风方向。如当地经常刮西北风,则猪圈就应建在住宅的东南角为最理想。此外,为避免猪圈阴冷潮湿,建圈地点一定要高燥,不积水,如地势低洼,建圈前应加以垫高,并形成一定坡度,以利排水。

第三节 猪舍各结构和建筑卫生要求

一、猪舍形式与基本结构

(一)猪舍形式

猪舍按屋顶形式、墙壁结构与窗户以及猪栏排列等分为多种。

1. 屋顶形式 可分为单坡式、双坡式、联合式、平顶式、拱顶式、钟楼式、半钟楼式等。单坡式一般跨度较小,结构简单、省料,便于施工。舍内光照、通风较好,但冬季保温性差,适合于小型猪场。双坡式可用于各种跨度,一般跨度大的双列式、多列式猪舍常采用这种屋顶。双坡式猪舍保温性好,若设吊顶则保温隔热更好,但其对建筑材料要求较高,投资较多。联合式猪舍的特点介于单坡式和双坡式猪舍之间。平顶式也用于各种跨度的猪舍,一般采用预制板或现浇钢筋混凝土屋面板,其造价一般较高。拱顶式可用砖拱,也可用钢筋混凝土薄壳拱,小跨度猪舍可做筒拱,大跨度猪舍可做双曲拱,其优点是节省木料,设吊顶后保温隔热性能更好。钟楼式和半钟楼式猪舍在屋顶两侧或一侧设有天窗,利于采光和通风,夏季凉爽,防暑效果好,但冬季不利于保温和防寒。钟楼式和半钟楼式在猪舍建筑中采用较少,在防暑为主的地区可考虑采用此种形式。

2. 墙壁与窗户结构 可分为开放式、半开放式和密闭式,密闭式猪舍又可分为有窗式和无窗式。开放式猪舍三面设墙,一面无墙,通风采光好,其结构简单,造价低,但受外界影响大,较难解决冬季防寒。半开放式猪舍三面设墙,一面设半截墙,其保温性能略优于开放式,冬季若在半截墙以上挂草帘或钉塑料布,能明显提高其保温性能。有窗式猪舍四面设墙,窗设在纵墙上,窗的大小、数量和结构可依当地气候条件而定。寒冷地区,猪舍南窗大,北窗要小，以利于保温。为解决夏季有效通风，夏季炎热的地区，还可在两纵墙上设地窗，或在屋顶设风管、通风屋脊等。有窗式猪舍保温隔热性能较好，根据不同季节启闭窗扇，调节通风和保温隔热。无窗式猪舍与外界自然环境隔绝程度较高，墙上只设应急窗，仅供停电应急时用，不作采光和通风用。舍内的通风、光照、舍温全靠人工设备调控，能够较好地给猪只提供适宜的环境条件，有利于猪的生长发育，提高生产率，但这种猪舍土建、设备投资大，维修费用高，在外界气候较好时，仍需要人工调控通风和采光，耗能高，采用这种猪舍的多为对环境条件要求较高的猪，如母猪产房，仔猪培育舍。

（二）猪舍基本结构

1．地基基础　承受整个建筑物的土层叫“地基”。由于畜舍对土层的负荷一般不超过 1.5～2 kg/cm^2，一般畜舍多用天然地基（直接利用天然土层）。一般以具有一定厚度的沙壤土层或碎石土层较好。黏土、黄土和富含有机质的土层不宜用做地基。

基础是指墙壁埋入地下的部分，它直接承受建筑物的重量。应坚固、耐火、防潮。它比墙宽，并成梯形或阶梯形，以减少建筑物对地基的压力。深度一般为 50～70 cm。为防止土壤中水分沿墙壁孔隙上升影响墙的强度，在地平部位应铺设防潮层。如油毡、沥青等。

2．墙壁和屋顶　墙为猪舍建筑结构的重要部分，它将猪舍与外界隔开。按墙所处位置可分为外墙、内墙。外墙为直接与外界接触的墙，内墙为舍内不与外界接触的墙。按墙长短又可分为纵墙和山墙（或叫端墙），沿猪舍长轴方向的墙称为纵墙，两端沿短轴方向的墙称为山墙。猪舍一般为纵墙承重。

猪舍墙壁要求坚固耐用，承重墙的承载力和稳定性必须满足结构设计要求。墙内表面要便于清洗和消毒，地面以上 1.0～1.5 m 高的墙面应设水泥墙裙，以防冲洗消毒时溅湿墙面和防止猪弄脏、损坏墙面。同时，墙壁应具有良好的保温隔热性能，这直接关系到舍内的温湿度状况。据报道，猪舍总失热量的35%～40%是通过墙壁散失的。我国墙体的材料多采用黏土砖。砖墙的毛细管作用较强，吸水能力也强，为保温和防潮，同时为提高舍内照度和便于消毒等，砖墙内表面宜用白灰水泥砂浆粉刷。墙壁的厚度应根据当地的气候条件和所选墙体材料的热工特性来确定，既要满足墙的保温要求，同时尽量降低成本和投资，避免造成浪费。

屋顶起遮挡风雨和保温隔热的作用，要求坚固，有一定的承重能力，不漏水、不透风，同时由于其夏季接受太阳辐射和冬季通过它失热较多，因此要求屋顶必须具有良好的保温隔热性能。屋顶采用草料建造，优点是造价低和保温性能好，主要缺点是不耐久易腐烂。泥灰屋顶其耐久性虽不很高，但造价低并兼有避雨、防暑、防寒等优点。青瓦屋顶，其保温性能虽不及草顶，但却兼有坚固耐用等优点，有条件时应尽量选用青瓦顶猪舍。比较理想的屋顶为水泥预制板平板式，并加15～20 cm厚的土以利保温、防暑。目前，北京瑞普有限公司的新技术产品，其屋顶采用进口新型材料，做成钢架结构支撑系统、瓦楞钢房顶板，并夹有玻璃纤维保温棉，保温效果良好。猪舍加设吊顶，可明显提高其保温隔热性能，但随之也增大了投资。

3. 地面　猪舍地面是猪活动、采食、躺卧和排粪尿的地方。地面对猪舍的保温性能及猪的生产性能有较大的影响。猪舍地面要求保温、坚实、不透水、平整、不滑，便于清扫和清洗消毒。地面一般应保持2°～3°的坡度，以利于保持地面干燥。土质地面、三合土地面和砖地面保温性能好，但不坚固、易渗水，不便于清洗和消毒。水泥地面坚固耐用、平整，易于清洗消毒，但保温性能差。目前猪舍多采用水泥地面和水泥漏缝地板。为克服水泥地面传热快的缺点，可在地表下层用孔隙较大的材料（如炉灰渣、膨胀珍珠岩、空心砖等)增强地面的保温性能。

4. 门窗　猪舍的门窗要求坚固结实,能保持舍内温度和易于出入,并向外开。双列式猪舍中间过道双扇门宽度 1.5 m,高度 2 m;单列式猪舍走廊门宽度 1 m,高度 2 m。各种猪舍圈栏门宽度 0.8 m,高度同猪栏高,圈门也应向外开。

窗户主要为了采光和通风。一般窗户的大小以采光面积对地面面积之比来计算。种猪舍要求是 1∶(8～10),肥猪舍 1∶(15～20),窗户距地面 1.1～1.3 m,从窗顶距屋檐 40 cm,2 窗间隔距离为窗宽的 2 倍。窗户的大小和数量,应根据当地气候条件确定。

二、猪舍环境控制

猪舍靠外围护结构不同程度地与外界隔绝,形成不同于舍外的舍内小气候,使猪群免受酷暑严寒和风吹日晒的影响。外围护结构设计是否合理,决定了猪舍的小气候状况。为猪创造适宜的生活环境,通过合理设计猪舍的保温隔热性能,组织有效的通风换气,采光照明和供水排水,并根据具体情况采用供暖、降温、通风、光照、空气处理等设备,给猪创造一个符合其生理要求和行为习性的适宜环境。

(一)猪舍的保温隔热

保温是阻止热量由舍内向舍外散失,隔热是阻止舍外热量传到舍内。猪舍的保温隔热性能取决于猪舍样式、尺寸、外围护结构所用材料的热工性能和厚度等。设计猪舍时,应根据当地气候条件选择猪舍的形式、考虑其尺寸,对于有窗和密闭式猪舍最好经过建筑热工计算来确定围护结构的材料和构造方案,以保证猪舍设计的最优化。参考我国工业与民用建筑气候分区,可分为 5 个区:Ⅰ区为严寒区,1 月份平均气温在－15℃以下,猪舍应根据防寒要求进行设计,宜采用有窗式或无窗密闭式猪舍;Ⅱ区为寒冷区,1 月份平均气温－15～－5℃,应以防寒为主兼顾防暑,可采用有窗密闭式猪舍，公猪、育肥后期肥猪、空怀和孕前期群养母猪舍亦可采用半开放式；Ⅲ区为冬冷夏凉区，1月份平均气温－5～0℃，7月份平均气温25℃左右，既应注意防寒，又要注意防暑，除泌乳母猪、断奶仔猪外，可采用半开放式或开放式；Ⅳ区为冬冷夏热区，1月份平均气温0～5℃，7月份平均气温27～29℃，全年空气湿度较大，应以防暑为主，兼顾防寒，除泌乳母猪舍外，均可采用半开放式或开放式猪舍；Ⅴ区为炎热区，1月份平均气温在5℃以上，7月份平均气温28～30℃，空气湿度大，猪舍应根据防暑要求设计，一般均可采用开放式或凉棚式（四壁均为栅栏）。

1．保温防寒　加强猪舍外围护结构的保温性能，是提高猪舍保温性能的根本措施。开放式、半开放式猪舍的温度状况受外界气温影响大，冬季一般稍高于舍外。密闭式猪舍冬季的温度状况，在舍内热量来源一定的情况下，取决于空气对流和通过围护结构散失热量的多少。失热越多，达到热平衡时舍内的温度越低，设计时可根据热工计算选择材料，以避免冬季猪舍内表面结露滴水和防止冷应激。根据猪舍的特点，猪舍外围护结构的保温性能，应保证在冬季舍内温、湿度状况下，墙和屋顶（吊顶）内表面不结露。

导热性强的地板（如水泥地面）在冬季对猪（特别是仔猪）十分不利，猪躺卧其上传导散热很多，影响生产和饲料转化率，仔猪常因此造成肠炎、下痢。为减少从地板的失热，可采用在床面层下设保温地板，哺乳仔猪还可采用电热或水暖供热地板；或给猪床上铺垫草，这样既保温又可防潮，采用漏缝地板水冲清粪特别是水泡清粪工艺的猪舍，舍内比较潮湿，空气污浊，冬季易产生贼风，因此更要注意舍内的换气和保暖。

门窗失热量大，在寒冷地区应在能满足采光或夏季通风的前提下，尽量少设门窗。地窗、通风孔应可以启闭，冬季封闭保暖，夏季打开通风。

减小外围护结构的面积,可明显提高保温效果。猪舍的失热量与围护结构的面积成正比。在以防寒为主的地区,应尽量减小面积,以利保温。在不影响饲养管理的前提下,适当降低猪舍的高度,以檐高 2.2～2.7 m 为宜。靠纵墙不设通道的无吊顶单列式猪舍,檐高还可更低些。但冬冷夏热地区须兼顾防寒防暑,檐高应在 2.4～3.0 m。在面积相同的情况下,跨度大的猪舍围护结构面积相对较小,有利于保温,但跨度大,不利于自然通风和光照,跨度超过 8～9 m,就须设置机械通风。此外,猪舍的跨度也取决于猪栏的布置。多层猪舍大大减少了与外界接触的屋顶和地面面积,对保温和隔热均有利,还可减少猪场占地面积,但也给饲料、粪污的运输和猪只转群带来不便,须设电梯或升降机械。

通过改善场区小气候、合理进行冬季饲养管理、加强围护结构保温性能等措施,猪舍的温度状况仍不能满足要求时,需进行必要的人工供暖。我国一般采用烟道、火墙、火炉或暖气设备等局部或集中供暖方式。近年来又研制出热风炉供暖。仔猪要求温度高,一般采用火炕、红外线灯、电热板等局部供暖。

2.隔热防暑 夏季舍外高温和强烈的太阳辐射(两者的综合效果称为"综合温度")会使猪舍温度升高,加之猪只散发大量体热,在白天舍内温度往往高于舍外,影响猪只的正常生产。外围护结构内表面温度升高,也会对猪只造成热辐射。为搞好猪舍夏季防暑,除绿化遮阳、降低饲养密度外,还需加强猪舍的隔热设计,必要时采取降温措施。

参照我国民用建筑隔热设计规范,建议猪舍围护结构内表面昼夜平均温度不得超过当地最热月平均气温 3℃;延迟时间不少于 10 小时,即综合温度最高值一般出现在 13 时左右,则猪舍内表面最高温度要求出现在 23 时,此时舍外综合温度已降得比较低,猪不会感到过热。猪舍外围护结构的隔热性能对防暑降温十分重要,特别是屋顶和西墙,但如何根据当地气候和上述猪舍要求正确选择建材，合理设计构造方案，必须经过一系列计算，必要时可请建筑部门设计。

为了提高屋顶的隔热性能，在以防暑为主的地区可采用通风屋顶。通风屋顶可起隔热作用，屋顶建成两层，层间的空气被晒热的外层加热变轻，从气口排出，将热量带走，冷空气由进气口流进，如此不断循环，减少了传至里层的热量，降低了屋顶内表面和舍内的空气温度。

浅色和光亮表面的反射能力比深色、粗糙面强。因此，猪舍屋顶和墙采用浅色光平外表面，可反射较多的太阳辐射热，减少向舍内传递的热量。

加强通风也是防暑的有效措施。炎热地区应适当加大窗面积，但须注意窗户的遮阳，并适当减小窗间墙的宽度，以减少舍内的涡风区。自然通风猪舍空气流动靠热压和风压，在猪舍设地窗、天窗可形成“扫地风”、“穿堂风”直接吹向猪体，并可加强热压通风，明显提高防暑效果。

除合理设计猪舍、提高其隔热性能外，在生产管理中还可采取其它一些有效的降温措施，如淋浴、喷雾、蒸发垫冷却空气等降温设备，猪无汗腺，高温情况下靠呼吸和皮肤蒸发散热，给猪只淋水或使之滚浴，则可增加猪体蒸发散热量，减轻热应激。在猪舍内用高压喷嘴将水喷成雾状，从而加快水的蒸发吸热，降低舍温；喷雾使猪体表面潮湿，促进其蒸发散热。给猪舍地面、屋顶上洒水，随水蒸发也可带走大量热量而降低舍温。蒸发垫冷却装置用于机械通风猪舍，使空气通过淋水的刨花箱、麻布帘或其他材料的蒸发垫，水蒸发吸热使空气降温，然后吹入猪舍，可使舍内温度明显降低，以上几种方法的降温效果受空气湿度的制约，相对湿度越高，水分蒸发量越少，降温效果越差。淋浴使猪体表变湿，结合通风，促进水蒸发，吸收的热量大部分是猪体热量，防暑效果更佳。

(二)猪舍的通风

通风是改善猪舍小气候的重要措施,任何季节都需要。通风可以排除猪舍中多余的水汽,降低舍内湿度,防止围护结构内表面结露,同时可排除空气中的尘埃、微生物、有毒有害气体(如 NH_3、H_2S、CO_2 等),改善猪舍空气的卫生状况。前面已提到,夏季加强猪舍通风可缓解高温对猪的不良影响,是有效的防暑措施。

猪舍通风分自然通风和机械通风 2 种方式。

1. 自然通风　自然通风的动力是靠自然界风力造成的风压和舍内外温差形成的热压,使空气流动,进行舍内外空气交换。

当舍内的气温高于舍外时,热空气上升,使舍内上部气压高于舍外,而下部气压低于舍外,由于存在压力差,猪舍上部的热空气就从上部开口排出,舍外冷空气从猪舍下部开口流入,这就形成了热压通风。热压通风量的大小取决于舍内外温差、进排风口的面积及进排风口间的垂直距离。温差越大,通风量越大;进排风口的面积及其之间垂直距离越大,通风量越大。

当外界有风时,猪舍迎风面气压大,背风面气压小,则空气从迎风面的开口流入猪舍,舍内空气从背风面的开口流出,这样就形成风压通风。自然界的风是随机的,时有时无,在自然通风设计中,一般考虑无风时的不利情况。

2. 机械通风　密闭式猪舍且跨度较大时,仅靠自然通风不能满足其要求,需辅以机械通风,在无窗式猪舍则必须用机械通风。机械通风的通风量、空气流动速度和方向都可以控制。机械通风可分为 2 种形式:一种为负压通风,即用轴流式风机将舍内污浊空气抽出,使舍内气压低于舍外,则舍外空气由进风口流入,从而达到通风换气的目的;另一种是正压通风,即将舍外空气用离心式或轴流式风机通过风管压入舍内,使舍内空气压力高于舍外,在舍内外压力差作用下,舍内空气由排气口排出。正压通风可以对进入舍内的空气进行加热、降温、除尘、消毒等预处理,但需设风管,设计难度大，在我国很少采用。负压通风设备简单，投资少，通风效率高，在我国被广泛采用，其缺点是对进入舍内的空气不能进行预处理。

负压机械通风中风机和进排风口位置的设置也有多种形式。风机可设在屋顶风管内，两纵墙上设进风口；或风机设在两纵墙上，屋顶风管进风；也可在两纵墙一侧设风机，另一侧设进风口。以上几种形式均为横向通风。近年来人们较多采用纵向通风，即风机设在猪舍山墙上或靠近该山墙的两纵墙上，进风口则设在另一端山墙上或远离风机的纵墙上。纵向通风舍内气流分布均匀，通风死角少，其通风效果明显优于横向通风。正压通风多为沿猪舍长轴设送风管道，两纵墙设排风口，风管数由猪栏列数决定。

无论是自然通风还是机械通风，设置进排风口及确定风机的位置和数量时，必须考虑到满足猪舍的排污要求，使舍内气流分布均匀，无通风死角，无涡风区，避免产生通风短路，此外，还有利于夏季防暑和冬季保暖。如在自然通风中可通过设地窗或屋顶风管，增大进排风口间的垂直距离，从而增大通风量，并可使气流流经猪体，加强气体对流和蒸发散热，在冬季可关闭地窗以利保温。在进排风口总面积确定后，可酌情缩小每个进风口的面积，增加进风口的数量，以便于均匀布置，使舍内气流分布均匀。在冬季，进风口不宜设置过低，避免冷风直接吹向猪床。机械通风中，一侧排风对侧进风时，风机宜设于墙的下部，而对侧墙上的进风口宜设在上部，并尽量使进风口与风机错开设置。将风机设在屋顶风管中排风时，设在墙上的进风口位置不宜过低，或装导向板，以防冬季冷风直接吹向猪床。为兼顾不同季节的通风需求，可将风机开关分组设置，开一组为冬季用，开两组为春秋季用，全开时供夏季用，风机分组后应相间设置，以保证开启任何一组都能使舍内通风均匀。

(三)猪舍的光照

光照对猪的生长发育、健康和生产力有一定影响。以太阳为光源,通过猪舍的门窗或其它透光构件采光,称为自然光照;以人工光源采光,称为人工照明。自然光照节约能源,但光照强度和时间长短随季节和时间而变化,难以控制,舍内照度也不均匀,特别是跨度较大的猪舍,中央地带照度更差。当自然光照不能满足猪舍内的照度要求时,为了方便夜间的饲养管理,以及在无窗式猪舍中,则需增设人工照明设备。人工照明的强度和时间可以根据猪群要求进行控制。猪舍采光的设计合理与否,关系到猪舍的小气候状况和猪只的生产力。

1. 自然采光设计　自然采光常用窗地比(门窗等透光构件和有效透光面积与舍内地面面积之比,亦称采光系数)来衡量。一般情况下,妊娠母猪和育成猪窗地比为1∶(12～15),肥育猪为1∶(15～20),其它猪群为1∶(10～12)。根据这些参数即可确定猪舍窗户的面积。窗户除采光外,还往往兼作进排风口,为便于通风换气,猪舍南北墙均应设置窗户。同时为利于冬季保暖防寒,常使南窗面积大、北窗面积小,其具体设置可根据当时气候确定合理的南北窗面积比,炎热地区南北面积比为(1～2)∶1,夏热冬冷地区和寒冷地区其面积比可为(2～4)∶1。窗户数量、形状和位置关系到舍内光照和通风是否均匀。与通风时对进排风口的要求一样,在窗户总面积一定时,酌情多设窗户,并沿纵墙均匀设置,则舍内光照分布也相应地比较均匀。同时,还应合理确定窗户上、下沿的位置,这关系到阳光照进舍内的深度和照射面积。寒冷地区的猪舍,若要求冬季最冷时期的阳光能在中午前后照到猪床上,或在炎热地区,要求猪舍屋檐夏季遮阳,这时可考虑当地地理和气象因素,通过计算来确定窗户上、下沿高度。对于不要求直射光投照地点的猪舍,窗户位置根据窗口的入射角、透光角的要求,并考虑纵墙高度等来确定。入射角是指窗上沿到猪舍跨度中央一点的连线与地面水平线之间的夹角。透光角是指窗上、下沿分别至猪舍跨度中央一点的连线之间的夹角。自然采光猪舍入射角要求不小于25°,透光角要求不小于5°。

窗的形状对采光也有明显影响。“立式窗”(竖长方形)在进深方向光照均匀,在舍内纵向方向较差;“卧式窗”(横长方形)则正相反,在猪舍纵向光照均匀,跨度方向光照较差。方形窗居中,设计时可根据猪舍跨度大小酌情确定。

2. 人工照明设计　无窗式猪舍必须靠人工光源照明,自然光照猪舍也需设人工照明以作为短日照季节的补充光照或作晚间工作照明。人工照明设计应保持猪床照度均匀,满足猪群的光照需要。一般情况下,各类猪的照度需求(在饲养管理操作面上的照度)如下:妊娠母猪和育成猪为50~75 lx,肥育猪为35~50 lx,其它猪群为50~100 lx。无窗式猪舍的人工照明时间,肥育猪为8~12小时,其它猪群为14~18小时,一般采用白炽灯或荧光灯。

灯具安装最好根据工作需要分组设开关,既保证工作需要,又节约用电。

无论自然光照还是人工照明猪舍,由于舍内尘埃较多,夏季蚊蝇黏附等,很易弄脏门窗等透光部件和灯具,影响正常的采光和照明,所以门窗、灯具等应定期擦拭,保持清洁。

(四)猪舍的给排水和清粪系统

1. 给水　猪场中猪只饮用、调制饲料、清洗圈舍、猪只淋浴刷洗等,每天用水量很大,要保证猪场日常管理中充足水量的供给和方便用水,就须合理设计猪场的给水系统。

猪场给水方式一般有2种:一种为集中式给水,另一种为分散式给水。集中式给水是用取水设备从水源取水,经净化消毒处理后,进入贮水设备,再经配水管网送到各用水点。这种给水方式取用方便、卫生、节约劳力,但投资大、耗能多。分散式给水是各用水点直接由水源取水,使用不方便,费劳力,不卫生,水质水量不能保证,除小规模养猪户外,一般不宜采用,现代集约化猪场均应采用集中式给水。

舍外水管可依猪舍排列和走向来配置,舍内水管则根据猪栏的分布及饲养管理的需求合理设置。舍外水管埋置深度应在冻土层以下,进入舍内可以浅埋,严寒地区应设回水装置,以防冻裂。猪只饮水装置有自动饮水器和水槽两种,目前较多采用饮水器。我国常见的猪用饮水器多为鸭嘴式,乳头式和杯式饮水器较少采用。根据猪只喜欢在潮湿地方排粪尿的习惯,猪的饮水器一般设在排粪区或粪尿沟附近。

饮水器水压不宜过大,以免形成喷射现象。采用水槽饮水时,须经常刷洗,猪只踩踏,尤其夏季在其中滚浴,常污染、弄脏饮水,采用水槽饮水不卫生,且常会造成舍内潮湿,故不宜采用。舍内除供猪只饮用的饮水器或水龙头外,还应每隔 20～30 m 在适当位置设清洗圈舍和冲刷用具的水龙头,值班室和饲料间也应分别设水龙头。

2. 排水和清粪系统　猪的粪尿量、猪舍污水排放量很大,若没有有效合理的排水系统,常造成舍内潮湿,空气卫生状况恶化。猪舍排水系统一般与清粪系统结合,猪舍清粪方式有多种,常见的有手工清粪、刮板清粪和水冲清粪等几种形式。

传统的手工清粪,是在地面设置粪尿沟和排粪区,排粪区地面有 1%～3%坡度,尿和污水顺坡流入粪尿沟,粪尿沟上设铁箅子,防止猪粪落入。粪尿沟内每隔一定距离设沉淀池,尿和污水由地下排出管排出舍外。猪粪则用手推车人工清除送到贮粪场。通到舍外的污水可直接排入舍外化粪池,或由地下排到检查井,再通过地下支管和干管排入全场污水池。沉淀池和检查井内沉淀物定期或不定期清除。应注意,猪场排雨水的地下排水系统绝不能与舍外排尿和污水的管道共用,以免加大污水处理量,同时防止雨天尿污水逸出地面,污染环境。手工清粪,因实行粪尿分离,固态粪污的肥效损失少，含水量低，便于高温堆肥或其它方式的处理利用。排到舍外的污水量较小，也便于处理。手工清粪方式投资少，节约水源和电能，但费劳力，劳动强度大。

刮板清粪有两种形式：一种为明沟刮板清粪，刮板运行时易弄伤猪腿；另一种为地面设漏缝地板，粪便经踩踏落入粪沟，然后用刮板刮出舍外。这种方式多为粪尿混合，也可使粪尿分离。刮板清粪方式粪污量也相对较少，便于处理，但由于耗电量较大，拖拉刮板的钢丝绳易被腐蚀损坏，使用时间短等，这种清粪方式的推广也受到限制。

水冲清粪或水泡粪方式是近些年从国外引进的，猪舍地面全部或部分采用漏缝地板，借助猪踩踏，粪便落入地板下面的粪沟。粪沟一端设有翻斗水箱或带下水管的普通水箱，将沟内粪便冲出，流入舍外粪井或粪池；水泡式清粪，是在粪沟一端的底部设闸门或设挡水坎，沟内保持一定深度的水，粪便落入沟内浸泡变稀，随着粪便增多，稀粪被挤出，或定期拉起闸门，粪便流进舍外的粪井，粪井定期或不定期用污水泵抽入罐车运出。采用漏缝地板水冲清粪方式，舍内潮湿，空气卫生条件较差，同时耗水，污水和稀粪量大，处理工艺复杂，设备投资大。一些国家为了节约劳力，水冲清粪方式用的较多，并且有专门配套的粪便处理设备。我国一些地方开始引进这一清粪方式时，忽略了粪便处理这一环节，粪污任意排放和堆弃，严重污染环境。因此，在选择生产工艺（选择清粪方式）时应从我国国情出发，慎重综合考虑。

第四节　各类猪舍的修建

一、基本原则

（1）符合猪只不同生理阶段的要求　配种公猪单栏饲养，圈栏面积较大，应有足够的活动场所；配种母猪可以限位，也可群养，在地价较便宜的地区，可设置一定面积的专用运动场，也可采取集体活动，限位进食的圈栏。如完全限位，母猪在任何生产环节都没有活动机会，不利健康，缩短利用年限。妊娠期限位饲养节约建筑面积，减少机械性流产。产仔哺乳母猪限位，给仔猪设置保温小区；保育期最好同窝一栏，减少应激，舍内整体保温。生产肥育猪一窝一栏为好，利于排污。

(2)有利于环境控制。

(3)简单实用，坚固耐久。

(4)有利于控制疫病的传播。

(5)利于防火。

(6)要有一个优美的舍外环境。

二、猪舍的类型

猪舍的设计与建筑，首先要符合养猪生产工艺流程，其次要考虑各自的实际情况。黄河以南地区以防潮隔热和防暑降温为主；黄河以北则以防寒保温和防潮防湿为重点。

(一)公猪舍

公猪舍一般为单列半开放式，舍内温度要求15°～20°，风速为0.2 m/秒，内设走廊，外有小运动场，以增加种公猪的运动量，一圈一头。

(二)空怀、妊娠母猪舍

空怀、妊娠母猪最常用的一种饲养方式是分组大栏群饲，一般每栏饲养空怀母猪4～5头、妊娠母猪2～4头。圈栏的结构有实体式、栏栅式、综合式3种，猪圈布置多为单走道双列式。猪圈面积一般为7～9 m^2，地面坡降不要大于1/45，地表不要太光滑，以防母猪跌倒。也有用单圈饲养，一圈一头。舍温要求15～20℃，风速为0.2 m/秒。

(三)分娩哺育舍

舍内设有分娩栏,布置多为两列或三列式。舍内温度要求15～20℃,风速为0.2 m/秒。分娩栏位结构也因条件而异。

1. 地面分娩栏　采用单体栏,中间部分是母猪限位架,两侧是仔猪采食、饮水、取暖等活动的地方。母猪限位架的前方是前门,前门上设有食槽和饮水器,供母猪采食、饮水,限位架后部有后门,供母猪进入及清粪操作。可在栏位后部设漏缝地板,以排除栏内的粪便和污物。

2. 网上分娩栏　主要由分娩栏、仔猪围栏、钢筋编织的漏缝地板网、保温箱、支腿等组成。

(四)仔猪保育舍

舍内温度要求26～30℃,风速为0.2 m/秒。可采用网上保育栏,1～2窝一栏网上饲养,用自动落料食槽,自由采食。网上培育,减少了仔猪疾病的发生,有利于仔猪健康,提高了仔猪成活率。仔猪保育栏主要由钢筋编织的漏缝地板网、围栏、自动落食槽、连接卡等组成。

(五)生长、育肥舍和后备母猪

这3种猪舍均采用大栏地面群养方式,自由采食,其结构形式基本相同,只是在外形尺寸上因饲养头数和猪体大小的不同而有所变化。

(六)旧猪场的改造和利用

传统猪舍改造后的养猪生产同样是将猪从出生到上市的整个饲养过程,依据不同生长发育时期的生理特点划分为若干个连续的饲养阶段,成为流水线生产。不少地方对传统猪舍改造后,取得了很好的效益,提高了圈舍利用率,增加了饲养头数,有计划地连续生产,全进全出,使商品猪出栏持续稳定,同时还降低了劳动强度,提高了劳动效率,有利于防疫,使整个猪场的经济效益显著增加。

对于其它旧厂房、旧车间等改建猪舍，首先应平整地面，挖设粪尿排泄沟，然后注意采光和通风条件。既要方便饲养管理，又不影响其生产性能。

第五节　养猪设备

猪因不同的生理阶段和生产目的，需要不同的生活环境条件，现代化养猪就是利用现代科学技术，给猪创造良好的生存环境，充分发挥它的生产潜力，以提高养猪场的生产水平和经济效益。正确合理配置猪场的设备，是建好猪场的一项十分重要的任务。它不仅能有效地控制猪场环境、改善饲养管理条件，利于卫生防疫，减少疫病，促进猪群正常生长发育和生产性能的充分发挥，而且能降低饲料和饮水的消耗，减轻饲养人员的劳动强度，提高劳动生产率。

现代化猪场的设备主要包括各种限位饲养栏、漏缝地板、供水系统、饲料加工、贮存、运送及饲养设备，供暖通风设备，粪便处理设备等。

一、猪栏

现代化猪场均采用固定栏式饲养，猪栏一般分为公猪栏、配种栏、妊娠栏、分娩栏、保育栏、生长肥育栏等。

(一)公猪栏和配种栏

配种工作，是提高繁殖效率与确保猪场全进全出均衡生产的基础，是养猪生产中十分重要的生产环节。我国的集约化猪场，多采用每周分娩日程安排，并按全进全出的要求充分利用猪栏，管理人员必须周密安排好猪的配种、繁殖和生产管理，以期使猪栏的利用率达到100%，并获得理想的受胎率、每窝产仔数和成活率。

我国现代化猪舍的公猪栏和配种栏的构造有实体、栏栅式和综合式3种。在大中型工厂化养猪场中，应设有专门的配种栏（小型猪场可以不设配种栏，而直接将公、母猪驱赶至空旷场地进行配种），这样便于安排猪的配种工作。

典型的配种栏的结构形式有2种：一种是结构和尺寸与公猪栏相同（图9-2），配种时将公、母猪驱赶到配种栏中进行配种。另一种是由4头空怀待配母猪与1头公猪组成一个配种单元（图9-3），4头母猪分别饲养在4个单体栏中，公猪饲养在母猪后面的栏中。空怀母猪达到适配期后，打开后栏门由公猪进行配种，配种结束后将母猪转到空怀母猪栏进行观察，确定妊娠后再转入妊娠栏。这种配种栏的优点是利用公猪诱导空怀母猪提前发情，缩短了空怀期，同时也便于配种。缺点是消耗金属材料较多，一次性投资较大。

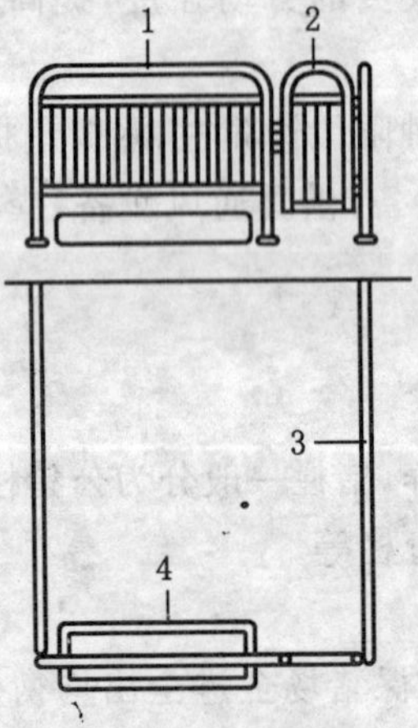

1.前栏　2.栏门　3.隔栏　4.饲槽

图9-2　公猪栏

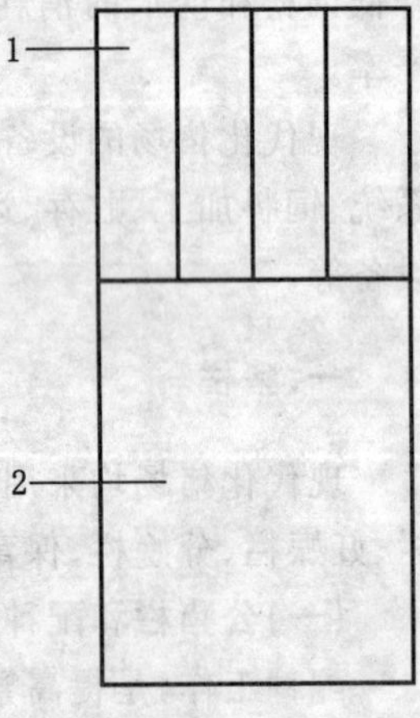

1.空怀母猪区　2.公猪区

图9-3　配种栏

公猪栏一般每栏面积为7～9 m^2或者面积更大些。公猪栏每栏饲养1头公猪，栏长、宽可根据猪舍内栏架布置来确定，栏高一般为1.2～1.4 m，栏栅结构可以是金属的，也可以是混凝土结构，但栏门应采用金属结构，便于通风和管理人员观察和操作。

(二)母猪栏

现代化猪场繁殖母猪的饲养方式，有大栏分组群饲、小栏个体饲养和大小栏相结合群养3种方式，其中小栏单体限位饲养，具有占地面积少，便于观察母猪发情和及时配种，母猪不争食、不打架，避免互相干扰，减少机械性流产，但个体小栏投资大，母猪运动量小，不利于延长繁殖母猪使用寿命，其结构有实体，栏栅式、综合式3种。

母猪大栏的栏长、栏宽尺寸可根据猪舍内栏架布置来决定，而栏高一般为0.9～1 m，个体栏一般长2 m，宽0.65 m，高为1 m。栏栅结构可以是金属的，也可以是水泥结构，但栏门应采用金属结构。

(三)分娩栏

母猪产仔和初生仔猪的养育是养猪生产中非常重要的环节，初生仔猪个体小、体弱，调节体温的机能不健全，对寒冷的抵抗力差，在冬天产仔常出现冻死、压死、踩伤的危险。仔猪成活率的高低，很大程度上取决于猪舍结构、供暖通风和分娩栏的结构。

分娩栏是一种单体栏，是母猪分娩哺乳的场所。分娩栏的中间为母猪限位架，是母猪分娩和仔猪哺乳的地方，两侧是仔猪采食、饮水、取暖和活动的地方。母猪限位架一般采用圆钢管和铝合金制成，后部安装漏缝地板以清除粪便和污物，两侧是仔猪活动栏，用于隔离仔猪。

分娩栏尺寸与猪场选用的母猪品种体型有关，一般长2.2～2.3 m，宽1.7～2.0 m，母猪限位栏宽0.6～0.65 m，多采用0.6 m，高1 m；母猪限位栅栏，离地高度为30 cm。并每隔30 cm焊一孤脚(图9-4)，分娩栏的栅栏均用铝合金型材料焊接而成，然

后用螺栓、插销等组装。母猪限位区前方为饲料槽和饮水槽，饮水槽内装有自动饮水器。饲料槽上部装有铰链，可从下往上转动整

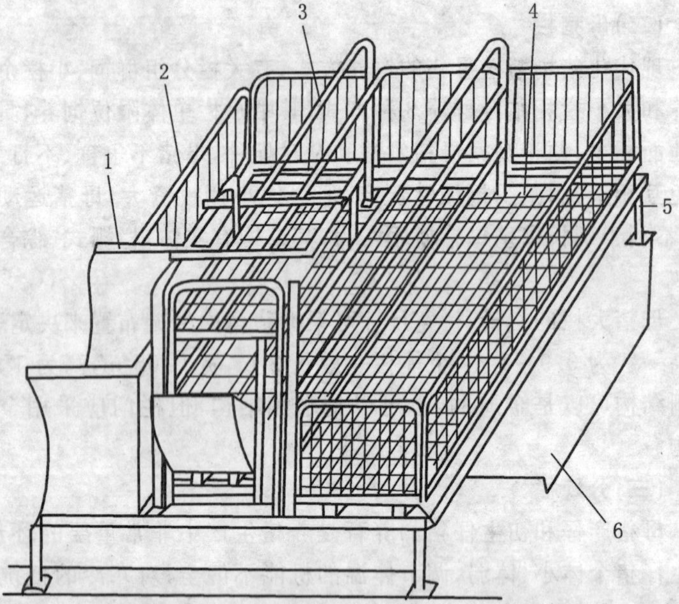

1. 保温箱　2. 仔猪围栏　3. 分娩栏

4. 漏缝地板　5. 支腿　6. 粪沟

图 9-4　母猪分娩栏

个饲料槽翻转，便于清洗。分娩栏后部为金属漏缝板、粪尿漏至下面的粪尿沟。栏的前面为水泥地板，并预埋加热水管，通过热水循环使地面加热，保证小猪活动区的温暖小环境。这种分娩栏适用于全封闭式猪舍，有较好的效果。母猪限位区设有前后栏门，母猪可从后门进前门出，移动方便。前栏门上设有喷塑的金属食槽。

槽下装有铰链，可将食槽向外转动约 90°，便于清洗，前栏门内侧上方或下方装有自动饮水器，供母猪饮水用。分娩栏一侧装有仔猪保温箱。分娩栏采用直杆式防压杆和耙齿式防压装置。

分娩栏地面可采用不同材料和结构形式，有采用结实的混凝土地面，地面从前至后有 3%的坡度，便于排水。也有采用部分金属漏缝地板即栏的后半部地面为金属漏缝地板，下面为粪沟，前半部分为实体混凝土地面。也有的采用全金属漏缝地板，即栏内地面全部为金属漏缝地板，下面为粪沟。猪饮水时漏的水，冲洗栏圈的水以及猪的粪便落入粪沟内，栏面不会积水潮湿，有利于卫生，管理方便。有的采用半金属结构的分娩栏，即母猪限位区采用金属栏，而小猪活动区采用混凝土结构栅栏，或砖墙外抹水泥砂浆结构，这样可节省金属材料，降低造价。另一种金属结构的分娩栏，外栅栏全部用砖墙，母猪食槽是水泥结构，只有母猪限位区栅栏为金属结构。

我国在现代化猪场饲养分娩母猪的实践中，结合我国实际，研制出了一种新型的高床分娩栏(图 9-4)。这种分娩栏是将金属编织漏缝地板敷设在粪沟的地上面，再在金属地板网上安装母猪限位架、仔猪围栏、仔猪保温箱等，这样母猪分娩和仔猪哺乳在网上，母猪和仔猪的粪尿及时通过漏缝地板掉入粪沟，使仔猪和母猪脱离了粪尿污物和地面的低温潮湿，改善了饲养环境，大大地减少了仔猪下痢等疾病，从而提高了仔猪的成活率，生长速度和饲料转化率。高床分娩栏是当前饲养分娩、泌乳母猪和哺乳仔猪的理想设备。

(四)仔猪保育栏

刚断奶转入仔猪保育栏的仔猪，生活上是一个大的转变，由依靠母猪生活过渡到完全独立生活，对环境的适应能力差，对疾病的抵抗力较弱，而这段时间又是仔猪生长最强烈的时期。因此，保育栏一定要为小猪提供一个清洁、干燥、温暖、空气新鲜的生长环境。

目前我国现代化猪场多采用高床网上保育栏(图 9-5),主要用金属编织漏缝地板网、围栏、自动食槽、连接卡、支腿等组成,金属编织网通过支架设在粪尿沟上(或实体水泥地面上),围栏由连接卡固定在金属漏缝地板网上,相邻两栏在间隔处设有一个双面自动食槽,供两栏仔猪自由采食,每栏安装一个自动饮水器。网上饲养仔猪,粪尿随时通过漏缝地板落入粪沟中,保持网床上干燥、清洁,使仔猪避免粪便污染,减少疾病发生,大大提高仔猪的成活率,是一种较为理想的仔猪保育设备。

仔猪培育栏的长、宽、高尺寸,视猪舍结构不同而定。常用的有栏长 2 m,栏宽 1.7 m,栏高 0.6 m,侧栏间隙 6 cm,离地面高度为 25～30 cm,可养 10～25 kg 的仔猪 10～12 头,实用效果很好。

在生产中,因地制宜,保育栏也采用金属和水泥混合结构,东西面隔栏用水泥结构,南北面栅栏仍用金属,这样既可节省一些金属材料,又可保持良好通风。

保育栏也可以全部采用水泥结构,既可节省金属材料,又可降低造价。

(五)生长猪栏与肥育猪栏

现代化猪场的生长猪栏和肥育猪栏均采用大栏饲养,其结构类似,只是面积大小稍有差异,有的猪场为了减少猪群转群麻烦,给猪带来应激,常把这两个阶段并为一个阶段,采用一种形式的栏。生长猪栏与肥育猪栏有实体、栅栏和综合 3 种结构。常用的有以下 2 种:一种是采用全金属栅栏和全水泥漏缝地板条,也就是全金属栅栏架安装在钢筋混凝土板条地面上,相邻两栏在间隔栏处设有一个双面自动饲槽。供两栏内的生长猪或肥育猪自由采食,每栏安装一个自动饮水器供自由饮水。另一种是采用水泥隔墙及金属大栏门,地面为水泥地面,后部有 0.8～1.0 m 宽的水泥漏缝地板,下面为粪尿沟。生长肥育猪栏的栏栅也可以全部采用

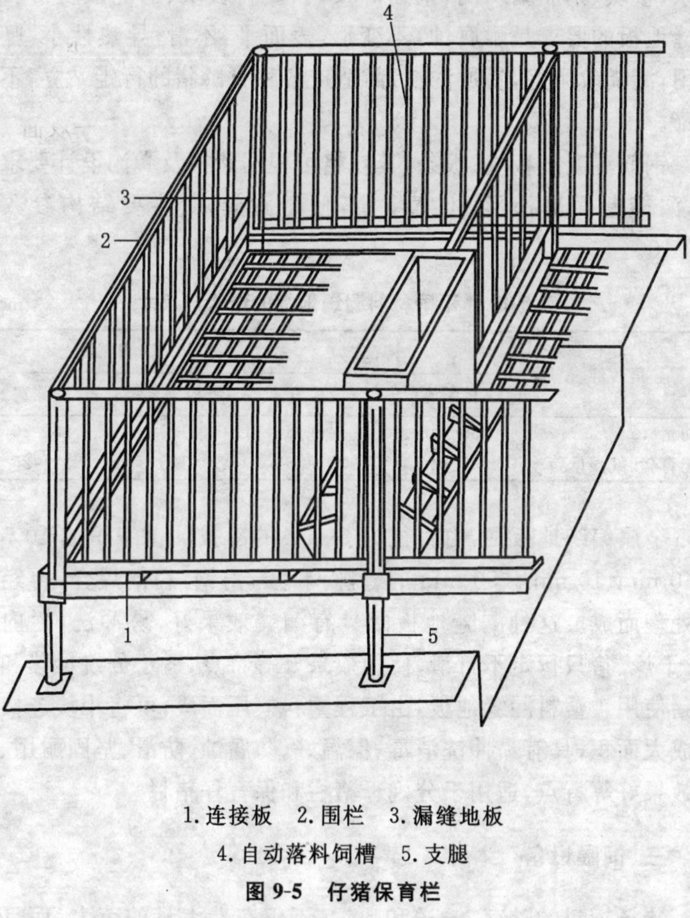

1. 连接板　2. 围栏　3. 漏缝地板
4. 自动落料饲槽　5. 支腿

图 9-5　仔猪保育栏

水泥结构，只留一金属小门。

二、漏缝地板

现代化猪场为了保持栏内的清洁卫生，改善环境条件，减少人工清扫，普遍采用粪尿沟上敷设漏缝地板，漏缝地板有钢筋混凝土板条、板块、钢筋编织网、钢筋焊接网、塑料板块、陶瓷板块等。对漏缝地板的要求是耐腐蚀,不变形,表面平,不滑,导热性小,坚固耐用,漏粪效果好,易冲洗消毒,适应各种日龄猪的行走站立,不卡猪蹄。

钢筋混凝土板块、板条,其规格可根据猪栏及粪沟设计要求而定,漏缝断面呈梯形,上宽下窄,便于漏粪,其主要结构参数见表9-10。

表 9-10 不同材料漏缝地板的结构与尺寸 mm

猪 群	铸铁		钢筋混凝土	
	板条宽	缝隙宽	板条宽	缝隙宽
幼猪	35～40	14～18	120	18～20
肥育猪、妊娠母猪	35～40	20～25	120	22～25

金属编织地板网,由直径为 5 mm 的冷拔圆钢编织成 10 mm×40 mm、10 mm×50 mm 的缝隙网片与角钢,扁钢焊合,再经防腐处理而成。这种漏缝地板网具有漏粪效果好、易冲洗、栏内清洁、干燥、猪只行走不打滑、使用效果好等特点,适于分娩母猪和保育猪使用。塑料漏缝地板,由工程塑料模压而成,可将小块连接组合成大面积,具有易冲洗消毒、保温好、防腐蚀、防滑、坚固耐用、漏粪效果好等特点,适用于分娩母猪栏和保育仔猪栏。

三、饲喂设备

猪场饲料的贮存、输送和喂饲,不仅花费大量的劳力,而且对饲料的充分利用,清洁卫生都有很大影响。猪场饲料供给和饲喂的最好办法是,经饲料厂加工好的全价配合饲料,直接用专用车运输到猪场,送入饲料塔中,然后用螺旋输送机将饲料输入猪舍内的自动落料饲槽和食槽内进行饲喂。这种工艺流程,不仅能使饲料保持新鲜,不受污染,减少包装、装卸和散漏损失,而且还可以实现机械化、自动化作业，节省劳动力，提高劳动生产率。由于这种供料饲喂设备投资大，需要电，目前只在少数有条件的猪场应用。而我国大多数猪场还是采用袋装，汽车运送到猪场，卸入饲料库，再用饲料车人工运送到猪舍，进行人工喂饲。尽管人工运送喂饲劳动强度大，劳动生产率低，饲料装卸、运送损失大，又易污染，但这种方式机动性好、设备简单、投资少、故障少，不需要电力，任何地方都可采用。

（一）饲料运输车

根据卸料的工作部件不同，饲料车可分为机械式和气流输送式两种。机械式卸料运输车，是在载重车上加装饲料罐而组成，罐底有一条纵向搅龙，罐尾有一立式搅龙，其上有一条与之相连的悬臂搅龙，饲料通过搅龙的输送即可卸入 7 m 高的饲料塔中。气流输送式卸料运输车，也是在载重车上加装料罐而组成，罐底有一条或两条纵向搅龙，所不同的是在搅龙出口处设有鼓风机，通过鼓风机产生的气流将饲料输送进 15 m 以内的贮料仓中。这种运输车适于装运颗粒料。

（二）贮料仓（塔）

贮料仓多用 1.5～3 mm 厚的镀锌钢板压型组装而成，由 4 根钢管作支腿。仓体由进料口、上锥体、柱体和下锥体构成，进料口多于顶端，也有在锥体侧面开口的，贮料仓的直径约 2 m，高度多在 7 m 以下，容量有 2、4、5、6、8、10 t 等多种。在生产实际中，由于贮料仓的下锥体夹角设计不合理，饲料贮存后在出口处易起拱，为防止起拱，在设计时下锥体夹角不能大于 45°，或将下锥体做成斜锥体形，以破坏拱起的条件，必要时加机械振动器装置。

贮料仓要密封，避免漏进雨、雪水。设有出气孔，一个完善的贮料仓，还应装有料位指示器。

（三）饲料输送机

把饲料由贮料仓直接分送到食槽、定量料箱或撒落到猪床面上的设备叫输送饲喂机。饲料输送机种类较多，以前多采用卧式搅龙输送机和链式输送机，近年来使用较多的是螺旋弹簧输送机和塞管式输送机。

(四)加料车

加料车广泛应用于将饲料由饲料仓出口装送至食槽。如定量饲养的配种栏、妊娠母猪栏和分娩栏的食槽。加料车有手推机动加料车和手推人工加料车两种。

(五)食槽

在养猪生产中，无论采用机械化送料饲喂还是人工饲喂，都要选配好食槽和自动落料饲槽，对于限量饲喂的公猪、母猪、分娩母猪一般都采用钢板食槽或混凝土地面食槽；对于自由采食的保育仔猪、生长猪、肥育猪多采用钢板自动落料饲槽，这种饲槽不仅能保证饲料清洁卫生，而且还可以减少饲料浪费，满足猪的自由采食。

1. 限量饲槽　采用金属或水泥制成，每头猪喂饲时所需饲槽的长度大约等于猪肩宽(图 9-6)。

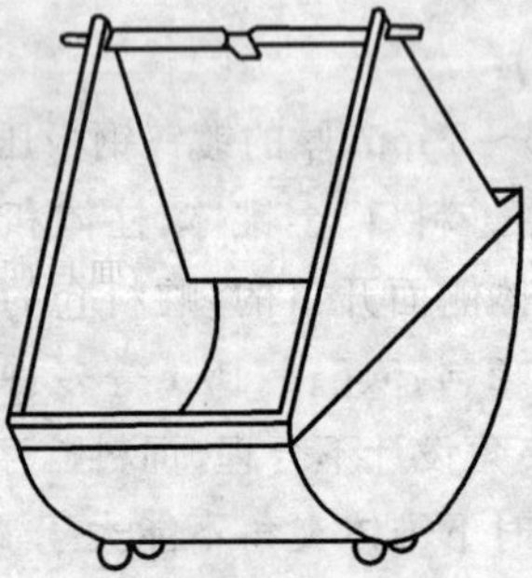

图 9-6　限量饲槽(铸铁制造)

2. 自动饲槽　在保育、生长、肥育猪群中，一般采用自动食槽让猪自由采食。自动食槽就是在食槽的顶部装有饲料贮存箱，贮存一定量的饲料。随着猪只的吃食，饲料在重力的作用下不断落入食槽内。因此，自动食槽可以隔较长时间加一次料，大大减少了喂饲工作量，提高劳动生产率，同时也便于实现机械化、自动化喂饲。

自动食槽可以用钢板制造，也可以用水泥预制板拼装。在国外还有用聚乙烯塑料制造的自动食槽。自动食槽有长方形、圆形等多种形状。

图 9-7 是一种钢板制造的长方形自动饲槽，它分双面、单面两种形式。双面自动食槽供两个猪栏共用，单面自动食槽供一个猪栏用。每面可同时供 4 头猪吃料。

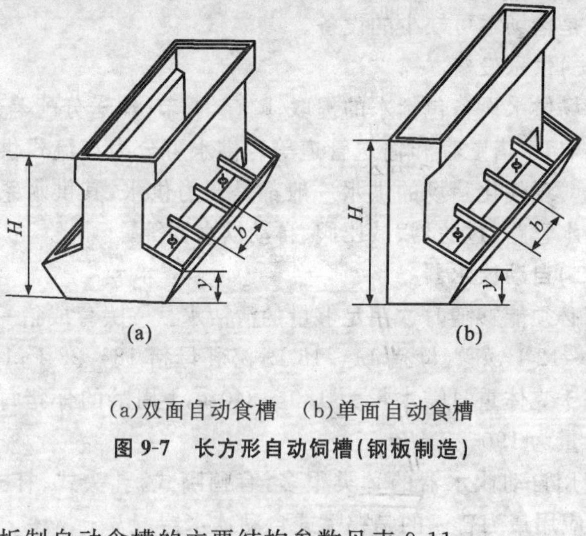

(a)双面自动食槽　(b)单面自动食槽

图 9-7　长方形自动饲槽(钢板制造)

钢板制自动食槽的主要结构参数见表 9-11。

表 9-11　钢板制自动饲槽主要结构参数　mm

类别		高度(H)	前缘高度(y)	最大宽度(B)	采食间隔(b)
双面	保育猪	700	120	520	150
	生长猪	800	150	650	200
	肥育猪	800	180	690	250

续表 9-11

类别		高度(*H*)	前缘高度(*y*)	最大宽度(*B*)	采食间隔(*b*)
单面	保育猪	700	120	270	150
	生长猪	800	150	330	200
	肥育猪	800	180	350	250

四、饮水设备

现代化猪场不仅需要大量饮用水，而且各生产环节还需要大量的清洁用水，这些都需要由供水饮水设备来完成。因此，供水饮水设备是猪场不可缺少的设备。

(一)供水设备

猪场供水设备包括水的提取、贮存、调节、输送分配等部分，即水井提取、水塔贮存和输送管道等。供水可分为自流式供水和压力供水。现代化猪场的供水一般都是压力供水，其供水系统主要包括供水管路、过滤器、减压阀、自动饮水器等。

(二)自动饮水器

猪必须能够随时饮用足够量的清洁水。一头育成猪一昼夜需饮水 8～12 L，妊娠母猪 14～18 L，泌乳母猪 18～22 L；1 周龄的仔猪每千克体重日需水量为 180～240 g，4 周龄的仔猪每千克体重需水量为 190～255 g。

猪用自动饮水器的种类很多，有鸭嘴式、乳头式、杯式等(图 9-8a)，应用最为普遍的是鸭嘴式自动饮水器。

1. 鸭嘴式自动饮水器(图 9-8a)　鸭嘴式猪用自动饮水器主要由阀体、阀芯、密封圈、回位弹簧、塞盖、滤网等组成。其中阀体、阀芯选用黄铜和不锈钢材料，弹簧、滤网为不锈钢材料，塞盖用工程塑料制造。整体结构简单，耐腐蚀，工作可靠，不漏水，寿命长。猪饮水时，嘴含饮水器，咬压下阀杆，水从阀芯和密封圈的间隙流出，进入猪的口腔，当猪嘴松开后，靠回位弹簧张力，阀杆复位，出水间隙被封闭，水停止流出。鸭嘴式饮水器密封性能好，水流出时压力降低，流速较低，符合猪只饮水要求。

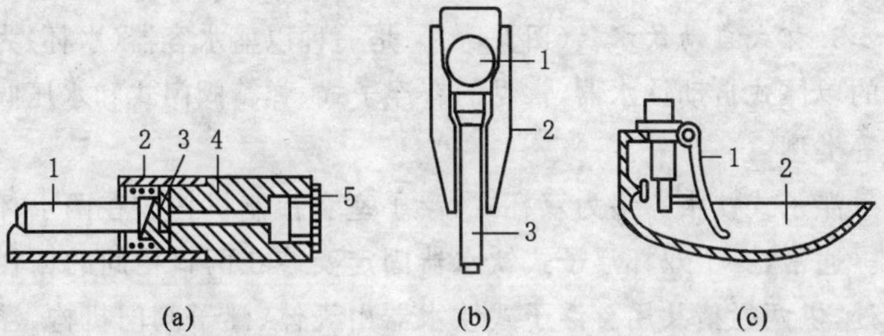

(a)鸭嘴式自动饮水器 1.阀门　2.弹簧　3.胶垫　4.阀体　5.栅盖
(b)乳头式自动饮水器 1钢球　2.饮水器体　3.阀杆
(c)杯式自动饮水器　1.活门　2.杯体

图 9-8　自动饮水器

鸭嘴式猪自动饮水器，一般的有 2 种规格，小型的如9SZY2.5（流量 2～3 L/分钟），大型的如 9SZY 3（流量 3～4 L/分钟）。乳猪和保育仔猪用小型的，中猪和大猪用大型的。安装这种饮水器的角度有水平的和 45°的 2 种，离地高度随猪体重变化而不同。

饮水器要安装在远离猪只休息区的排粪区内。定期检查饮水器的工作状态，清除泥垢，调节和紧固螺钉，发现故障及时更换零件。

2.乳头式自动饮水器（图 9-8b）　乳头式猪用自动饮水器的最大特点是结构简单，由壳体、顶杆和钢球构成。猪饮水时，顶起顶杆，水从钢球、顶杆与壳体一间隙流出至猪的口腔中；猪松嘴后，靠水压及钢球、顶杆的重力，钢球、顶杆落下与壳体密接，水停止流出。这种饮水器对泥沙等杂质有较强的通过能力，但密封性差，并要减压使用，否则，流水过急，不仅猪喝水困难，而且流水飞溅，浪费用水，弄湿猪栏。

安装乳头式饮水器时，一般应使其与地面成45°～75°倾角，离地高度，仔猪为25～30 cm，生长猪(3～6月龄)为50～60 cm，成年猪75～85 cm。

3. 杯式自动饮水器(图9-8c) 是一种以盛水容器(水杯)为主体的单体式自动饮水器，常见的有浮子式、弹簧阀门式和水压阀杆式等类型。

浮子式饮水器多为双杯式，浮子室和控制机构放在两水杯之间。通常，一个双杯浮子式饮水器固定安装在两猪栏间的栅栏间壁处，供两栏猪共用。浮子式饮水器由壳体、浮子阀门机构、浮子室盖、连接管等组成。当猪饮水时，推动浮子使阀芯偏斜，水即流入杯中供猪饮用；当猪嘴离开时，阀杆靠回位弹簧弹力复位，停止供水。浮子有限制水位的作用，它随水位上升而上升，当水上升到一定高度，猪嘴就碰不到浮子了，阀门复位后停止供水，避免水过多流出。

弹簧阀门式饮水器，水杯壳体一般为铸造件或由钢板冲压而成杯式。杯上销连有水杯盖。当猪饮水时，用嘴顶动压板，使弹簧阀打开，水便流入饮水杯内，当嘴离开压板，阀杆复位停止供水。

水压阀杆式饮水器，靠水阀自重和水压作用控制出水的杯式饮水器，当猪只饮水时用嘴顶压压板，使阀杆偏斜，水即沿阀杆与阀座之间隙流进饮水杯内，饮水完毕，阀板自然下垂，阀杆恢复正常状态。

五、清洁与消毒设备

集约化养猪场，由于采用高密度限位饲养工艺，必须有完善严格的卫生防疫制度，对进场的人员、车辆、种猪和猪舍内环境都要进行严格的清洁消毒，才能保证养猪高效率安全生产。

(一)人员、车辆清洁消毒设施

凡是进场人员都必须经过温水彻底冲洗、更换场内工作服,工作服应在场内清洗、消毒,更衣间主要设有更衣柜、热水器、淋浴间、洗衣机、紫外线灯等。

集约化猪场原则上要保证场内车辆不出场、场外车辆不进场。为此,装猪台、饲料或原料仓、集粪池等设计在围墙边。考虑到其它特殊原因,有些车辆必须进场,应设置进场车辆清洗消毒池、车身冲洗喷淋机等设备。

(二)环境清洁消毒设备

国内外常用的环境清洁消毒设备有以下 2 种:

1. 地面冲洗喷雾消毒机　94×P220 冲洗喷雾消毒机工作时,柴油电动机起动带动活塞和隔膜往复运动,清水或药液先吸入泵室,然后被加压经喷枪排出。该机流量为 20 L/分钟,冲洗射程 12～14 m,是工厂化猪场较好的清洗消毒设备。其主要优点是:

(1)高压冲洗喷雾,冲洗彻底干净,节约用水和药液。

(2)喷枪为可调节式,既可冲洗,又可喷雾。

(3)活塞式隔膜泵可靠耐用。

(4)体积小,机动灵活,操作方便。

(5)工效高,省劳力。

2. 火焰消毒器　用药物消毒平均杀菌率只有 84%,达不到杀菌率 95%以上的要求。因此,一般猪场必须采用药物消毒两遍,这就加大了工作量和作业成本。此外,用药物消毒残留较多。而火焰消毒克服了以上缺点,火焰消毒器是利用煤油高温雾化,剧烈燃烧产生高温火焰对舍内的猪栏、舍槽等设备及建筑物表面进行瞬间高温燃烧,达到杀灭细菌、病毒、虫卵等消毒净化目的。其优点主要有:

(1)杀菌率高达 97%。

(2)操作方便、高效、低耗、低成本。

(3)消毒后设备和栏舍干燥,无药液残留。

六、粪便处理系统

工厂化养猪，集约化程度较高，规模较大，每天产生的粪尿量大，必须进行有效的贮存和处理，否则就会污染附近的环境和水源，影响人畜的健康，阻碍养猪生产的发展。因此，在建场时，必须同时考虑粪便处理问题。如有条件，应同时建设好粪尿处理系统。粪尿处理方法很多，但目前尚难找出某一种单一处理方法能达到所要求的满意结果，往往根据猪场具体条件，综合考虑投资、日常运行费用和操作是否方便等因素，确定最佳的粪便处理系统，把几种方法综合起来运用。

(一)粪尿处理系统

目前一般工厂化猪场有粪尿分离人工清粪和水冲粪 2 种清粪方式，其粪尿处理系统也不尽相同。较为典型的粪尿处理系统有以下几种：

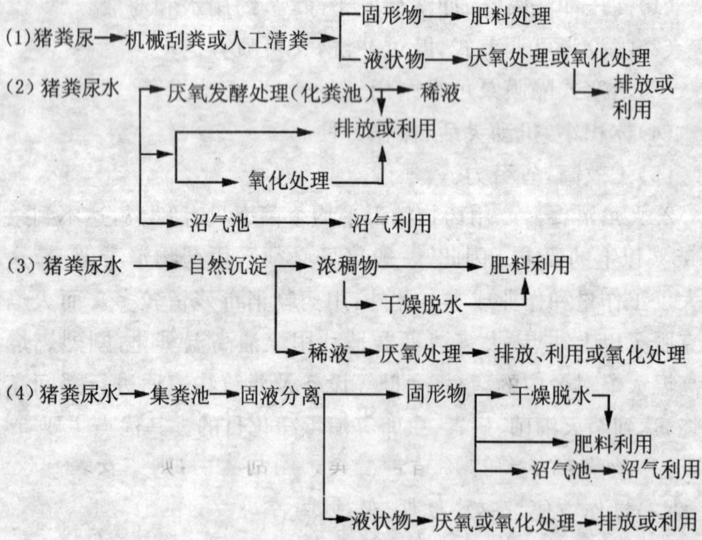

第一种处理系统适用于非水冲式，即粪便处理主要不是靠水冲，而是靠人工清扫或机械刮粪，把粪尿分离，分别进行处理。第二、三、四种系统适用于水冲式，猪粪尿靠冲水清理。第二种方式是猪粪尿直接进行厌氧发酵处理后排放或利用，或生产沼气而加以利用。第三种方式是将猪粪尿通过自然沉淀而分离为浓稠物和稀液分别进行处理。第四种方式则通过固液分离机把粪尿水分离为固形物和液状物，然后分别进行处理。

(二)粪尿处理设备

1.粪尿水固液分离机　猪粪尿水的固液分离机有多种，其中应用最多的有倾斜筛式固液分离机、振动式固液分离机、回转滚筒式和压榨式固液分离机等。

(1)倾斜筛式粪水分离机　是将集粪池中的粪尿水通过污水泵抽出送至倾斜网筛的上端，粪尿水沿筛面下流，液体通过筛孔流到筛板背面集液槽而流入贮粪池，固形物则沿筛面下滑落到水泥地面上，定期用人工运走。这种分离机结构简单，但获取的固形物含水率较高。

(2)压榨式粪水分离机　固形物下落时，再通过压榨机压榨，所获得的固形物含水率较低。

(3)螺旋回转滚筒式粪水分离机　由集粪池抽出的粪尿水从滚筒一端加入，粪尿通过滚筒时，液体通过滚筒的筛网流经集液槽而流入集粪池，固形物则由于滚筒的回转、滚筒内的螺旋驱动而从滚筒的另一端排出。这种分离机结构也较简单，运转中耗能不多。

(4)平面振动筛式粪尿水分离机　由集粪池抽出的粪尿水置于平面振动筛内，通过机械振动，液体通过筛孔流入集粪池，固形物则留在筛面上，倒入贮粪槽内。

2.刮板式清粪机　如猪舍清粪采用刮粪沟，则要安装刮板式清粪机。它有两种形式：一种为单向闭合回转的刮板链，适用于双列对头式饲养猪舍，粪沟为无漏缝地板的明沟，刮粪板可将粪便一直刮到舍外集粪池，进一步进行处理；另一种为步进式往复循环刮板清粪机，它既可用于地面浅沟刮粪，也可用于漏缝地板下的深沟刮粪。这种清粪机多用钢索牵引，由驱动装置、滑轮、刮板及电控装置构成。刮板用 3 mm 厚的钢板或薄钢板夹橡胶板制成，在工作状态时呈垂于地面，返回时抬起以离开地面，刮板的行程大于刮板间距。刮到舍外的粪便，再进一步进行处理。

上述两种刮板式清粪机的动力为 1.5～2.2 kW，线速度为 0.15～0.25 m/秒，刮板尺寸与粪沟的宽度相适应。

第六节　塑料大棚养猪

一、概念

采用封闭式圈舍，通过塑料薄膜斜面采光，利用猪在生长过程中释放出的热量增加棚温，人为地创造了一个适宜或接近猪生长发育所需要的棚内小气候环境，明显地降低生猪为御寒和维持生命活动而增加的消耗，达到保温促长和降低饲料消耗，提高经济效益的一种养猪方式称为塑料大棚养猪。

二、特点

我国北方地区寒冷季节长达 5～6 个月，最低气温可达 －40℃。就养猪来说，绝大多数农民还是利用敞圈，仅少数畜牧场、专业大户具备封闭式舍，生产管理条件严酷，养猪增重慢，母猪繁殖率和仔猪成活率都很低。

严寒的冬季建造塑料大棚猪舍，是一项投资少，见效快，简便易行，缓解冬季养猪生长慢的有效措施。冬季用塑料大棚圈舍养猪，为猪的生长发育、繁殖提供了一个适宜的环境条件，可有效地提高舍内温度（可使舍温保持 10℃以上），抵御强烈光照和风雨，便于科学饲养管理，且建造塑料大棚圈舍成本低，简单易行。

三、塑料大棚猪舍的建筑设计

(一)猪场建设的一般要求

地址要选择在地势高燥、背风向阳，无高大建筑物遮蔽处。坐北向南或稍偏东南，不超过15°，交通方便，水源充足，水质良好，用电方便，远离主要公路干线，远离城镇和居民居住区，远离畜禽屠宰加工场，下风向，便于防疫。猪场建设在地势高燥、背风、向阳、通风良好、地下水位低、给排水方便、安静的地方，也可利用老猪场改造。猪场的大小，应根据养猪的数量而定，以每头猪占0.8～1 m^2 地面为宜。

(二)猪舍建筑设计的一般要求

1. 塑料大棚的设计要求　因地制宜，经济适用，满足猪的生理需要，便于饲养管理。塑料大棚设计是否科学合理，直接影响到猪舍获得太阳能的多少和热能的散失情况，是否能为养猪生长发育提供一个适宜环境条件的关键。

2. 棚舍的建筑指标　猪舍应采用砖木结构，片石地基，水泥硬化地面。舍顶为联合式，后坡长，为草泥瓦顶即硬棚，前坡可用钢筋或木材做支架，冬季用塑膜覆盖(最好为双层)。夏季揭去塑膜用以通风采光；建筑面积以养猪数量而定，密度为1～1.2 m^2/头、每圈以养8～10头为宜。猪床要高出地面10 cm，用砖立砌一层做成砖床或用木板制成木板猪床，隔栏高1.0 m，每圈设有喂食及饮水设施，采用干粉料饲喂，自然通风，人工辅助照明。

棚舍的入射角及塑膜的坡度是建筑塑料大棚的关键指标。塑膜大棚的入射角是指塑料薄膜的顶端与地面中央一点的连线和地面间的夹角，要大于或等于当地冬至正午时的太阳高度角。塑膜的坡度是指塑膜与地面之间的夹角，应控制在55°～60°之间，这样可以获得较高的透光率。

建造猪舍通常为半拱圆形塑料大棚猪舍。棚舍坐北朝南，略偏东5°～10°，其入射角35°～40°，坡度40°～50°，跨度5～6 m，脊高2.5 m，前墙0.7 m，后墙1.7～1.8 m，前墙到脊垂直距离1.75 m，棚面弧度25°～30°，横杆间距60～80 cm，双膜间距5～8 cm，保温棚顶，砖混结构。

猪舍的入射要求大于25°，透光角不小于5°。每圈深3.5 m，宽1.2 m，工作通道中央下设宽0.4 m、深0.4 m水泥砌成的U形暗粪尿沟，在粪尿沟的一端或中央设置1 m×1 m×1 m的集粪尿沟和集粪池上铺钢筋水泥板。定时揭去集粪池上的水泥盖板，清除其中的粪尿污水。在猪圈隔墙顶部硬棚上设0.3 m×0.3 m的排气孔（两舍共用一个排气孔），并能随时启闭。圈内设水槽或饮水器和自动喂料槽。猪舍地面及粪尿沟坡度为3%～5%。

塑料棚舍的建筑：建棚时，应根据上述指标要求，因地制宜建造，在薄膜与墙地面和前后坡的接触处要用泥土压实封严，确保棚舍的密闭性，在棚舍顶部的背风面要设置排气口，排气口上应安有风帽，在南墙或圈门处设置进气口，进气口面积为排气口面积的一半。一般养10头育肥猪可设置2个面积为25 m×25 m的排气口，无论排气口还是进气口都具有可调性，可以随时打开和关闭。

猪床：猪床要有8°左右坡度，向出粪口倾斜。猪床用水泥或石块建成，便于粪尿排出和冲洗。

食槽：食槽靠近工作走道与猪隔墙，2/3在隔墙之下，1/3在圈内。

出粪口：出粪口设在靠近沿墙猪床地面最低处，每栏设一个，并在棚外装有小门，要求关启方便。

排气装置：应在硬棚最高处，用砖砌成排气管道或用塑料材料制作排气管，上安风帽。排气管道要求关启方便。

3. 塑料大棚的管理

(1)备有纸被和草帘　夜晚将纸被和草帘覆盖在薄膜表面，以利保温，白天卷起固定在顶部。

(2)要保持薄膜的清洁　及时擦净薄膜表面附有的灰尘、水滴等，以免影响透光率。

(3)适时通风换气　通风换气一般在中午前后进行，每次至少10～20分钟。如果饲养猪数量多，跨度大，每日可通风换气2～3次。

4. 使用注意事项　塑棚施工在冻结前进行，扣棚时间在10月下旬，气温降至5℃左右；拆棚时间在翌年3月下旬，气温回升至10℃以上。

及时清理膜上积雪、积霜和棚内粪便污水，随时粘补破损膜。棚内粪便应及时清扫干净，以免增加舍内的湿度和氨气，保持圈舍清洁卫生。

合理掌握通风换气，换气时间掌握在外界气温回升时进行。保持圈舍内空气无污染，以不刺眼为宜，舍内相对湿度不超过75%。

天气较冷时，夜间要在塑棚上面覆盖草帘以利保温，等次日太阳增温时将帘子卷起。

拆棚以后进入炎热季节可采取遮荫措施，最高温度不超过25℃为宜。

第十章　猪的疾病防治

猪病给养猪生产造成重大损失。在猪病中尤以传染性疾病的危害更为严重，它不仅可以引发猪只的大批死亡，造成巨大的经济损失；同时，一些人畜共患的传染病还能传染给人，对人的健康造成威胁。因此，做好猪的疫病防治工作，是养猪生产中不可忽视的问题。在养猪生产中，必须在对猪群实行科学饲养，以提高猪只抗病能力的前提下，坚持“预防为主”的方针，坚决贯彻执行国务院颁发的《家畜家禽防疫条例》和农业部制定的《家畜家禽防疫条例实施细则》等法规，使防疫措施制度化、经常化，从而提高猪疫病的防治水平。

第一节　猪疫病的综合防疫措施

疫病发生和传播、造成流行，必须具备传染源、传播途径和易感猪群 3 个环节。所以，防疫必须采取综合措施，或消灭传染源，或阻断传布途径，或增强猪群对疫病的抵抗能力，才能有效地控制疫病的流行。规模化饲养猪场，实行高密度饲养，一旦发生疫病流行，其危害更大。所以需制定本场的兽医防疫制度，并严格执行，以求将疫病消灭在发生之前。

一、科学地饲养管理，增强猪只抗病能力

猪群有健康的身体和良好的体质，就能抵御疫病。在日常饲养中，做到科学饲养，根据各类猪只营养需要的特点，精心地配合饲粮，供给充足而完善的日粮，可以增强猪只健康状况和对疾病的

抵抗能力。在日常管理中，重视饲料和饮水卫生，不用腐败变质、发霉饲料喂猪、饮水符合卫生标准。圈舍勤打扫，勿使粪便堆积，做到圈舍清洁干燥，明亮通气，既可降低圈舍内氨气等不良气体浓度，又阻断蚊蝇及细菌生长滋生的环境。冬天做到防寒保暖，夏季做到降暑降温。减少疫病发生的中间环节，同时也是保证猪群正常生长发育、体格健壮、增强抗病能力的基本条件。

二、实行预防接种

对健康猪只进行免疫接种，可以激发猪只体内产生特异性抗体，使猪只不受某些传染病的感染。有目的的定期施行预防注射，是预防和消灭传染病的重要措施之一。

免疫接种是用疫苗，菌苗、类毒素等生物制剂作为抗原激发免疫。常用的疫(菌)苗见表 10-1。

表 10-1　常用猪疫(菌)苗

疫(菌)苗名称	预防的疫病	接种对象和说明	免疫期
猪瘟兔化弱毒菌	猪瘟	按瓶签注明的剂量加水稀释，各种大小猪均肌肉注射 1 次，4 天后产生免疫，哺乳仔猪在断奶后再注射 1 次	1.5 年
猪丹毒弱毒冻干活菌苗	猪丹毒	仔猪 70 日龄初免 1 次，1 头份/头；成年猪每年春、秋各免疫 1 次	6 个月
猪肺疫弱毒冻干活菌苗	猪肺疫	仔猪 70 日龄初免 1 次，1 头份/头；成年猪每年春、秋各免疫 1 次	6 个月
猪丹毒氢氧化铝甲醛苗	猪丹毒	体重 10 kg 以上的断奶仔猪，皮下注射 5 mL，10 kg 以下的仔猪或未断奶仔猪皮下注射 3 mL；间隔 45 天后，再注射 3 mL，注射后 21 天产生免疫力	6 个月
仔猪副伤寒弱毒菌苗	仔猪副伤寒	按瓶签注明稀释液稀释后，对 1 月龄以上健康哺乳猪或断奶仔猪，一律耳后薄层肌肉注射 1 mL	9 个月

续表 10-1

疫(菌)苗名称	预防的疫病	接种对象和说明	免疫期
无毒炭疽芽孢苗	炭疽	皮下注射 0.5 mL,注射后 14 天产生免疫力	1 年
O 型口蹄疫 BEI 灭	口蹄疫	仔猪 40～50 日龄首免,100～105 日龄二免。种猪每隔 3 个月免疫 1 次,2 mL/头	约 2 个月
活油佐剂苗(浓)		隔 3 个月免疫 1 次,2 mL/头	
布鲁布杆菌猪型 2 号弱毒苗	布氏杆菌病	臀部肌肉注射 1mL,仔猪、孕猪忌用。因系活菌苗,用后注射器,针头煮沸消毒	1 年
伪狂犬病灭活疫苗(浓)	伪狂犬病	种公母猪首免后间隔 4～6 周加免 1 次,以后每 6 个月免疫 1 次。种母猪产前 1 个月加免 1 次,仔猪断奶时免疫 1 次,间隔 4～6 周加免 1 次,3 mL/头	约 3 个月
乙型脑炎弱毒冻干活疫苗	猪乙型脑炎	4 月份对 4 日龄至 2 岁种猪接种,半年后加免 1 次,以后每年免疫 1 次,1 头份/头	1 年
细小病毒灭活油佐剂苗	细小病毒病	初产母猪孕前 2 个月接种免疫,1 头份/头	7 个月
猪气喘病弱毒冻干活菌苗	猪气喘病	种猪,后备猪每年春、秋各 1 次免疫,仔猪 15 日龄至断奶前首免,3～4 月龄种猪二免。胸腔注射,4 mL/头	1 年
大肠杆菌灭活菌苞仔猪红痢灭活菌苗	大肠杆菌病仔猪红痢	母猪产前 30 天,15 天各免疫 1 次,1 头份/头	保护仔猪
TGE－PED 二联菌 *	TGE PED	后海穴注射 5 mL/头	2 个月
猪链球菌病氢氧化铝菌苗	猪链球菌病	60 日龄首免,以后每年春秋各免疫 1 次,3 mL/头	6 个月
传染性胸膜肺炎灭活油佐剂苗	传染性胸膜肺炎	2～3 月龄猪间隔 2 周 2 次接种	

续表 10-1

疫(菌)苗名称	预防的疫病	接种对象和说明	免疫期
传染性萎缩性鼻炎灭活苗	传染性萎缩性鼻炎	初产母猪产前 30 天,15 天各接种 1 次,经产母猪产前 30～15 天免疫 1 次,仔猪 7～10 日龄首免,2～3 周龄加免 1 次。种公猪年免 1 次,1～3 mL/头	
繁殖呼吸综合征冻干苗	繁殖呼吸综合征	3 周龄以上的猪初次接种,再次接种母猪配种前 2 周。大猪 2 mL/头,小猪 1 mL/头	

* TGE 为染性胃肠炎;PED 为猪流行性腹泻。

在进行免疫接种时,须注意以下几项:

(1)选用的疫(菌)苗一定要有针对性,仔细阅读疫苗瓶签上说明,并按其要求稀释。稀释后的疫苗应按规定方法保存和在规定时间内使用。

(2)疫苗注射剂量要准确,进行高密度注射。

(3)严格免疫操作规程,接种前须对猪只进行健康检查,对已病或有体温升高者不予接种,待其病愈后再行补接。

(4)当周围地区已有疫情发生和流行时,要加大注射剂量和增加免疫密度。

(5)使用活菌苗免疫接种后,在规定时间内不对猪只使用抗生素类药物。

(6)注射器、注射部位严格消毒,一猪一个针头,防止交叉感染。接种未用完的疫苗及用完后的疫苗空瓶,不得随地乱扔,应按规定完善处理。

(7)不得使用过期或因保存不当而失效的疫苗接种。

(8)加强疫苗管理,疫苗的选择、运输、保存、使用记录都要建立严格的制度,以备考查。

为了做好免疫接种工作,有效地预防疫病发生,应根据各地区猪疫病流行规律、猪群的特点，本场的具体情况以及疫苗的特性等，制定免疫程序，合理的安排各种疫苗接种猪只的月龄、接种途径、次数和间隔时间，用以保证高密度接种，使猪群保持高的免疫水平。表10-2和表10-3所列免疫程序，供作参考。

表10-2 种猪免疫程序

阶段	免疫时间	疫(菌)苗名称	剂量(头份)	备 注
仔猪	15日龄	猪喘气病灭活或弱毒苗	1	
	20日龄	猪瘟活细胞苗	2	
	30日龄	仔猪副伤寒弱毒苗	1	
		猪喘气病灭活苗或弱毒苗	1	
	60日龄	猪瘟、猪丹毒、猪肺疫三联弱毒苗	2	
后备种猪	6月龄或配种前1个月	猪细小病毒弱毒疫苗	1	
	母猪配种前1周	猪瘟、猪丹毒、猪肺疫三联弱毒苗	2	每年接种2次
繁殖种母猪种公猪	采用公猪每年4月、10月	猪喘气病灭活苗或弱毒苗	2	每年接种2次
	母猪配种前1个月	猪乙型脑炎弱毒苗	1	建议免疫
	产前40天、15天各注射1次	仔大肠杆菌三价灭活苗(弱毒苗)	1	建议免疫
	产前40天	猪伪狂犬病灭活苗	1	建议免疫

表10-3 商品猪免疫程序

免疫时间	疫(菌)苗	名称剂量(头份)	备 注
15日龄	猪喘气病灭活或弱毒苗	1	建议免疫
20日龄	猪瘟细胞苗	2	
30日龄	猪喘气病灭活苗或弱毒苗	1	建议免疫
	仔猪副伤寒弱毒苗		
60日龄	猪瘟、猪丹毒、猪肺疫三联弱毒苗	2	

三、制定合理的防疫制度

从建立猪场开始，就应考虑卫生防疫问题。猪场选址，场内各种建筑物的布局，皆需符合卫生防疫要求(详见第 9 章)。兽医卫生防疫制度的建立并严格执行，是阻断疫病传播途径的有力措施，一般应包括以下内容：

(1)生产区和猪舍入口处应设消毒池，猪场工作人员和饲养员进入生产区应穿工作服和鞋，工作服要定期消毒。不允许不同生产区的饲养员相互串门，非生产人员不得进入猪舍。

(2)猪场原则上谢绝参观，对必须接待的参观者，必须换上工作服并进行消毒，须遵守场内防疫制度。

(3)出售种猪、肉猪应在生产区外，场外运输车辆不得进入生产区，已出场的猪只不得回流入场，并坚持病猪不出场。每批商品猪出栏后，应对猪舍严格消毒，并空栏 5～7 天。

(4)场内不准带入可能染病的畜产品或其它物品。

(5)引入猪只需在非疫区购买，引入后隔离饲养 30 天后，在认为健康者再全身喷雾消毒后方可并群饲养，并及时对引入个体进行免疫注射。

(6)猪场内禁养狗、猫、家禽及其它动物。

(7)不准在生产区内屠杀或解剖病死猪只。

(8)猪场饲喂全价配合饲料，禁止饲喂不清洁、发霉变质饲料。

(9)圈舍每天打扫，保持地面清洁卫生，饲槽、水槽干净，并做到定时消毒，消灭蚊蝇及鼠害。

(10)日常管理中加强对猪只的采食、行为以及粪便的观察，如发现异常立即报告，及时处理。

(11)场内兽医人员、不准私自对外诊疗猪只及其它动物，配种员不准对外开展配种工作，饲养员不得在场外兼任其它业务。

(12)根据本地区、本场猪病发生的种类和规律，确定免疫接种的内容和适宜的免疫程序。

四、严格消毒、消灭疫病传染源

消毒的目的是消灭被传染源散布在外界环境中的病原体，切断传播途径，阻止疫病蔓延。消毒的对象包括被病猪或可疑病猪传染的圈舍、环境、土壤、水源、运输工具、粪便、仓库等。消毒内容还包含日常定期消毒，预防性消毒。常用消毒药见表 10-4。

表 10-4 常用消毒药

药物名称	常用浓度及用法	用途及注意事项
草木灰	20%	用于地面及圈舍消毒
石灰乳	10%～20%	用于墙壁、圈舍、地面、沟渠及粪尿等消毒。随配随用
烧碱（氢氧化钠、苛性钠）	1%～2%	用于被污染的圈舍、地面、环境、用具等消毒。对金属制品有腐蚀性，消毒后立即清洗。对皮肤和黏膜有刺激性，消毒圈舍时应放出猪只，隔半天后用水冲洗地面，饲槽方可放猪入圈
漂白粉（氯化石灰）	1%～20%	用于圈舍、地面、沟渠、粪尿、运输车辆、水源等消毒。对金属、衣物及纺织品有破坏力，有轻度毒性。饮用水按每千克水中加入 0.3 mg 消毒
福尔马林（甲醛溶液）	10%～4%	2%～4%水溶液用于喷洒墙壁、地面、用具、饲槽等。1%水溶液可作猪体体表消毒，防腐和贮藏标本。福尔马林熏蒸可对圈舍、库房消毒。按 25～40 mg/m³福尔马林＋12.5～20 g/ m³高锰酸钾计量
菌毒敌（农福）	0.3%～1%	1%用于发生疫情，圈舍、环境等消毒。0.3%用于空栏消毒、载猪消毒、消毒池
新洁尔灭	0.1%浸泡 0.2%喷雾	用于皮肤、器械、玻璃、搪瓷、衣物、敷料、橡胶制品消毒，猪舍外环境消毒，载猪消毒，金属器械消毒需加 0.5%的亚硝酸钠用以防腐。忌与肥皂或盐类相遇
百毒杀(50%)	0.3%～1%喷雾	猪舍外环境消毒，载猪消毒
灭毒净	0.2%喷雾	猪舍外环境消毒，载猪消毒

续表 10-4

药物名称	常用浓度及用法	用途及注意事项
消毒威	1%喷雾	猪舍外环境消毒,载猪消毒
爱迪伏	5%~10%喷雾	猪舍外环境消毒,载猪消毒
高锰酸钾	0.1%浸泡	皮肤及创伤消毒
过氧乙酸	0.5%喷雾熏蒸	猪舍外环境消毒

(一)猪舍与运动场消毒

先清除猪舍、运动场内的粪尿、垫草、残余饲料以及垃圾,将清除物在指定地点进行堆积发酵处理。如果清除物量小又有传染危险时,可以焚烧或深埋。对地面、墙壁、门窗、饲槽及用具等,进行严格的喷雾消毒或彻底地洗刷后消毒。泥泞的圈舍,可以撒一层干石灰粉或草木灰,并在消毒后垫上新土。

圈舍、运动场消毒一般用 10%~20%石灰乳或 1%~10%漂白粉澄清液。用药量为 1 L/ m^2。

圈舍福尔马林熏蒸法:将舍内猪只迁出,用具摆开,关闭门窗。按每立方米空间用福尔马林 25 mL、水 12.5 mL、高锰酸钾 25 g 量配药物。将水与福尔马林置于器皿中混合,再倒入高锰酸钾,立即有福尔马林等蒸汽蒸发出来。经 12~24 小时后打开门窗通风,让残留福尔马林蒸汽散发净后,再将猪只赶入舍内。

(二)地面、土壤消毒

被芽孢杆菌污染的地面,先用 10%漂白粉液喷洒,然后掘起表层土 30 cm 左右,撒上干漂白粉与土混合,将此表层土深埋。其它传染病污染的地面,如为水泥地面,用消毒液喷洒消毒;如为泥地,则可将表层土翻起 30 cm,撒上干漂白粉(0.5~2.5 kg/m^2),然后再用水湿润、压平。

(三)粪便消毒

常用方法是将粪便堆积发酵消毒,对杀灭非芽孢病原体和寄生虫卵有效。若利用粪便发酵产生沼气，既可提供燃料，又达到消毒目的。

(四)污水消毒

视具体情况有针对性地消毒。如污水量不大，可以拌洒在粪便堆中堆积发酵。如水池、水井被污染，可以用漂白粉消毒。方法是按每立方米水中加漂白粉 8～10 g，充分搅拌，经数日后方可启用。

(五)车船消毒

运送过病猪、尸体、粪便等的车船，在彻底清扫洗涤之后，用10％漂白粉溶液或 2％～4％烧碱溶液消毒。

五、严格检疫，防止传染病的发生和传播

猪场应定期对猪群进行健康检查，对曾经在本地区、本场流行的主要传染病进行特殊检查。如果发现疫情，及时向上级有关部门提出疫情报告，并采取相应的防疫措施防止传播，就地扑灭。猪场还应做到病猪不出场、不上市、不运输，以杜绝疫病的传染。

搞好市场、屠宰场、运输线的检疫。各级畜牧兽医部门、食品卫生、市场管理等部门密切配合，分工负责，不准病猪上市，严格执行肉品检验规定，病猪肉在作无害处理之前不得上市销售。需交通运输的猪只，必须有兽医部门签发的检疫证明，承运部门才能运输。

六、实行定期驱虫

猪的内、外寄生虫亦是妨碍猪群生产力正常发挥的疾病，猪场内实行定期驱虫制度，可以减少或防止寄生虫病对猪群的危害。

猪场一般每年春秋二季对猪群各进行 1 次驱虫；对断奶后到 6 月龄的猪只，进行 1～3 次驱虫；妊娠母猪在产前 3 个月驱虫。对外寄生虫一旦发现，应及时扑灭。

驱虫应有的放矢，事前做粪便虫卵检查，掌握猪体内寄生虫的种类及危害程度，以便于有针对性地选择高效驱虫药物，提高驱虫效果。常用驱虫药见表 10-5。

表 10-5　常用驱虫药

药物名称	制剂	使用方法	使用剂量	备注
左旋咪唑	针剂	肌肉注射	每千克体重 8 mg	对肠道线虫有效
	粉片剂	口服	每千克体重 8 mg	对鞭毛虫无效
精制敌百虫(兽用)	结晶	口服	每千体体重 0.1～0.12 g	对肠道线虫有效
	粉末	喷洒	1%～2%	外用对疥螨有杀灭作用
伊维菌素(阿维菌素)	针剂	皮下注射	每千克体重 0.3 mg	可同时驱杀肠道线虫及疥螨
	粉片剂	口服	每千克体重 0.3～0.5 mg	
增效磺胺制剂	针剂	肌肉注射	每千克体重 20～25 mg	用于防治猪球虫病、弓形体病
	粉片剂	口服	每千克体重 30 mL	
呋喃唑酮(痢特灵)	粉片剂	口服	每千克体重 10～10 mg	防治猪球虫病
		饲料内添加	每千克饲料 400～600 mg，连用 3 天停用	
盐酸氯苯胍	粉片剂	口服	每千克体重 12～24 mg	对球虫及弓形体有效
杀虫脒	油乳剂	喷洒	0.1%～0.2%	外用杀蚧螨

七、进行药物预防

为了防止某些疾病，有针对性地选用一些药物添加在饲料和饮水中，进行群体药物预防，保证猪群在一定时间内不受疫病侵袭。作为抗菌防病剂而添加在饲料中的药物应是低毒或无毒、无残留的药品。而且饲料内添加的时间不能太长，一般 3～5 天必须停止用药。猪场可以根据本场防病的需要，添加相应的药物，以达到预防的目的。

八、实行自繁自养

猪场所需猪只实行自繁自养，可以避免从场外购买猪只时带进或感染疫病。猪场和农户需养一定数量的种猪,用以繁殖仔猪,供作饲养肥育猪之用。

第二节　猪传染病的扑灭措施

一、疫情报告

当发生传染病时,兽医人员应立即到发病现场进行疫情调查,并结合临床症状、病理变化和必要的实验室检查,尽快做出诊断。如果不能及时地做出确切诊断,应采取病理材料,立即送有关部门检验。同时将疫情立即上报上级业务部门,报告的内容包括:发病动物种类、发病时间、地点、发病及死亡数、临床症状、剖检变化、初诊病名及防治情况等。在诊断结果未做出之前,应根据初步诊断,采取相应的紧急措施,尽快扑灭疫情。必要时,还应将疫情通知有关单位和邻近地区,以便采取相应措施。

二、采取紧急措施

根据发生传染病的性质和流行病的传染源、传播媒介和易感猪群 3 个基本环节,提出扑灭传染病的紧急措施。

(一)隔离

在发生传染病时,将病猪和可疑病猪与健康猪隔开,防止它们污染外界环境,以便将疫情限制在最小范围内就地扑灭。当传染病发生时,对猪群进行逐头检查,依据检查结果,将猪群分成病群、可疑病群、假定健康群,并分别采取措施。

1. *病群*　是具有典型临床症状或类似症状的个体,是最危险的传染源。对病群应在彻底消毒情况下,将其单独或集中隔离在原来圈舍、场院或偏僻场所或专门的隔离病猪舍内。隔离场所应注意消毒,严禁人、畜随意出入,粪便应单独堆积发酵处理。

2. 可疑病群 无任何临床症状,但与病猪及其污染的环境有明显接触(如同群、同圈等)的猪。这种猪可能正处在潜伏期,并有排菌(毒)的危险。对这种猪应在消毒后专人饲养,限制其活动,详加观察,出现病状则按病猪处理。对可疑者可进行紧急免疫接种,或预防性治疗法。经 1~2 周不发病者,可取消限制。

3. 假定健康群 一切正常,且与上述猪只无明显接触者,应与上述猪只分开饲养,同时进行紧急免疫注射。

(二)封锁

根据《家畜家禽防疫条例》规定,当发生口蹄疫、炭疽、猪瘟、猪传染性水泡病及当地新发现的猪传染病时,要实行封锁。由县级农牧部门划定疫点、疫区、受威胁区,报请县政府发布疫区封锁令,并报上一级政府备案,通报毗邻地区及有关部门。

疫区,指疫病正在流行的地区。疫点,指病猪所在的猪舍、场、院、饮水地点。受威胁区,指疫区周围和可能受到传染的地区。

1. 封锁的疫点应采取的措施

(1)禁止人、畜、车辆和畜产品从封锁疫点出入。

(2)有人员出入时,需经有关兽医人员许可,并需严格消毒。

(3)对病、死猪及其同群猪,应由县级以上农牧部门采取扑灭、销毁或无害化处理等措施。畜主不得拒绝,处理费用由畜主承担。

(4)疫点出口设消毒坑,疫点内用具、圈舍、场地必须严格消毒。粪便、垫草、受污染的饲料必须做无害化处理。

2. 封锁的疫区应采取的措施

(1)于疫区交通要道建立检疫消毒哨卡,监督感动物及其产品移动,对出入人员、车辆进行药物消毒。

(2)停止疫区内集市贸易,严禁采购病猪及其产品。

(3)未被污染的猪产品运出时要经县级以上农牧部门批准，在兽防人员监督下经过包装消毒运出。

(4)对非疫点的易感动物进行检疫、预防接种。

3. 受威胁区应采取的措施

(1)各级农牧部门、乡(镇)政府动员组织有关单位、个人采取防御性措施。

(2)由畜禽防疫检疫机构、乡(镇)畜牧兽医站随时监测疫情动态。

在最后一头病猪痊愈、急宰或扑杀后，经过一定封锁期(根据该病潜伏期而定)，再无疫情发生时，经过全面的终末消毒后，解除封锁。解除封锁后，需根据各种传染病的性质，在一定时间内限制病愈猪只的活动，以防其带菌(毒)传播疫病。

(三)紧急接种和治疗病猪

传染病发生时，在疫区周围 5～10 km 地带内，给所有受威胁的猪只用疫(菌)苗进行紧急接种，建立起“免疫带”，在综合防治措施下，能较快的将传染病控制在疫区内扑灭。

在严格隔离的基础上，对病猪进行治疗，既可减少死亡损失，又可消灭传染源。治疗病猪要针对病症选用有效药物，以消除病原体。另外，为减缓或消除某些症状，恢复和调节机体生理机能，也可进行对症治疗。

(四)消毒

消毒的目的是消灭被传染源散布在外界环境中的病原体，以切断传染途径、阻止疫病的蔓延。消毒的对象为被病猪或可疑病猪污染的圈舍、场院、土壤、水源、运输工具、用具、粪便、产品仓库等。由于病原体特性不同，被消毒物体的种类不同，应根据实际情况及需要，选择不同的消毒方法和消毒药物。

(五)正确且及时地处理病死猪只尸体

这一措施在防制传染病和维护公共卫生上有重要意义。处理尸体必须符合“不散播病原，对人、畜无害”的原则，切忌乱丢病死猪只尸体。尸体处理常用的方法有加工利用、掩埋、焚烧和发酵 4 种，可根据具体情况及条件选用。

第三节　猪的常见疾病

一、猪瘟

猪瘟是由猪瘟病毒引起的一种急性、高度接触性传染病。本病传染性大，发病率和死亡率均高。本病慢性型在大肠发生坏死性炎症，特别在回盲口附近常见纽扣状溃疡，故俗称“烂肠瘟”。

【病原】猪瘟病毒广泛地存在于病猪的血液及组织器官中，病猪的粪、尿和各种分泌物都有大量病毒。

猪瘟病毒对理化因素的抵抗力较强。血液中病毒在室温下可生存 2～5 个月，在冻肉中可存活 6 个月。

对猪瘟病毒有效的消毒药为 5%～10%漂白粉、2%～4%烧碱溶液及 20%生石灰乳。猪瘟病毒对来苏儿、石炭酸等消毒药有抵抗力。

【流行病学】在自然情况下，不分年龄、品种、性别的猪只都可感染发病。病猪是其主要传染源，被病猪粪尿、分泌物、唾液污染的饲料、饮水、场地及用具等都能传播本病，经消化道感染。其次亦可经呼吸道、眼结膜及伤口感染。其它动物和人类可以带毒成为传播媒介。猪瘟的流行，没有明显的季节性。

猪群一旦感染本病，初起仅少数猪只突然发病死亡，1～3 天内可迅速蔓延至全群。多数呈急性病例，最后则出现亚急性及少数慢性病例。死亡率极高。

【症状】潜伏期一般为 5～6 天，也有长达 21 天者。本病以急性最为常见,病猪精神委顿,被毛粗乱,寒战喜卧,尤喜钻入草堆或较温暖之处。体温升高到40.5～42℃,稽留于同一高度直至濒死前开始下降。眼结膜发炎,流脓性眼屎。初期大便干燥,像算盘珠子样,以后拉稀,粪便恶臭,常有黏液或血液。病猪鼻端、耳后、四肢内侧的皮肤出现大小不等的紫红色斑点,指压不退色。大多数病程为1～2周,死亡率很高。

慢性型多由急性病猪转变而来。症状不规则,体温时高时低,甚至长时间不呈体温反应。食欲不良,便秘、腹泻交替出现,间或正常。病猪消瘦,精神委顿,被毛粗乱,后躯无力,行走蹒跚,最后多衰竭而死。病程可拖1个月以上。

【剖检】急性型以全身出血变化为特征。病猪的胸、腹、四肢皮肤有紫红色出血斑点,淋巴结以腹腔内及腹股沟淋巴结最为明显,呈现肿大,充血及出血,切面多汁,呈红白相间的大理石纹。脾脏一般不肿大,在脾缘和表面有凸出数目不定的紫黑色出血梗塞区。肾脏皮质上有针尖状至小米大小出血点。肾脏色泽呈土黄色。膀胱黏膜有散在或弥漫分布的针尖状出血点。胆囊黏膜上有溃疡或针尖状出血点。喉头和会厌软骨上有程度不同的出血点。大肠黏膜有明显的出血性炎症。

慢性型变为坏死性肠炎,在盲肠和结肠上有特殊的纽扣状溃疡。此外,肋骨和肋软骨联结处的骺线增宽,距骺线1～4 mm有一紧密、完全或部分钙化的横线,这是慢性猪瘟的特征性病变。

【诊断】可根据流行特点,典型症状,剖检变化及免疫接种史的调查等做出初步诊断。如果出现高热稽留,以便秘为主的出血性肠炎,体表皮薄处常有出血斑。剖检见淋巴结、脾脏、膀胱、胆囊、肾脏、喉头和大肠有病变等均为诊断的依据。另外,还应与猪丹毒、猪肺疫、猪副寒等病鉴别诊断(表10-6)。

表 10-6　急性猪猪丹毒猪副伤寒猪肺疫猪败血性链球菌病鉴别要点

	急性猪瘟	猪丹毒	猪肺疫	猪副伤寒	猪败血性链球菌
流行病学	①不分年龄、季节均可发病；②传染迅速，呈流行性病；③发病率和和死亡率均很高。但由于预防接种，提高了猪群免疫水平，多呈散发性，有的可突然康复	①2～3 月龄猪只多发；②常呈地方性流行病；③多见于炎热季节；④血吸虫可传播本病	①本病的发生与不良因素有关；②多发于气候多变的早春和晚秋；③常呈散发性疾病；④常因猪瘟、猪喘气病继发而来	①本病的发生与猪群的饲养管理及卫生条件密切相关；②多见于1～4 月龄的仔猪；③常为散发性；④多见于天冷多雨季节；⑤以慢性经过为主；常为猪瘟的继发感染	①初次流行呈急性暴发；②发病率和死亡率都很高；③5～11 月份多见；④各种年龄猪都可发生，但哺乳仔猪自然病例较少
临床症状	①体温升高至41℃左右稽留；②急性肠炎以便秘为主；③脓性结膜炎；④皮肤常有出血斑点；⑤白细胞减少；⑥齿龈、扁桃体坏死溃疡，公猪阴鞘积脓；⑦偶见神经症状	①体温升至42℃或者以上；②病初粪便多无变化；③有时呕吐；④皮肤充血潮红，指压退色，死前不久有的出现疹块	①体温升至41.5℃左右；②咽喉部急性肿胀，指压敏感；③呼吸极度困难，口、鼻流出泡沫液体，常窒息死亡；或呈胸膜肺炎症状	①体温升至41～42℃；②肠炎常有腹泻，排出恶臭，带有稀粪；③耳、嘴筒、四肢下部皮肤发紫	①体温升至41～43℃；②多发生关节炎；③有的呈现神经症状；④少数皮肤充血潮红；有的有出血斑点；⑤后期呼吸困难
病理变化	①全身黏膜、浆膜出血，咽喉、肾、膀胱、胆囊、淋巴结、大肠明显；②淋巴结肿大、充血、出血，切面呈大理石纹；③脾不肿大，有的有出血性梗塞区；④大肠出血性炎症，病程稍长的有“扣状肿”	①皮肤潮红；②胃底及十二指肠、空肠前段出血性炎；③脾肿大充血，呈樱桃红色；④肾充血肿大，有“大红肾”之称	①咽喉部皮下及周围组织出血性浆膜浸润；②脾不肿胀；③肺急性水肿或肺有胸膜炎病变	①皮肤发紫；②肠系膜淋巴结索状肿；③大肠黏膜卡它性出血性炎症，有的有散在浅表的糠麸样痂皮；④肝有时有小坏死灶	①浆膜腔液体增多，微混浊、混有纤维素絮片或凝块，浆膜上有纤维素沉积；②脾、肾常肿大；③脑膜充血，脑切面有小点出血；④关节肿大，关节腔液增多，微混浊，混有纤维絮片或凝块

续表 10-6

	急性猪瘟	猪丹毒	猪肺疫	猪副伤寒	猪败血性链球菌
青霉素治疗	无效	有特效	有一定疗效	无明显作用	有特效
病原	病毒	猪丹毒杆菌	多杀巴氏杆菌	沙门氏杆菌	兽疫链球菌

【防治】

1. 预防措施

(1)广泛持久地开展猪瘟疫苗的预防注射。用猪瘟兔化弱毒冻干苗稀释后大小猪只一律肌肉注射 1mL,注射后 3～4 天产生免疫力,免疫期可达一年以上。此外,亦可用猪瘟、猪丹毒、猪肺疫三联弱毒疫苗,每猪注射 1 mL,可对上述三病免疫。

(2)加强农贸市场的管理和运输检疫工作,杜绝病猪在市场出售和收购。

(3)搞好日常饲养管理,重视圈舍环境卫生,保持圈内干燥,定期用 2%烧碱水消毒。

2. 流行时的防制措施

(1)迅速确诊,及早上报疫情并隔离病猪,对猪舍、场地、饲养用具用 3%烧碱水消毒。病猪圈舍消毒后,铲除表层土壤。

(2)贵重种猪用抗猪瘟血清注射治疗,对接触过病猪尚未发病的猪只,立即用猪瘟兔化弱毒疫苗进行紧急接种。

(3)认真处理死猪尸体,病猪治疗一般无效,宜早日屠宰。急宰猪的肉切成小块,煮沸 1.5～2 小时后才能利用。病猪血水、内脏、毛及洗刷脏水全部深埋。

(4)流行地区严禁向疫区外运出活猪、畜产品、饲料和粪肥等。

二、猪丹毒

猪丹毒是由猪丹毒杆菌引起的一种急性高热性传染病。急性病例呈败血症变化;亚急性病例皮肤出现红色疹块,俗称“打火印”

慢性病例发生心膜炎和关节炎。

【病原】猪丹毒杆菌为纤细平直或微弯的小杆菌。革兰氏染色阳性。病菌广泛存在于败血型病猪血液、脏器之中，疹块型病猪皮肤疹块与病变皮肤交界处，慢性病例的心内膜和关节液中。

猪丹毒杆菌对自然环境的抵抗力较强。在熏腌肉中可生存 3～4 个月，掩埋的腐败尸体中生存 7～10 个月，但对热比较敏感，75℃10 分钟，煮沸可立即致死。0.1％升汞、5％烧碱、2％福尔马林、1％漂白粉、3％来苏儿都能在 5～6 分钟内使细菌灭活。10％～20％新鲜石灰乳能迅速杀死本菌，故常用于圈舍消毒。

本菌对青霉素极为敏感；其次为金霉素、氯霉素和链霉素等。

【流行病学】本病多发生于 3～12 月龄的猪只，哺乳仔猪和老年母猪很少发病，以 4～6 月龄的架子猪发病最多。其它畜禽很少感染。人偶尔可经伤口感染，称类丹毒。本病一年四季均可发生，但以夏、秋炎热多雨季节多发，呈散发或地方性流行。

病猪和带菌猪是本病的主要传染源。病猪的排泄物污染饲料、饮水、土壤、用具及圈舍，主要通过消化道或擦破的皮肤感染。

【症状】潜伏期长短不一，一般为 1～7 天，根据病程长短分为 3 种类型。

1. 急性型（败血型）　特点是突然暴发，经过迅速，少数病例在未呈现临床症状即突然死亡。病势稍缓的猪，体温上升至 42.5℃，稽留不退。食欲废绝，寒战，喜卧，走路摇摆不稳。眼结膜潮红，但眼睛特别清亮。在发病的 1～2 天后，病猪胸、腹、四肢内侧、耳部皮肤上出现大小不等的红斑，指压红色暂时消退。大便干燥，后期可能出现腹泻。病程短，一般多在 2～4 天死亡。

2. 亚急型（疹块型）　病初精神不振，食欲不佳。体温升至 42.5℃左右，经 1～2 天在背、胸、颈、腹侧及四肢外侧皮肤上出现方形、圆形或不规则的突出于皮肤表面的深色或黑紫色疹块，类似烙印，故俗称“打火印”。随着疹块的出现，病猪体温下降，病势减轻，最后形成干痂，表皮脱落而自愈。有时也可恶化为败血型或转为慢性型猪丹毒。

3. 慢性型　由以上两种类型转化而来，表现出关节肿大、跛行和心内膜炎。食欲时好时坏，精神不佳。后期可见贫血、腹泻等症状，重者可在 2～4 周内死亡；不死个体生长发育迟缓，形成僵猪。

【剖检】败血型猪丹毒病尸体表出现红斑，胃底部及十二指肠黏膜有点状和弥漫性出血。全身淋巴结肿大、充血，切面多汁。脾肿大，质地松软，边缘钝圆，呈樱桃红色。肝充血。肾瘀血肿胀，常有小点出血。肺充血或水肿，心内外膜有出血点。

疹块型主要病变是皮肤疹块。

慢性型在心内膜上有花菜样疣状物，腕关节、跗关节、髋关节肿大，关节囊有纤维性渗出物。

【诊断】根据流行特点，病状及剖检变化可做出初步临床诊断。根据突然死亡、体温上升在 42℃以上，剖检时皮肤、内脏的变化及治疗时用青霉素疗效显著等都可做出诊断。注意急性败血型猪丹毒与猪的其它急性败血性传染病相区别。

【防治】

1. 预防措施

(1)每年春秋两季用猪丹毒氢氧化铝甲醛菌苗对猪只进行预防接种，无论大小猪只，皮下注射 5 mL，注射后 21 天产生免疫力，免疫期 6 个月。或用猪丹毒冻干弱毒菌苗，用氢氧化铝生理盐水按瓶签规定稀释，大小猪只一律皮下注射 1 mL，注射后 7 天产生免疫力，免疫期 9 个月。

(2)改善饲养管理，增强机体抗力。清圈消毒，猪舍、运动场常用热烧碱水或石灰乳消毒，粪便进行无害处理。猪圈每年用石灰乳涂刷 2～3 次。

2. 发病后的扑灭措施

(1)发病猪群应随时检查,及时隔离病猪,对其余健康猪只全部注射弱毒菌苗进行免疫。在对病猪隔离治疗的同时,对所有与病猪接触的猪采用青霉素等早期注射。

(2)及时封锁疫点,彻底清圈消毒,以制止疫病传播。

(3)严格进行死猪或急宰猪尸体处理,如深埋或加工利用。

3. 治疗

(1)青霉素对本病有较好疗效。青霉素水剂按 2 万 IU/kg 用量,每天肌肉注射 2～3 次;或氨苄青霉素 20 mg/kg 用量,每天肌肉注射 2 次。注意连续用药,否则易复发或转为慢性。

(2)红霉素 1 万 IU/kg 用量,用 5%葡萄糖溶液稀释后耳静脉注射,每天 2 次。

(3)四环素或土霉素 0.5 万～2 万 IU/kg 用量,肌肉或静脉注射。每天 1～2 次,连用 2～3 天。

如果使用抗生素时,配合使用维生素 C 和地塞米松,疗效更佳。

三、猪肺疫

猪肺疫又名猪巴氏杆菌病,猪出血性败血病,俗称锁喉风。它是由多杀性巴氏杆菌引起的急性流行性和继发性传染病。

多杀性巴氏杆菌是革兰氏染色阴性小杆菌;无鞭毛、不形成芽孢,毒力强的菌株能形成荚膜。在病猪全身各组织、体液以及分泌物、排泄物中都有病菌。健康猪的上呼吸道存在巴氏杆菌。多杀性巴氏杆菌对外界环境及理化作用的抵抗力不强,在直射阳光下经 10～15 分钟或加热 60℃经 20 分钟即死亡。常用消毒药有 5%石灰粉、1%漂白粉和 2%烧碱水等。

【流行病学】本病多发生于中、小猪,成年猪患病较少,一年四季均可发生。病猪和带菌者是主要传染源。病原体从呼吸道和各种分泌物、排泄物中排出，污染饲料、饮水、用具和周围环境，经消化道以及皮肤伤口侵入健康猪，引起发病或流行。饲养管理不当、卫生条件差和环境突然变换，以及长途运输，均可导致本病发生。

【症状】潜伏期为1～5天。分为3种类型：

1. 最急性型　突然发病，有时未见症状迅速死亡，病程稍长者，体温升高40～42℃，食欲废绝，全身衰弱，卧地不起。咽喉下部可以出现高热、坚硬、红肿、可延至耳根甚至前胸。呼吸困难，黏膜发绀，犬坐喘鸣。末期口鼻流出白色或红色泡沫样物。耳根、腹侧和四肢内侧皮肤也可出现红斑，最后窒息死亡，病程1～2天。

2. 急性型　最为常见，除具败血型一般特征外，主要表现为急性胸膜肺炎。病猪体温升高，初期呈短而干的痉挛性咳嗽，后变为湿咳。鼻流铁锈色脓性鼻液。呼吸困难，呈犬坐势。皮肤上有红斑。食欲减少或废绝。初便秘，后腹泻。病程5～8天，不死者转为慢性。

3. 慢性型　主要表现为慢性肺炎或慢性胃肠炎。呼吸困难，持续性咳嗽。鼻流黏性或脓性分泌物。精神不振，食欲衰退，下痢。体况瘦弱，发育停滞，如不及时治疗，一般经2周以上衰竭而死。

【剖检】病猪皮肤上有大小不等红色斑块；颈部炎性肿胀，皮下有淡黄色或黄红色胶冻样浸润。气管、支气管有泡沫状黏液。喉头、气管、心内外膜、脾、胃肠黏膜有出血点。全身淋巴结肿大，切面红色、水肿。肺部病变明显，出现水肿、气肿、出血，肺上有散在的，与健康肺境界明显的暗红色至灰红色大小不等的肝变，此种病变可达肺实质的深部，有硬质感。病程长时，有胸膜肺炎的病变，胸腔内有淡黄色渗出物，胸膜与肺粘连，肺门淋巴结有轻度肿胀及瘀血。

【诊断】可根据流行病学、病状和剖检做出初步诊断。对急性病例可取血液、咽喉水肿液、胸水、淋巴结涂片，用美蓝或瑞氏染色法染色后镜检，若有大量两极着色的卵圆形球杆菌便可做出诊断。

【防治】

1. 预防措施

(1)预防接种，猪肺疫氢氧化铝甲醛菌苗不论大小猪只，每猪皮下注射 5 mL，注射后 14 天产生免疫力，免疫期 6 个月，春秋两季各注射 1 次。也可用猪丹毒、猪肺疫二联苗注射。现在普遍便用猪瘟、猪丹毒、猪肺疫三联苗进行免疫注射，免疫期 6 个月。

(2)加强饲养管理，增强机体抵抗力，日常饲养管理中尽量避免由于饲养管理不当而导致机体抵抗力减弱的各种因素，如过分拥挤、潮湿、受冷、受热、营养缺乏等。

(3)搞好环境和圈舍卫生，圈舍、运动场和用具定期用 10%石灰乳或 5%漂白粉消毒。

2. 治疗

(1)四环素每千克体重 10～15 mg，用 5%葡萄糖盐水稀释后静脉注射，每天 2 次；或卡那霉素，每千克体重 1 万～2 万 IU，肌肉注射，每天 2 次。

(2)20%复方磺胺嘧啶钠注射液。小猪 10～15 mL，大猪 20～30 mL，肌肉或静脉注射，每天 2 次。

(3)环丙沙星每千克体重 2～5 mg，肌肉或静脉注射，每天 2 次。

上述药物配合地塞米松和维生素 C 使用，可提高疗效。临床治疗中如发现某些药物疗效不好，宜及时改用其它有效药物治疗，必要时可将两种以上能够相互协同的药物联合使用。药物连续使用，直至病愈后 1～2 天。

四、仔猪副伤寒

仔猪副伤寒是由猪霍乱沙门氏杆菌和猪伤寒沙门氏杆菌引起

的传染病,患猪发生坏死性肠炎,严重下痢。

【病原】猪霍乱沙门氏和猪伤寒沙门氏杆菌皆为革兰氏阴性菌,对外界环境抵抗力较强,在水和土壤中能生存4个月,干燥的环境里可存活5个月。但不耐热,60℃时20分钟可杀灭。此菌可存在于健康猪肠道、胆囊和病猪的内脏器官、粪便之中。猪霍乱沙门氏杆菌还可以污染乳、肉、蛋及其它食品,而使人发生食物中毒。

【流行病学】本病多发生于2～4月龄仔猪,成年猪很少发生。一年四季均可发生,而以秋冬、早春、气候多变和梅雨季节发病率最高。另外,仔猪饲养管理不当、圈舍潮湿、拥挤、气候突变、长途运输等均可诱发本病。

病猪和带菌猪是其病源。病原体随粪便排出散布传染。易感猪采食被污染的饲料、饮水经消化道感染。本病一般为散发性或地方性流行。常发地区多表现为慢性,初次流行地区可出现急性病例。病一旦在猪群中发生,病菌连续通过易感猪体后,毒力增强,使病由散发而转变为地方流行。

【症状】潜伏期长短不等,可由数天至数月。分为急性和慢性。

1. 急性型　断奶前后的仔猪有突然发病迅速死亡,病程稍长者,体温升至41℃左右,食欲不振或废绝。精神差,寒战,喜钻草,鼻盘发干,眼结膜潮红,有脓性眼屎。病后2～3天,猪的鼻端、耳、颈、腹部及四肢内侧皮肤上出现紫色斑。随后病猪衰竭,呼吸困难,很快死亡。

2. 慢性型　主要症状是拉稀。粪便呈粥样或水样,颜色为灰白、黄褐、灰绿或乌黑色,气味恶臭,有时混有血液,严重时肛门失禁,粪便自流,使尾部和后躯被沾污。有的病猪还发生肺炎,出现咳嗽和呼吸加快症状。由于持续下痢,病猪脱水,消瘦,衰弱,被毛粗乱无光,甚至体瘦如柴,最后衰竭死亡。

【剖检】急性型脾肿大,呈蓝紫色。肝脏肿大,有粉红色或灰黄色粟粒大小的坏死点。在脾、肾上偶尔也会有同样的坏死灶。特征性的病变是胃肠道急性炎症，从空肠到结肠越来越明显。肠黏膜充血，水肿，肠系膜淋巴结肿胀充血。

慢性型主要病变是盲肠、结肠壁增厚，有浅平溃疡和坏死。肠道表面附着灰白色或暗褐色假膜，形似糠麸。肠系膜淋巴结肿大。肝、脾、肾及肺均有坏死灶。

【诊断】本病主要侵害1～6月龄猪只，流行过程缓慢，饲养管理不良的猪场尤易发生。病猪发热，腹泻，耳、胸、腹下及四肢下端呈蓝紫色。剖检重视肝、脾及肠系膜的变化，一般在临床上能做出初步诊断。

【防治】

1. 预防措施

(1)本病的发生与饲养管理、卫生条件密切相关。因此，改善饲养管理，搞好圈舍卫生、增强猪只抵抗力是预防本病的主要措施。

(2)预防注射，每年定期注射仔猪副伤寒冻干弱毒菌苗，1月龄以上或断奶仔猪肌肉注射1 mL，免疫期9个月。体质瘦弱、患有它种疾病或已感染副伤寒的仔猪，不宜注射。

(3)发病后及时隔离，圈舍清扫消毒，粪便堆积发酵。对假定健康猪用痢特灵或土霉素，有预防效果。病死猪要深埋，不可食用，以防人发生中毒事故。

2. 治疗　治疗时注意早期和连续用药的原则。

(1)痢特灵　每天每头0.4～0.6 mg，分2次内服，连用3～5天。

(2)环丙沙星　每千克体重3～5 mg，肌肉注射，每天2次。

(3)氟哌酸　每千克体重10～20 mg，内服，每天2～3次。

(4)氯霉素　每千克体重2万～5万IU，肌肉注射，每天2次。

(5)土霉素　每千克体重0.1 g，每天2次口服，连用3天。

(6)磺胺嘧啶(SD)　每千克体重20～40 mg，加甲氧苄氨嘧啶(TMP),每千克体重4～8 mg,混合后分成2份,每天2次口服。

(7)大蒜 每次用量5～25 g,每天2～3次,连服3～4天。

(8)中药治病 黄柏25 g,白头翁35 g,龙胆草25 g,苦参30 g,地榆碳20 g,车前子15 g,煨豆蔻15 g,马齿苋40 g,过路黄25 g,甘草15 g。煎水灌服,每天3次。

五、猪气喘病(猪肺炎支原体)

由猪肺炎支原体引起的一种接触性慢性传染病。本病死亡率不高,但对患猪的生长发育影响很大。

【病原】猪肺炎支原体存在于猪的呼吸道、肺及附近淋巴结中。该病原体离开猪体后对外界环境的抵抗力弱,生存时间不超过36小时,对青霉素、磺胺类药物不敏感。土霉素、卡那霉素在临床上对本病有控制作用,常用的消毒药物均能达到消毒目的。

【流行病学】本病只发生于猪,其它动物均不感染。任何猪只均可被感染,但以幼猪发病率和死亡率为高;其次为妊娠后期和哺乳期母猪。成年猪以慢性和隐性经过为主。

病猪是其传染源,特别是隐性病猪。在引入病猪后,在引入区呈暴发性流行。康复猪在症状消失半年到一年后,仍可排出病原体。病猪通过咳嗽、气喘和喷嚏将病原体喷出,健康猪与病猪接触时,吸入带病原飞沫后经呼吸道传染。本病的发生无明显季节性,但以寒冷潮湿的冬春季节发病较多。饲养管理不良,饲料品质低劣,圈舍阴冷潮湿,通风不良,拥挤以及环境条件骤变,均可诱发本病。

【症状】潜伏期为7～15天,最短3～5天,最长可达1个月以上。根据病程经过,可分为急性、慢性和隐性,其中以慢性和隐性为主。

1. 急性型 多见于新疫区的初期,以孕猪、哺乳母猪和仔猪多见。常为突然性发作。病猪精神不振,呼吸次数增加,每分钟

60～100 次或以上，呈明显的腹式呼吸。随病程的发展，病猪呼吸困难或张口喘气。咳嗽次数少而低沉。体温一般正常或稍有上升，食欲减退或废绝，病程 1 周左右，死亡率较高。

2. 慢性型　常见于老疫区，多由急性转来。病的早期主要症状是咳嗽，在采食、剧烈跑动、早晨出圈时尤为严重。咳嗽时，病猪站立不动，弓背伸颈，头下垂，直至呼吸道分泌物咳出为止。病猪体温、精神食欲无明显变化。病的后期，出现喘气症状，腹部随着呼吸有节奏的扇动。呼吸次数每分钟 40～100 次。一般情况下，猪的精神、食欲无大的变化。病的后期病猪呼吸急促，次数增多，呈犬坐势张口呼吸或将嘴支在地面喘气。病程长的小猪消瘦衰弱，被毛粗乱无光，生长发育不良；病程可持续 2～3 个月，甚至长达半年以上。

3. 隐性型　多见成年肥育猪。病猪多不呈现明显临床症状或仅有轻度咳嗽和气喘，不易察觉。老疫区猪群内占有相当数量，是危险的传染来源。

剖检主要观察呼吸器官及其淋巴结。若肺脏的心叶、尖叶、隔叶、中间叶前下部肺组织呈淡红或灰红色，与周围肺组织界限明显的被称为“肉变”。肺门淋巴结肿大，可达正常淋巴结的 5～6 倍。

【诊断】根据临床症状以咳嗽、气喘为主，体温不高，患猪发育不良及剖检观察肺组织“肉变”做出临床诊断。

【防治】

1. 预防措施

(1)执行自繁自养方针，防止从外地购入病猪。必须引种时，认真了解猪源所在地区有无本病流行，如有可疑病情，则不能购买。在非疫区引入的健康猪也须隔离饲养，观察 1～2 个月，在无咳嗽、喘气症状表现时，才能混群饲养。

(2)加强日常饲养管理，保持圈舍清洁、干燥、通风，避免过于拥挤，定期做好消毒工作。

2. 发病时的控制措施　早期发现,严格隔离病猪。早期发现的方法是:一听(听咳嗽)、二查(查呼吸次数)、三剖检(剖检病猪可以发现典型的气喘病病变)。发现病猪后,立即隔离,并改善病猪饲养管理条件,积极治疗。

3. 治疗

(1)土霉素　每千克体重 20～40 mg,用 5%氯化镁溶液或 5%葡萄糖溶液稀释后肌肉注射,每天 1 次,5～7 天为一个疗程。

(2)卡那霉素　每天每千克体重 2 万～4 万 IU,肌肉注射,每天 2 次,连续 3～5 天,或者与土霉素交替使用。

(3)长效抗菌剂　2～10 mL,肌肉注射,3 天注射 1 次。也可以用林可霉素,每千克体重 1 万～2 万 IU 肌肉注射,每天 2 次。或用猪喘平,每千克体重 2 万～4 万 IU,肌肉注射,每天 1 次,5 天为一个疗程。

六、仔猪大肠杆菌病

仔猪大肠杆菌病是由致病性大肠杆菌引起的仔猪腹泻病,它主要危害新生仔猪。包括仔猪黄痢、仔猪白痢和猪水肿病。

【病原】大肠杆菌是埃希氏菌属各种血清型的埃希氏大肠杆菌的总称,为革兰氏阴性杆菌。大肠杆菌大量存在于人及动物肠道之中,新生仔猪的肠道中亦存在不少的大肠杆菌,并且终身寄居。在正常情况下大肠杆菌不致病,而且还能合成 B 族维生素等营养物质,某些菌株还能产生大肠菌素抑制肠道中某些病菌的生长。所以,大多数血清型大肠杆菌对机体有益,而仅有一些血清型大肠杆菌能引起发病,称这为致病性大肠杆菌。又由于致病大肠杆菌的血清型不同,所致疾病亦不相同。

大肠杆菌对外界因素的抵抗力不强,60℃ 30 分钟即死亡。一般消毒药可立即杀死。但本菌可在土壤和水中存活数月之久。

(一)仔猪黄痢

本病是初生仔猪的急性、高度死亡率的传染病。其特征为排黄色或黄白色的稀粪。

【流行病学】本病主要在生后数小时至 5 日龄内的仔猪中发病,以 1～3 日龄内的仔猪发病居多,1 周龄以上仔猪发病很少。

带菌母猪是主要传染来源,病猪粪便中的致病大肠杆菌散布于环境中,从而污染母猪乳头及皮肤,仔猪吮乳时经消化道感染。一窝仔猪中最先由一头开始,随后陆续感染其它仔猪,最后引起全窝仔猪发病。死亡率很高,不死者生长发育缓慢,形成僵猪。

【症状】仔猪刚出生时,一切均正常,几小时后突然发病。急性病例很快死亡,随之出现以腹泻为主的病仔猪。病猪拉黄色或黄白色水样稀粪,粪内含有凝乳碎块。稀粪顺肛门流下,沾污尾、会阴和后躯,严重时小母仔猪阴户尖端可出现红色,后肢被粪便污染。捕捉挣扎或鸣叫时,粪便从肛门冒出。病仔猪精神沉郁,吃奶减少或不吃。由于脱水,眼球下陷,迅速消瘦,最后呈昏迷状态死亡。

【剖检】尸体体表沾污黄色稀粪,颈、腹部皮下有水肿,黏膜和肌肉苍白。肠道膨胀,有大量液状,黄色内容物和气体。肠黏膜呈急性卡他性炎症,肠壁变薄,松弛,尤以十二指肠最为严重。肠系膜淋巴结色淡或呈黄色,质地松软而脆弱,表面有弥漫性小点出血。肝、肾常有小坏死灶。

【诊断】根据发病日龄、严重腹泻和排黄色稀粪、急性死亡、发病率和死亡率很高等特点,可做出初步诊断。

【防治】

1. 预防措施

(1)不从有病猪场或地区引入种猪,已发生本病的猪场,对母猪和仔猪要固定圈舍和运动场。产仔母猪的乳头和其它部位皮肤可用 0.1%高锰酸钾溶液擦拭,产圈打扫清洁,用生石灰消毒后才放入仔猪哺乳。

(2)母猪产前中药预防　黄芩 45 g,黄柏 45 g,银花 40 g,白术 45 g,苏梗 45 g,砂仁 35 g,白头翁 50 g,龙胆草 50 g,苦参 50 g,陈皮 40 g,甘草 30 g,大蒜 300 g 捣成泥后分次添喂。

(3)母猪临产前 2 天内的西药预防　长效抗菌剂 10～15 mL,分点肌肉注射,1 天 1 次。复方磺胺 6-甲氧嘧啶 20～30 mL,肌肉注射,1 天 2 次,连续 2 天给药。

2. 治疗

(1)小诺霉素 10 万～20 万 IU,环丙沙星 1～2 mL,分别肌肉注射,每天 2 次。地塞米松 2～5 mL,肌肉注射。5%葡萄糖盐水 20 mL,5%碳酸氢钠 2～5 mL 混合后腹腔注射。

(2)痢杀星 1 mL 口服,1 天 2 次。小诺霉素 10 万～20 万 IU,肌肉注射。5%葡萄糖盐水 20 mL、5%碳酸氢钠 2～5 mL 混合后腹腔注射。

(3)母猪过奶中药疗法　黄柏 50 g,黄连 35 g,白头翁 60 g,龙胆草 50 g,苦参 50 g,秦皮 45 g,瞿麦 40 g,粟壳 45 g,猪苓 50 g,煨豆寇 45 g,木香 35 g,白芍 45 g,甘草 35 g,马齿苋 80 g,过路黄 60 g,刺梨子根 100 g。生大蒜 300 g,捣碎分次混入中药水中喂服。

(二)仔猪白痢

仔猪白痢又名"屙奶尿",是 10～30 日龄仔猪常发的一种消化道传染病。其特征是排乳白色或灰白色稀粪。本病死亡率低,但严重影响仔猪生长发育。

【流行病学】本病主要发生于 1 月龄仔猪,以 10～20 日龄发病者居多。本病的病因除特异的致病大肠杆菌外,气候突变,饲养管理不良,卫生条件差,母乳中含脂率高或泌乳量降低等因素,都是使本病发生的重要原因。本病在各地猪场和农户猪舍均有较高的发病率。各窝仔猪发病的多少、先后以及严重程度不尽相同,采取一般的防治措施往往不易扑灭，因此，对养猪业造成严重影响。

【症状】病仔猪体温一般正常，精神、食欲无明显变化。随病程发展，病仔猪排出乳白色、灰白色或黄白色糊状粪便。随后，腹泻次数增加。排泄物腥臭而稀薄，有时混有气泡，如果不及时采取治疗措施，下痢逐渐加剧，肛门周围、尾巴及后肢被粪便污染。病仔猪精神差，食欲差，逐渐消瘦，被毛粗乱无光。走路不稳，严重的脱水，呼吸增快，最后衰竭死亡。病程较长而逐渐恢复的仔猪，生长发育缓慢，甚至生长停滞，形成僵猪。

【剖检】病死仔猪多无特异病变。病程短的病死仔猪，胃内有凝乳块，肠内有气体和稀薄的食糜，部分黏膜充血，其余大部分黏膜苍白，肠系膜淋巴结稍有水肿，但实质器官无明显变化。病程长的病死仔猪，除消瘦和脱水之外，胃肠较空虚，或有少量食糜和气体，黏膜稍见潮红，肠壁菲薄而带半透明状，肠系膜淋巴结水肿。实质器官无变化或有营养不良性变性。

【诊断】根据临床症状和流行病学，即可做出诊断。

【防治】

1. 预防措施

(1)加强妊娠母猪和哺乳母猪的饲养管理。根据母猪不同妊娠阶段及产后体质、奶质状况，合理调配饲料，以保持母猪泌乳量的平衡，防止乳汁过浓。母猪产前最好喂服一剂产前药。处方：白术 45 g，黄芩 45 g，砂仁 35 g，苏梗 40 g，苦参 45 g，云苓 40 g，陈皮 40 g，白头翁 50 g，龙胆草 45 g，鱼腥草 45 g，穿心莲 50 g，甘草 30 g。

母猪产仔时，专人护理，仔猪放在干净箩窝里，产仔完毕，彻底清扫圈舍，用 0.1%高锰酸钾溶液清洗乳房后，再放入仔猪吮乳。

(2)做好仔猪养育工作，实行仔猪早期补饲，对提高仔猪抵抗力，防止异食，减少白痢的发生有利。在仔猪出生后 2～3 天，每只仔猪颈部肌肉注射 1 mL 右旋糖酐铁和维生素 B_{12}，对促进仔猪发育，防止白痢有良好作用。

2. 治疗

(1)痢杀星　每头猪每次内服 1 支，1 天 2 次。

(2)环丙沙星　每头猪肌肉注射 2～3 mL，每天 2 次。

(3)小诺霉素　每头猪肌肉注射 1～2 mL，每天 2 次。

(4)痢特灵　每头猪每日 0.4～0.5 g，分 2 次口服。

(5)氟哌酸　每只头猪 30～60 mL(或敌菌净 40～80 mL)，鞣酸蛋白 0.2～0.6 g，活性炭 0.2 g，维生素 B_1 0.1～0.2 g，口服，1 天 2～3 次。

(6)中药治疗　黄柏 50 g，白头翁 40 g，苦参 40 g，龙胆草 45 g，秦皮 45 g，瞿麦 45 g，粟壳 45 g，煨豆寇 45 g，穿心莲 45 g，过路黄 50 g，金樱子根 50 g，漏芦 45 g，甘草 35 g。煎水，候温，每次喂服时加入生大蒜泥 100 g。

(三)仔猪水肿病

本病是由溶血性大肠杆菌引起的断奶仔猪的一种急性、散发性传染病。由于病猪主要出现典型的眼睑水肿、结膜潮红，故又称“红眼病”。

【流行病学】本病主要发生于断奶仔猪，有时数日龄或 4 月龄仔猪也有发生。在仔猪群中，常是部分仔猪突然发病，迅速死亡，尤以生长快、体质健康的仔猪最易发病，死亡率高，可达 80%～90%。

带菌母猪和病猪是本病的主要传染来源。病原随大便排出，污染饲料、饮水和环境，经消化道传染。饲料单纯、精料过多、缺乏维生素和矿物质、气候变化大、阴雨潮湿等，与本病的发生有一定的关系。一般多见于春秋两季，呈地方性流行，常见于某一地区或某一猪场。

【症状】小猪突然发病，病猪表现为精神沉郁，食欲减少或不食。多数体温不高，少数可达 40℃ 以上，行走不稳，形如醉酒状态。有的病猪前肢跪地，两后肢直立，突然向前冲。当触摸或捕捉时，十分敏感，突然倒地，四肢呈游泳姿势。空嚼磨牙。后期反应迟钝，呼吸困难，声音嘶哑，腹泻或便秘。病猪眼睑水肿，严重时上，下眼睑间仅现一条小缝。病程长短不一，有的数小时，一般为1～2 天，个别病例可长达 7 天以上。死亡率很高。

【剖检】胃壁、大肠系膜以及某些部位的皮下水肿是本病的特征性变化。胃壁水肿最常见于胃大弯部和贲门部，有时波及胃底部和食道部。胃底部弥漫性出血。大肠系膜呈胶冻样水肿。全身淋巴结水肿，并有不同程度的充血及出血，病变严重的淋巴结呈红色。心包、胸和腹腔积有较多的无色或黄红色液体。肺和大脑有时也可见水肿。

【诊断】生前可见眼睑、头部水肿及神经症状；死后剖检见胃壁及大肠系膜水肿，结合流行病学特点，可做出诊断。

【防治】

1. 预防措施

(1)在仔猪断奶前后，注意饲养管理，防止突然改变饲料和饲养方法，避免饲料过于单纯，或蛋白质过多。多喂青饲料、矿物质饲料及维生素。

(2)必要时在饲料内添加抗菌素药物，如土霉素、氯霉素等，按每千克体重添加 5～20 mg，有预防本病的作用。

2. 治疗

(1)当发病时，暂时停喂浓厚精料，改喂青饲料拌有黄玉米粉的高能低蛋白饲料，待临床症状消失后，才将饲料调整到原水平。

(2)红霉素 25 万～50 万 IU，用 5%葡萄糖溶液稀释后静脉注射，同时配合氟哌酸 6～10 mg 肌肉注射，地塞米松 5～10 mg，维生素 0.5～1 g 分别肌肉注射，每天 2 次。

(3)氯霉素 25 万～50 万 IU，磺胺 6-甲氧嘧啶 5～10 mL，地塞米松 5～10 mg，维生素 $B_1$0.5～1 g，分别肌肉注射，每天 2 次。

(4)氨苄青霉素0.5～1 g,环丙沙星5～8 mL,分别肌肉注射。10％葡萄糖溶液40～60 mL,速尿20 mg、10％安钠咖2～5 mL,混合静脉注射,每天2次。

(5)维生素E 5 mL,亚硒酸钠1～2 mL,分别肌肉注射1次。环丙沙星5～8 mL,肌肉注射每天2次。

(6)环丙沙星5～6 mL,氯霉素25万～50万IU,分别肌肉注射,每天2次。10％葡萄糖溶液40～60 mL,10％葡萄糖酸钙液5～10 mL,维生素C 0.5～1 g,混合后静脉注射,每天1次。

(7)氨苄青霉素0.5 g或土霉素4～8片,氟哌酸2～4片,维生素E 0.2 g,每天2次口服,加亚硒酸钠1～2 mg,每天1次口服,连服2天。

七、猪流行性感冒

本病是由猪流行性感冒病毒引起的急性、热性、高度接触性传染病。发病突然、传播快,一般预后良好。

【病原】猪流行性感冒病毒主要存在于病猪鼻液、气管及支气管渗出液、肺及肺门淋巴结等处。病毒对干燥及冰冻抵抗力较强,但常用的消毒药如石炭酸、甲醛等均可致死,特别对碘制剂敏感,常用消毒药能达到消毒目的。

【流行病学】不分年龄、性别和品种的猪只,均可感染本病。病猪和病后的带毒猪为本病的传染源,咳嗽时排出的大量病原体,通过呼吸道感染。本病多发生于秋冬及早春季节,特别是气候骤变、忽冷忽热时易于发生。饲养管理不当,卫生条件不良,猪舍寒冷潮湿,过于拥挤以及猪只因其它疾病抵抗力降低,常能促进本病的流行。

【症状】潜伏期2～7天,猪只突然发病,迅速蔓延全群。体温升高至40～41.5℃,精神高度沉郁,喜卧,行走困难。食欲减少或废绝。大便多干燥。呼吸加快,呈明显的腹式呼吸。眼、鼻流出分泌物，结膜潮红，进而发绀。病程较短，若无并发症，3～7 天可自愈。有并发症发展为肺炎时，病程延长，并可导致死亡。

【剖检】肺部病变多局限于尖叶、心叶及副叶，病变部呈深紫红色，塌陷，无捻发音。切面支气管及小支气管内充满浓稠、黏性渗出液。喉、气管及支气管黏膜充血，并有大量黏液，有时还有血液。其余肺叶则呈气肿，色泽略淡。颈、纵隔及肺门淋巴结高度肿胀，切面多汁。

【诊断】根据流行病学、临床症状及剖检可做出初步诊断。突然高热、全群迅速感染，患猪呼吸急促、咳嗽、肌肉、关节疼痛等均是临床诊断的依据。

【防治】

1. 预防　加强猪只饲养管理和防疫卫生措施，在阴雨潮湿、气候多变的秋冬和早春季节，搞好圈舍的防寒保暖，保持舍内清洁干燥，可以预防本病发生。发病后，立即将病猪隔离，注意保温，加强护理，给予消化饲料。猪舍用 2%～5%漂白粉或烧碱溶液消毒。健康猪严禁与病猪接触。

2. 治疗　本病尚无特异的治疗方法，病猪在良好的护理下，适当给予对症治疗多能自愈，如 30%安乃近 3～5 mL，复方氨基比林 5～10 mL，肌肉注射。如果为了避免继发症，可以适当选用抗生素及磺胺类药物。也可选用安钠咖及钙剂等药物，用以强心和减少炎性渗出物。

八、仔猪传染性坏死性肠炎(仔猪红痢)

本病是由 C 型产气荚膜梭菌引起的肠毒血症，特征是排血色粪便，肠坏死，病程短，死亡率高。

【病原】C 型产气荚膜梭菌为革兰氏阳性厌氧性大杆菌，厌氧条件下，能形成芽孢，多数芽孢的直径大于菌体宽度，使菌体呈梭形、汤匙形及鼓槌状。该菌有荚膜，无鞭毛不能运动。能在液体培养基和动物体内产生外毒素，是其致病的主要原因。

【流行病学】本病主要发生于1周龄以内的仔猪，尤以1～3日龄仔猪多见。一旦本病传入猪群，常可年复一年地在猪群发生。病原体广泛存在于自然界，人、畜肠道中也存在有本菌，并随粪便排出于外界，被污染的土壤、饮水、垫草和用具等，都可成为传染媒介。新生仔猪舔食污染的母猪乳头或土壤，经消化道传染。

【症状】常在仔猪出生后数小时至1～2天发病，体温升至40～40.5℃。病仔猪不吃奶，精神委顿，步态不稳，离群独处。怕冷，腹泻，排出恶臭、含有气泡的红色黏液性粪便，沾污后躯，粪便中常混有坏死组织碎片。大多数病仔猪迅速虚脱而死，临死前寒战抽搐。病程1～2天，极少数病仔猪能耐过。病程稍长的病仔猪，可延长至1周左右，排出灰黄色、含气泡恶臭粪便。病猪被毛粗乱，消瘦，虚弱，多归于死亡。

【剖检】腹腔内有多量樱红色积液，小肠壁外观呈深红色，病变和正常肠段界限明显，肠内容物暗红色，呈液状。肠系膜淋巴结呈鲜红色，病程稍长的呈坏死性炎。病变肠段变僵硬，失去弹性，表面颜色转成黄色或土黄色。在坏死肠段浆膜下和充血的肠黏膜中有数量不等的小气泡。内外膜、肾脏和膀胱有时可见小点出血。

【诊断】根据流行病学、临床症状和典型病理变化，可做初步诊断。本病主要发生于1周龄内的仔猪，病程短，死亡率高。排红色黏液稀便。剖检可见出血性坏死肠炎、肠壁浆膜下层有小气泡，肠内有红色稀薄的内容物。

【防治】在发病的早期用抗生素药物，可能有一定的疗效，但往往由于病程太急而来不及治疗，故本病应着重于预防。

(1)在发病猪群，对妊娠母猪于产前1个月和产后半个月各肌肉注射仔猪红痢灭活疫苗1次，每次5～10 mL，可使母猪产生免疫力，新生仔猪通过母乳获得免疫。如果母猪在上一个胎次曾注射过本疫苗，可在产前半个月肌肉注射3～5 mL疫苗即可。注射疫苗时，因母猪已处于妊娠后期，应尽量让母猪安静，以免引起流产。

(2)加强饲养管理，做好产房、猪舍、环境的清洁卫生及消毒工作和母猪乳头的经常卫生消毒工作，可以减少本病的发生和流行。

(3)在常发病的猪场，于仔猪出生而未吃初乳之前及以后几天内，用抗生素药物进行预防性口服，对预防本病有一定效果。

九、猪传染性胃肠炎

本病是由猪传染性胃肠炎病毒引起的急性、高度接触性传染病。其特征为腹泻、呕吐及脱水。10 日龄以下仔猪死亡率高。

【病原】猪传染性胃肠炎病毒存在于病猪各组织器官、体液及排泄物内，以小肠黏膜、肠内容物及肠系膜淋巴结含毒量最多。病毒不耐热，在室温下很快死亡。加热 56℃经 45 分钟可全部杀死。对紫外线和日光敏感，对低温冷冻却有较大抵抗力。病毒有囊膜，对胃肠环境具有一定的抵抗力。0.5%石炭酸、0.05%甲醛在 37℃时，20～30 分钟可灭活病毒。

【流行病学】2 周龄以下哺乳仔猪最易感染本病，而以 10 日龄以下仔猪死亡率高。母猪及成年猪亦可感染，但症状轻而死亡率低，多能自然康复。病猪及康复后带菌猪是本病传染来源，病毒从粪便和呼吸道排出，主要通过呼吸道和消化道感染。本病传播迅猛，发病有明显的季节性，以深秋、冬季和早春发病多，夏季发病少。在新发病猪群呈流行性发生，老疫区则呈地方性流行。

【症状】潜伏期短，一般为 15～18 小时，亦有 2～3 天者。10 日龄以内仔猪于感染后 1 天，多在吃奶之后出现呕吐，接着开始急剧水样腹泻。粪便黄色或黄绿色，有时含有未消化的凝乳块，腥臭。由于严重脱水，表现口渴，体重迅速下降。精神委靡，被毛粗乱无光，吃奶减少或停止吮奶。战栗，于 2～5 天内死亡。随仔猪日龄增加，死亡率降低。病愈仔猪生长发育不良。

架子猪、育肥猪及成年种猪表现腹泻，粪便水样，呈灰白色或灰褐色，伴有未消化的饲料，腥臭。腹泻使病猪消瘦脱水、口渴。在腹泻期间体温不显升高，但在腹泻前有暂时性发热。患猪精神委顿，食欲丧失，个别患猪出现呕吐。哺乳母猪泌乳下降或停止。一般病程5～7天。一旦腹泻停止，食欲逐渐恢复，绝大多数病猪可自愈。

【剖检】尸体明显脱水。消化道有不同程度卡他性胃肠炎，哺乳仔猪胃内充满白色凝乳块，胃底充血或出血，胃壁松弛，失去收缩力。小肠充血，伴有卡他性炎。小肠壁变薄，透明，扩张，黏膜充血，甚至出血，小肠内有黄色水样内容物。肠系膜血管及肠系膜淋巴结充血肿胀。小肠绒毛萎缩，变短，绒毛长度仅为正常的1/4。

【诊断】根据流行病学和临床症状，剖检可做初步诊断。剖检以小肠扩张、变薄、充满液体及肠系膜淋巴结显著水肿为特征。

【防治】本病发生时，立即划出疫区，对发病猪舍进行严格消毒，禁止猪只、车辆、用具随便转移。临产母猪产房消毒。可试用猪传染性胃肠炎弱毒疫苗预防。

本病无特效药物治疗。为避免脱水、病程中应供给充足饮水，亦可供给0.1%高锰酸钾水或补盐水(氯化钠3.5 g，氯化钾1.5 g，碳酸氢钠2.5 g，葡萄糖20 g，常水1 000 mL)。圈舍保温防潮。开始有食欲时，喂以易消化液状饲料。哺乳仔猪在患病期间可以皮下多次注射葡萄糖生理盐水，并配合大量清洁饮水灌服。可适当选用广谱抗生素，以减少继发感染。

病猪康复后，对本病可以产生坚强的抵抗力。第一次分娩母猪的仔猪因本病死亡后，下次分娩的仔猪则多不再发生本病。

十、猪流行性腹泻

本病是由猪流行性腹泻病毒引起的高度接触性传染的肠道传染病。其特征为呕吐、腹泻和脱水。

【病原】猪流行性腹泻病毒属于冠状病毒科冠状病毒属，病毒粒子呈多形性，倾向圆形，直径 95～190 nm。外有囊膜，囊膜上有花瓣状突起。本病毒对乙醚、氯仿敏感。

【流行病学】本病仅发生于猪，各种年龄猪只均能感染发病。本病发病的特点多在冬季，以 12 月份至翌年 2 月份发病最多，传播迅速。本病的传染源是病猪和病愈猪，病毒存在于肠绒毛上皮和肠系膜淋巴结。病毒随粪便排出，污染环境、饲料、饮水及用具等。主要通过消化道传染。

【症状】本病潜伏期 5～8 天。临床症状与典型的传染性胃肠炎非常相似，病猪发生急性腹泻，粪便稀薄如水，颜色淡黄绿色或灰色，在采食或吮乳后发生呕吐。体温稍高或正常，精神、食欲较差。不同年龄猪只症状有所差异，年龄越小，症状越重。10 日龄以下仔猪发生腹泻后，由于脱水和吸收障碍，在 3～4 天昏迷死亡，死亡率高达 90%。断奶仔猪和育肥猪呈持续 4～6 天的水样腹泻，精神沉郁和厌食。母猪表现精神沉郁、厌食和腹泻，可持续 1 周。成年猪一般正常，有时仅表现呕吐或厌食，重者水样腹泻 3～4 天，可自愈。

【剖检】小肠扩张，内充满黄色液体，肠系膜充血，肠系膜淋巴结水肿，小肠绒毛缩短。组织学变化见空肠段上皮细胞的空泡形成和表皮脱落。肠绒毛显著脱落。

【诊断】根据流行病学、临床症状和剖检变化可做初步诊断，但本病流行病学和临床症状与猪传染性胃肠炎非常相似，需做鉴别。本病发生于寒冷季节，各种年龄猪只都可感染，而且年龄越小，发病率和死亡率越高。病猪呕吐、水样腹泻和严重脱水，进一步的确诊依靠实验室诊断。

【防治】

(1)用抗生素药物治疗无效。腹泻病猪就停食或减食，提供充足饮水、盐水或 0.1%高锰酸钾水。小猪应补液，可皮下多次注射葡萄糖生理盐水，并配合大量清洁饮水灌服。保持舍内温暖干燥，可以减轻病情和降低死亡率。在本病流行区，对于处于感染威胁下的猪群，应严格控制人、动物和交通工具的流动，搞好消毒卫生，以减少感染的危险性。

(2)在发病季节(冬季)到来之前，给猪只注射猪流行性腹泻弱毒病苗或灭活苗进行免疫。

(3)为减少继发感染，可适当选用广谱抗生素如氯霉素、土霉素及磺胺类药物等。

十一、猪附红小体病

猪附红小体病简称“附红小体病”。近几年来在全国许多地区与猪场发生和流行。

【病原】附红小体病是一种立克次氏体。它对干燥和化学药品敏感，一般消毒药几分钟即可将其杀死，但对低温的抵抗力较强。

【流行病学】本病 20 世纪 30 年代曾有报道，但未引起注意。各种年龄和品种猪皆易感染，但以外来品种感染率高。母猪断奶仔猪以及生长势好的生长猪发病率较多，症状也较为严重。本病可以通过血液性、接触性、垂直性和媒介等方式传染，而以吸血昆虫中的蚊、蛰蝇、虱、蠓等为主要传播媒介。分娩、长途运输、饲养管理不善、并群、饲料改变、规模化密集饲养方式等以及污染的注射针头、手术器械均可以导致猪只感染发病。附红小体长期存在于猪体内，病愈后终身带菌。

【症状】潜伏期 6～10 天，病程几天至数年长短不一，多呈隐性感染或慢性消耗性经过，临床症状不明显。急性感染首先出现肺炎，表现高热、皮肤和黏膜苍白，消瘦，生长缓慢。少数特别是耳郭边缘发绀坏死，有时可见黄疸、腹泻。育肥猪日增重下降，易发生溶血性贫血。后期常继发肠炎而下痢。慢性病猪表现贫血、消瘦，常成为僵猪。

母猪呈急性感染。食欲不振，持续高温（40～42℃），贫血、呼吸急促，皮肤苍白。少乳或无乳，以产后多见。慢性感染母猪消瘦虚弱，贫血黄疸，组织出血，还可出现繁殖障碍。

【诊断】主要通过直接镜检进行诊断。采取耳静脉血 1 滴，与 1 滴生理盐水混合，均匀涂抹于载片上，盖上玻片，用高倍镜对好视野，用油镜查找附红小体存在与否。

【防治】原则上要早期用药，常用药物有血虫净、黄色素、阿散酸、四环素、土霉素、卡那霉素等。

血虫净用生理盐水或 50%葡萄糖液配成 3%～5%溶液，按每千克体重 4 mg 肌肉注射。

阿散酸按 300 mg/kg 饲料均匀拌和，服用 1 周，用于预防则按 90 mg/kg 加入饲料服用 1 个月。

十二、感冒

本病是由于风寒侵袭而引起的，经以上呼吸道炎症为主的急性全身性疾病。各种猪只均可发生。

【病因】主要受寒冷侵袭而引起发病。无传染性，一年四季均可发生，特别在早春晚秋气候突变时常发，冷雨浇淋、寒夜露宿、寒风袭击、圈舍寒冷潮湿等环境因素，均可引起发病。

【症状】病猪表现精神沉郁，低头耷耳，眼半闭，结膜充血潮红，眼多羞明流泪。皮温不均，耳尖、鼻端和四肢末端发凉，鼻塞不通，常发咳嗽，呼吸增数，快而浅表，脉搏增强，体温升高，可达 39.5～40℃，被毛竖直，全身颤抖，喜钻垫草。

【诊断】根据病因调查和身颤肢冷、皮温不均、鼻流清涕等症状诊断不难，但应与流行性感冒相区别。

【预防】加强饲养管理，保持圈舍清洁、温暖干燥，注意防寒保暖。

【治疗】治疗以解热镇痛为主。可肌注射复方奎宁液 5～

10 mL,复方氨基比林 5～10 mL,30%安乃近 5～10 mL,每天 1～2 次。当高热或经用解热药后,体温仍降不下来,应用抗生素或磺胺类药。如青霉素 100 万～200 万 IU 和硫酸链霉素 100 万 IU 混合肌肉注射,每天 1 或 2 次。必要时可以输液和使用强心剂。

十三、胃肠炎

本病是胃肠黏膜及其深层组织的重剧炎病,以严重的胃肠机能障碍和自体中毒为特征。

【病因】饲养不当,喂给品质低劣的饲料或饲料中混有泥沙异物,或饲料腐败发霉变质、饮用水不清洁或误食有毒饲料,或暴饮暴食等因素刺激胃肠而发病。圈舍卫生不良,风吹雨淋,酷暑长途运输以及在治疗时用药不当或剂量过大等都会引起发病,某些传染病和寄生虫病也可引发胃肠炎。

【症状】病初,患猪多肠呈现急性胃卡他症状,以后逐渐或迅速出现胃肠炎症。患猪精神不振,食欲减少,喜啃烂草污泥。体温升高,可达 39～40℃,眼发红或黄,渴欲剧增,大量饮水。喜卧,常有呕吐腹泻症状,排粪恶臭。如小肠严重炎症,排便次数减少,有大量胶性黏液。肠蠕动亢进,严重时粪便酸臭,并夹有未消化的饲料残渣。并混有肠黏膜、血丝、气泡。尿量减少。病至后期大便失禁,里急后重,病猪直肠脱出,弓背蜷腹,不愿走动,呆立于圈舍。

【诊断】进行病因调查,根据临床症状全身症状重剧,体温升高,口色暗红,口干有恶臭,腹痛腹泻,泄粪稀软,腥臭难闻,混有血液,黏膜及饲料残渣等进行诊断。

【预防】主要病因是饲养不当,故应从改善饲养管理条件入手,提高饲料品质,不喂腐败发霉变质的饲料,冬季不喂冰冻饲料和饮水,注重饮水卫生。

【治疗】

(1)硫酸钠 50 g,一次内服,可治便秘。

(2)胃蛋白酶、乳酶生各 10 g,安钠咖粉 2 g,混匀日分 2 次内服。

(3)健胃散 20 g,1 日分 3 次内服。

(4)磺胺脒 5～15 g,小苏打 2～3 g,1 次内服,1 日 2 次,连用 2～3 天。

(5)鞣酸蛋白 5～10 g,日服 2 次。治下痢不止。

十四、消化不良

消化系统机能受到扰乱发生障碍,胃肠消化、吸收机能减退、食欲减少或停食等统称消化不良。

【病因】饲料突然变换、喂给腐败变质发霉饲料、暴饮暴食、长途运输、过度疲劳、感冒、肠道寄生虫等以及仔猪先天不足、体质瘦弱均是本病病因。

【症状】食欲减少、精神不振,喜喝水、口臭。生长猪发育迟缓,体况瘦弱。粪便干硬,但有时拉稀,粪便内混有未消化饲料残渣。体温正常。

【诊断】根据病因调查和临床症状表现,可以做出诊断。

【预防】改善饲养管理,不喂劣质饲料。

【治疗】

(1)健胃散 5～10 g,内服。

(2)人工盐或硫酸镁 30～50 g,内服,每日 1 次。治粪便干硬。

(3)磺胺脒 5～10 g,1 日 3 次。连服 2～3 天。或鞣酸蛋白 5～10 g,每日 2 次。治拉稀。

(4)大黄苏打片,20～30 片内服。

十五、仔猪缺铁性贫血

由于铁元素供给不足,血液中血红蛋白降低而造成的营养性贫血症,0.5～1 月龄仔猪多发,冬末,初春仔猪易发病。在水泥,木板地面的猪舍内饲养的仔猪易发本病。

【病因】主要由于铁元素供给不足所致。此外，发生缺铁性贫血时，常伴有铜、钴、维生素 B_{12} 以及叶酸等造血物质缺乏。缺铁时，血液中血红蛋白含量下降；而缺铜时则导致红细胞数减少。

【症状】患病仔猪精神沉郁、离群伏卧。食欲减退，营养不良，被毛逆立，可视黏膜呈淡蔷薇色，轻度发黄。严重病例黏膜苍白如白瓷。体温不高。光照耳壳呈灰白色，几乎见不着明显的血管。呼吸、脉搏均增加，稍作运动，则心悸亢进，喘息不止。有的病猪外观很肥胖，生长发育也快，可在奔跑中突然死亡。

【诊断】从 1 周龄左右病仔猪表现症状，圈养仔猪发病严重及死亡等多种现象，可以做出诊断。确诊可对患猪进行血色素测定。若每 100 mg 血液中血红蛋白含量低于 7 g，判为贫血。

【预防】

(1)加强母猪哺乳期饲养，供给富含蛋白质、矿物质和维生素的饲粮。仔猪可以放出舍外活动，或在舍内放置土盘，装添加土，让仔猪自由拱食。

(2)北方寒冷地区尽量避开母猪在严寒季节产仔、在水泥地面的舍内养仔猪，于仔猪 3～5 日龄补铁。方法是将铁铜合剂拌在粒料或土盘内，或涂于母猪乳头上，或逐头仔猪按量灌服。

(3)3 日龄每头仔猪肌肉注射右旋糖酐铁溶液 2 mg，预防效果极佳。

【治疗】

(1)硫酸亚铁 2.5 g，硫酸铜 1 g，常水 1 000 mL 配制成铁铜合剂。按每千克体重 0.25 mg 用汤匙灌服。每天 1 次，连服 7～14 天。

(2)硫酸亚铁 100 g，硫酸铜 20 g，粉碎成末，混于 5 kg 细沙中，撒在舍内，任仔猪自由舔食。

(3)铁钴注射液或右旋糖酐铁注射液 2 mg 肌肉深部注射，7

天后再半量肌肉注射 1 次。

十六、仔猪低血糖症

本病一般发生在 1～4 日龄仔猪。它是以血糖含量大幅度减少和出现脑神经机能障碍为特征的一种新生仔猪疾病。本病死亡率高,甚至全窝仔猪死亡,故又称“一窝风”。

【病因】本病的发生,主要与母猪妊娠期饲粮中营养不全,或产后缺乳,或因新生仔猪本身不能吮乳等因素有关。新生仔猪生后由于活动加强,体内耗糖量增多;如果仔猪在胎儿期或生后不能获得足够的糖时,血糖含量急剧下降,脑组织机能活动不能获得所需能量,当血糖降低到一定水平时,严重地影响脑组织机能活动,出现神经兴奋或抑制现象,发生本病。

【症状】往往是一窝新生仔猪的部分或全部相继发病,突然出现不食、毛色发暗。病仔猪站立不稳,平衡失调,四肢软绵无力,或头向后仰,发抖,四肢作游水状抽搐。严重的体温下降,体表发凉,感觉迟钝,针刺时无疼痛反应。病后期全身瘫软,昏迷,口含乳头不吮乳。若不及时治疗,可于发病后 24 小时死亡。

【诊断】发生于新生仔猪,并根据临床症状做出诊断。

【预防】加强母猪妊娠后期饲养,供给完善饲粮使母猪保持较良好的体况,以保证母猪产后乳汁质量,可防止或减少本病的发生。

【治疗】

(1)10％～25％葡萄糖溶液 10～20 mg,10％安钠咖注射液 1 mg,三磷酸腺苷 1/4 支混合后腹腔注射,每隔 6 小时 1 次。

(2)口服葡萄糖每天每头仔猪 25～50 g,同时配合地塞米松 2.5 mg,维生素 B_1 25 mg,分别肌肉注射。

十七、流产

本病指胚胎或胎儿与母体的正常生理关系被破坏,使妊娠中断,胚胎在子宫内被吸收,或排出死亡或活的胎儿。流产可以发生在妊娠期任何阶段,但以早期流产居多。

【病因】原因复杂,由病原微生物入侵而引起的流产,称传染性流产。此外为非传染性流产。

非传染性流产分为:

(1)营养性流产,由于饲粮品质不良,缺乏某些营养要素而引起。

(2)损伤性流产,母猪妊娠期中由于滑倒、遭受鞭笞、斗殴等机械性损伤引起。

(3)习惯性流产,由于内分泌异常或形成条件反射所致连续几胎流产。

(4)药物性流产,妊娠期大剂量服用或误服某些药物而引起。此外,继发子宫阴道疾病、胃肠炎、疝痛病、热性病以及胎儿发育异常等,亦可引起流产。

【症状】在流产发生之前,母猪精神倦怠,表现拱腰,屡作排尿姿势,而阴门流出红色污秽不洁的分泌物或血液,有腹痛现象。流产如果发生在妊娠初期阶段,死亡的胚胎或被吸收,或在下次发情时随尿液排出,母猪不表现任何症状。如果胎儿受损伤发生在妊娠后期,因受损伤程度不同,胎儿多在受损后的某一时间内排出。如果胎儿死后滞留于母猪子宫内,组织水分被吸收,分娩时产出“木乃伊”。若滞留死胎软组织被分解,如遇微生物侵入,胎儿腐败分解,可并发子宫内膜炎及败血症。病猪全身症状恶化,体温升高,精神委靡,食欲废绝,久之消瘦,以至死亡。

【预防】母猪妊娠期充足供给完善饲粮满足其营养需要;管理上防止意外损伤,怀孕期慎用药物。

【治疗】当发现母猪出现流产征兆时，及时检查。如子宫颈口紧闭，胎儿未死亡，应及时采取保胎措施、阻止流产发生。尽量使母猪安静、减少不良刺激。肌肉注射黄体酮 10～30 mg，每天或隔天 1 次。

如果胎膜已破，羊水流出，流产已不可避免，应及早采取措施使胎儿排出。如果子宫颈尚未完全开放，肌肉或皮下注射己烯雌酚 5～10 mg；若子宫颈也完全张开，肌肉注射垂体后叶激素 5～10 单位。

十八、乳房炎

【病因】本病大多由链球菌、葡萄球菌、大肠杆菌以及绿脓杆菌等病原微生物入侵乳房引起。其感染途径主要是病菌通过乳腺、乳房的伤口而感染。此外母猪患子宫内膜炎时，常可并发本病。

【症状】患病乳房可见潮红、肿胀、触之有热感。由于乳房疼痛，母猪拒绝哺乳。黏液性乳房炎时，乳汁初较稀薄，以后变为清乳样，仔细观察，乳中含有絮状物。炎症发展成化脓性时，排出黄色或淡黄色浓汁。如浓汁排出受阻、拖延日久往往自行破溃。排出带有臭味的脓汁。脓性或坏疽性乳房炎，尤其是波及到几个乳房时，母猪可能出现全身症状，体温升高，食欲减退，喜卧不愿起立等。

【预防】加强母猪饲养管理，在母猪分娩前及断奶前 3～5 天，减少饲粮中的精料和多汁饲料，以减轻乳腺分泌活动。在哺乳期内、供给营养完善饲粮，以保持母猪正常泌乳，以免因泌乳不足仔猪吮乳咬伤乳头。保持圈舍清洁干燥，注意乳房卫生。实行固定奶头措施，防止仔猪拖吮乳头而咬伤乳头。冬季产仔时，多铺垫草，防止擦伤乳头。

【治疗】

(1)症状轻微者，可以在挤出患病乳头内乳汁后，局部涂擦消炎软膏(如10%鱼石脂软膏,10%樟脑软膏或碘软膏)。对乳房部封闭,用0.25%~0.5%盐酸普鲁卡因注射液50~100 mg,加入青霉素10万~20万IU,于乳房实质与腹壁间空隙,用注射器平行刺入后注入。

(2)乳房发生脓肿者,尽早由上而下纵行切开排脓,然后用3%过氧化氢液或0.1%高锰酸钾液冲洗。脓肿较深时,可用注射器先抽出浓汁,再注入青霉素10万~20万IU。

(3)有全身症状者,用青霉素、磺胺类药物治疗。青霉素每次40万~80万IU,每天2次。内服磺胺嘧啶片,初次剂量每千克体重200 mg,维持量减半,隔离8~12小时1次。还可内服乌洛托品2~5 g,以促使病程缩短。

参考文献

1 张仲葛,等.中国实用养猪学.北京:农业出版社,1990

2 杨公社.猪生产学.北京:中国农业出版社,2002

3 杨凤.动物营养学.北京:农业出版社,1993

4 罗安治.养猪全书.成都:四川科学技术出版社,1997

5 郭传甲等.养猪.北京:农业出版社,1992

6 朱尚雄.中国工厂化养猪.北京:科学出版社,1990

7 内蒙古农牧学院.家畜育种学.第2版.北京:农业出版社,1990

8 周安国.饲料手册.北京:中国农业出版社,2002

9 陈代文.饲料添加剂学.北京:中国农业出版社,2003

10 李德发.现代饲料生产.北京:中国农业大学出版社,1997

11 北京农业大学.家畜繁殖学.第2版.北京:农业出版社,1989

12 中华人民共和国农业部畜牧司.畜牧业经营管理手册.北京:农业出版社,1993

13 蔡辉益.常用饲料添加剂无公害使用技术.北京:中国农业出版社,2003

14 齐广海.饲料原料配制技术手册.北京:中国农业出版社,2000

15 甘肃省畜牧学校.家畜外科及产科学.第2版.北京:中国农业出版社,1993

16 孙秉忠,等.饲料原料简易检测与参假识别.沈阳:辽宁科学技术出版社,1998

17 刘冈.跟我学规模化养猪技术.北京:农村读物出版社,2004

18 程德君,等.规程化养猪生产技术.北京:中国农业大学出版社,2003

图书在版编目(CIP)数据

养猪手册/杨远新,童晓莉,田有庆编著.—2版.—北京:中国农业大学出版社,2005.7

ISBN 978-7-81066-877-4

Ⅰ.养… Ⅱ.①杨… ②童… ③田… Ⅲ.养猪学-手册 Ⅳ.S828-62

中国版本图书馆CIP数据核字(2005)第045140号

书　名	养猪手册(第2版)
作　者	杨远新　童晓莉　田有庆　编著

策划编辑	赵　中	**责任编辑**	覃肖良
封面设计	郑　川	**责任校对**	王晓凤
出版发行	中国农业大学出版社		
社　址	北京市海淀区圆明园西路2号	**邮政编码**	100193
电　话	发行部 010-62731190,2620	读者服务部	010-62732336
	编辑部 010-62732617,2618	出　版　部	010-62733440
网　址	http://www.cau.edu.cn/caup	**E-mail**	caup@public.bta.net.cn
经　销	新华书店		
印　刷	北京时代华都印刷有限公司		
版　次	2005年7月第2版	2008年10月第5次印刷	
规　格	850×1 168　32开本	11.375印张	281千字
印　数	14 001～19 000		
定　价	19.00元		